彩图 1　荷斯坦牛

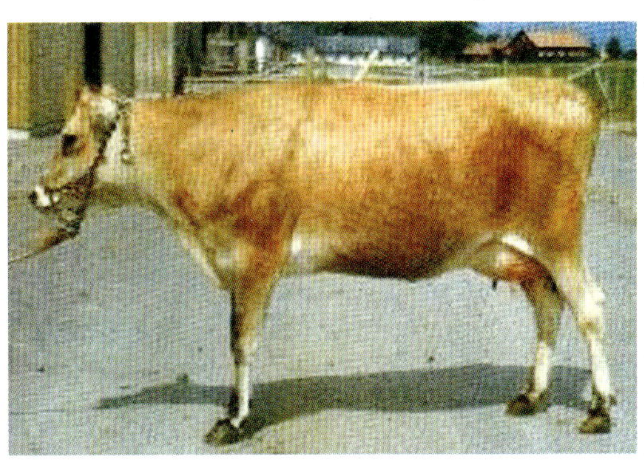

彩图 2　娟姗牛

彩图 3　爱尔夏牛

彩图 4　海福特牛

彩图 5　安格斯牛

彩图 6　夏洛来牛

彩图 7　利木赞牛

彩图 8　皮埃蒙特牛

彩图 9　西门塔尔牛

彩图 10　瑞士褐牛

彩图 11　丹麦红牛

彩图 12　南阳牛

彩图 13　秦川牛

彩图 14　晋南牛

彩图 15　延边牛

彩图 16　三河牛

彩图 17　草原红牛

彩图 18　新疆褐牛

彩图 19　夏南牛

普通高等教育"十一五"国家级规划教材

（高职高专教育）

养牛生产

刘太宇　主编

中国农业大学出版社

主　编　刘太宇(郑州牧业工程高等专科学校)

副主编　阎慎飞(河南农业职业学院)
任建存(杨凌职业技术学院)

参　编　邓红雨(郑州牧业工程高等专科学校)
李建柱(信阳农业高等专科学校)
李德立(宜宾职业技术学院)
李梦云(郑州牧业工程高等专科学校)
李建平(郑州牧业工程高等专科学校)
张桂枝(郑州牧业工程高等专科学校)
刘延鑫(郑州牧业工程高等专科学校)
曹智高(河南农业职业学院)

审　稿　李建国(河北农业大学)

出版说明

高等职业教育作为高等教育中的一个类型，肩负着培养面向生产、建设、服务和管理第一线需要的高技能人才的使命。大力提高人才培养的质量，增强人才对于就业岗位的适应性已成为高等职业教育自身发展的迫切需要。教材作为教学和课程建设的重要支撑，对于人才培养质量的影响极为深远。随着高等农业职业教育发展和改革的不断深入，对于教材适用性的要求也越来越高。中国农业大学出版社长期致力于高等农业教育本科教材的出版，在高等农业教育领域发挥着重要的作用，积累了丰富的经验，希望充分利用自身的资源和优势，为我国高等职业教育的改革与发展做出自己的贡献。

经过深入地调研师生的需求和分析以往教材的优点和不足，在教育部高教司高职高专处和全国高职高专农林牧渔类专业教学指导委员会的关心和指导下，在各高职高专院校的大力支持下，中国农业大学出版社组织了全国 50 余所院校的 400 多名骨干教师共同编写了一批以“十一五”国家级规划教材为主体的教材。这批教材于 2007 年 3 月陆续出版，共有 60 多个品种（畜牧兽医类 33 种，种植类 26 种，公共基础课等课程教材若干种），其中普通高等教育“十一五”国家级规划教材 22 种。

这批教材的组织和编写具有以下特点：

精心组织参编院校和作者。本批教材的组织之初共收到全国 60 余所院校的 600 余名老师的申报材料。经过由职业院校和出版社专家组成的选题委员会审议，充分考虑到不同院校的办学特色、专业优势及地域特点，结合教师自身的学习培训背景、教学与科研经验和生产实践经历，最后择优确定了 50 余所院校的 400 多名教师作为主编和编写人员，其中教授和副教授占 73%，硕士以上学历占 38%。特别值得一提的是，有 5%的作者是来自企业生产第一线的技术人员，这样的作者结构是编写高质量和适用性教材的有力保证。

贴近国家高职教育改革的要求。我国的高等职业教育发展历史不长，很多院校的办学模式和教学理念还在探索之中。为了更好地促进教师了解和领会教育部的教学改革精神，在编写研讨会上邀请了教育部高教司高职高专处、全国高职高专农林牧渔类专业教学指导委员会的领导作教学改革的报告，提升主编和编写人员的理念；多次邀请教育部职业教育研究所的知名专家到会，专门就课程设置和教材的体系建构作报告，使教材的编写视角高、理念新、有前瞻性。

注重反映教学改革的成果。教材应该不断创新，与时俱进。好的教材应该及时体现教学改革的成果，同时也是教育教学改革的重要推进器。本套教材在组织过程中特别注重发掘各校在产学结合、工学交替实践中具有创新性的教材素材，很多教材在围绕就业岗位需要进行知识的整合、与实际生产过程的接轨上具有创新性和非常鲜明的特色，相信对于其他院校的教学改革会有启发和借鉴意义。

瞄准就业岗位群需要，突出职业能力的培养。本批教材的编写指导思想是紧扣培养"高技能人才"的目标，以职业能力培养为本位，以实践技能培养为中心，体现就业和发展需求相结合的理念。

教材体系的构建依照职业教育的"工作过程导向"原则，打破学科的"系统性"和"完整性"。内容根据职业岗位(群)的任职要求，参照相关的职业资格标准，采用倒推法确定，即剖析职业岗位群对专业能力和技能的需求──→关键能力──→关键技能──→围绕技能的关键基本理论。删除假设推论，减少原理论证，尽可能多地采用生产实际中的案例剖析问题，加强与实际工作的接轨。教材反映行业中正在应用的新技术、新方法，体现实用性与先进性的结合。

创新体例，增强启发性。为了强化学习效果，在每章前面提出本章的知识目标和技能目标。每章设有小结和复习思考题。小结采用树状结构，将主要的知识点及其之间的关联直观表达出来，有利于提高学生的学习效果和效率，也方便教师课堂总结。部分内容增编阅读材料。

加强审稿，企业与行业专家相结合，严把质量关。从选题策划阶段就邀请行内专家把关，由来自企业、高职院校或中国农业大学有丰富的生产实践经验的教授审核编写大纲，并对后期书稿进行严格的审定。每一种教材都经过作者与审稿人的多次的交流和修改，从而保证内容的科学性、先进性和对于岗位的适应性。

本批教材的顺利出版，是全国50余所高职高专院校共同努力的结果；编写出版过程中所做的很多探索，为进一步进行教材研发提供了宝贵的经验。我们希望以此为基点，进一步加强与各校的交流合作，配合各校教学改革，在教材的推广使用、修订完善、补充扩展进程中，在提高质量和增加品种的过程中，不断拓展教材合作研发的思路，创新教材开发的模式和服务方式。让我们共同努力，携手并进，为深化高职高专教育教学改革和提高人才培养质量，培养国家需要的千百万高素质技能型专门人才，发挥积极的推动作用。

中国农业大学出版社

2007年7月

内 容 提 要

本教材是普通高等教育“十一五”国家级规划教材（高职高专教育），共分10章，内容包括养牛业与技术教育概述、牛的外貌鉴定与生产力评定、牛的品种资源、牛的繁育技术、牛的营养需要与日粮配制、奶牛生产技术、肉牛生产技术、牛场建设及环境管理、牛群保健与疾病控制技术、养牛生产实训指导。以养牛生产岗位能力需求为指导，以关键技术为基础，以先进技术为导向，确定教学目标和教材内容。章前设有知识目标和技能目标，章后设有复习思考题，书后有实训指导，利于知识的掌握和技能的训练，实现了知识目标和技能目标的有机融合。教材注重养牛生产与技术教育相结合，融“教、学、做”为一体，大力推行工学结合，突出实践能力培养，体现了高等职业技术教育的实践性、职业性、综合性和先进性原则。

本教材可供高等职业教育畜牧兽医类专业学生使用，也可作为基层畜牧生产技术人员，养牛生产技术人员的培训教材或参考书。

前　言

“养牛生产”是高等职业教育畜牧兽医类专业的主要专业技能课之一，是以提高牛奶和牛肉生产的数量和质量为目的，研讨奶牛和肉牛的繁育技术与管理，饲料与营养、饲养管理、健康管理、经营管理和环境管理技术。

本教材是普通高等教育“十一五”国家级规划教材（高职高专教育），根据《关于加强高职高专教育教材建设的若干意见》（教高司[2000]19 号）、《国务院关于大力发展职业教育的决定》（国发[2005]35 号）及《关于全面提高高等职业教育教学质量的若干意见》（教高[2006]16 号）的精神和要求进行编写。依据高等职业教育培养高素质技能型专门人才的目标要求，围绕养牛生产岗位群的需要，以养牛生产岗位能力需求为指导、以关键技术为基础、以先进技术为导向，确定教学目标和教材内容。

按照养牛生产技术教育的要求组织教学，要有完善的养牛生产技术体系、健全的实验实训基地、双师素质教师、充足的技术教育资源和良好的培养机制。按照现代养牛生产的技术要求，遵照教、学、做合一原则，筛选养牛生产 8 项一级技术，若干项二级技术，组成养牛生产技术体系，在相关教学内容设计上，充分考虑已有的国家职业资格证书制度，将国家职业资格鉴定的相关内容引入教材。在教材编写过程中，也充分考虑了我国地域辽阔、地区间存在较大差异，本书虽按 68 学时编写，各地根据生产实际需要，结合教学条件，创新产学结合的教学模式，在讲授内容的广度、深度及学时分配上做适当调整，部分内容可作为学生的自学材料。通过学习掌握养牛生产技术与管理，能够制订养牛场技术操作规程、新技术引进实施方案和新建牛场的规划设计和论证。

本教材章前均有本章的“知识目标”和“技能目标”，章后均有“本章小结”和“复习思考题”等模块，书后有实训指导，利于知识的掌握和技能的训练，实现了知识目标和技能目标的有机融合，便于学生课外自学。教材注重养牛生产与技术教育相结合，融“教、学、做”为一体，大力推行工学结合，突出实践能力培养，体现高等职业技术教育的实践性、职业性、综合性和先进性原则。

本教材的编写提纲由刘太宇教授提出，经中国农业大学出版社和教育部高等教育司审核，编委会讨论通过后正式分工编写。第一章由刘太宇编写，第二章由李建柱编写，第三、第五章由任建存编写，第四章由李德立编写，第六章由邓红雨和张桂枝共同编写，第七章由李梦云和刘延鑫共同编写，第八章由刘太宇和李建平共同编写,第九章由阎慎飞编写,第十章实训指导由任建存和曹智高共同编写。书稿形成后,由刘太宇负责统稿,李建平和何静卫(河南农业大学硕士生)负责校对和绘图。河北农业大学李建国教授担任本书的主审。

在本教材的编写过程中,参阅了许多专家的研究成果和著作,本教材的编写和出版工作,得到了中国农业大学出版社的大力支持和各参编单位的热心帮助,在此一并表示诚挚的谢意!

由于编写时间仓促,加之编者水平和经验所限,书中缺点和错误难免,敬请读者批评指正。

编 者

2008年1月

目　录

第一章　养牛业与技术教育概述 ……(1)
第一节　发展养牛业生产的重要意义 ……(1)
第二节　世界养牛业发展现状和趋势 ……(3)
第三节　我国养牛业现状和发展对策 ……(7)
第四节　养牛生产技术教育 ……(12)
复习思考题 ……(14)
第二章　牛的外貌鉴定与生产力评定 ……(15)
第一节　牛的外貌鉴定 ……(15)
第二节　牛的生产力评定 ……(32)
复习思考题 ……(47)
第三章　牛的品种资源 ……(48)
第一节　牛种分类 ……(48)
第二节　国外牛品种 ……(49)
第三节　中国牛品种 ……(57)
第四节　其他牛品种 ……(62)
复习思考题 ……(65)
第四章　牛的繁育技术 ……(66)
第一节　选育与杂交改良利用 ……(66)
第二节　牛的繁殖技术 ……(70)
第三节　提高牛的繁殖力 ……(78)
复习思考题 ……(83)
第五章　牛的营养需要与日粮配制 ……(84)
第一节　牛的消化特征 ……(84)
第二节　牛的饲料 ……(86)
第三节　牛的饲养标准 ……(91)
第四节　日粮配制技术 ……(92)
复习思考题 ……(96)

第六章　奶牛生产技术 ………………………………………………… (97)
第一节　后备牛培育 ………………………………………………… (97)
第二节　成年泌乳母牛的饲养管理 …………………………………… (108)
第三节　挤奶技术 …………………………………………………… (120)
第四节　奶牛场牛群改良计划(DHI) ………………………………… (124)
第五节　奶牛场的生产经营管理 …………………………………… (127)
复习思考题 ………………………………………………………… (144)
第七章　肉牛生产技术 ………………………………………………… (145)
第一节　繁殖母牛-犊牛生产体系建设 ……………………………… (145)
第二节　肉牛的肥育技术 …………………………………………… (154)
复习思考题 ………………………………………………………… (168)
第八章　牛场建设与环境管理 ………………………………………… (169)
第一节　牛场建设的可行性论证 …………………………………… (169)
第二节　牛场建设 …………………………………………………… (182)
第三节　养牛小区建设与管理 ……………………………………… (195)
第四节　养牛场的环境管理 ………………………………………… (197)
复习思考题 ………………………………………………………… (204)
第九章　牛群保健与疾病控制技术 …………………………………… (205)
第一节　牛群保健 …………………………………………………… (205)
第二节　卫生防疫和检疫 …………………………………………… (210)
第三节　牛常见疾病的防治技术 …………………………………… (219)
复习思考题 ………………………………………………………… (246)
第十章　养牛生产实训指导 …………………………………………… (247)
实训一　牛品种识别 ………………………………………………… (247)
实训二　牛的体型外貌鉴定 ………………………………………… (248)
实训三　挤奶技术 …………………………………………………… (248)
实训四　原料乳质量检测 …………………………………………… (249)
实训五　肉牛屠宰试验 ……………………………………………… (249)
实训六　奶牛的日粮配合技术 ……………………………………… (251)
实训七　牛病检疫和防疫技术 ……………………………………… (252)
实训八　奶牛场常规繁殖技术 ……………………………………… (252)
实训九　奶牛场的规划与牛舍建筑设计 …………………………… (254)
实训十　奶牛场生产计划编制 ……………………………………… (254)

附录 …………………………………………………………………………………………（256）
附录一　无公害食品　生鲜牛乳(NY 5045—2001) ……………………（256）
附录二　无公害食品　奶牛饲养兽药使用准则(NY 5046—2001)………（261）
附录三　无公害食品　奶牛饲养兽医防疫准则(NY 5047—2001)………（265）
附录四　无公害食品　奶牛饲养管理准则(NY 5049－2001)……………（268）
附录五　高产奶牛饲养管理规范(ZB B 43002—85) ……………………（274）
参考文献 ……………………………………………………………………………………（282）

第一章　养牛业与技术教育概述

知识目标

- 熟悉国内外养牛业的现状。
- 掌握养牛业的发展趋势。
- 熟悉我国养牛业发展对策。
- 熟悉养牛生产技术体系。

技能目标

- 学会对专业信息进行收集、整理、归纳与综述。

第一节　发展养牛业生产的重要意义

牛是一种多用途的草食家畜，能产奶、产肉，提供役力，又能为加工工业提供原料，有利于促进国际贸易和生态农业建设；是世界上分布最广泛的动物种群，包括普通牛、水牛、瘤牛、牦牛以及各种野牛。世界上畜牧业发达的国家，都非常重视养牛业，其在畜牧业中的地位举足轻重。

一、养牛业有利于节粮高效畜牧业的发展

粮食安全是保证一个国家稳定的大事。随着生产的发展，经济的繁荣，人畜争粮的矛盾日趋凸显。解决这一矛盾行之有效的办法就是大力发展节粮高效畜牧业，在生产上，要充分发挥牛羊等草食家畜的优越性和生产潜力。牛是反刍家畜，具有特殊结构的消化系统和生理机能，对饲料中粗纤维的消化率高，能充分利

用各种粗饲料。牛能利用尿素等非蛋白含氮物，在瘤胃中分解释放氨，合成菌体蛋白，在真胃和小肠中消化吸收，最后为牛体利用。各种畜禽将饲料中的营养物质转化为人类可利用的能量和蛋白质的效率，除蛋鸡外，以奶牛为最高，分别为17%和25%。

二、养牛业有利于促进现代化农业进程

现代化农业的重要标志之一是畜牧业总产值占农业总产值的比重相对较大，发达国家一般在50%以上，其中养牛业占有较大比重。目前，畜牧业产值占农业产值的比重：丹麦90%、瑞典79%、法国56%，美国、意大利、西班牙等国也都超过50%。而我国仅为35%(2006年)。农业产业结构调整的核心问题是发展畜牧业，提高畜牧业产值在农业总产值中的比重。从产值结构来讲，农业现代化国家的农业中处于第一位的是牛奶，占总产值的20%左右；第二位的是牛肉，也占20%左右。养牛业产值占畜牧业产值的比例：德国、美国为60%，挪威、瑞典、芬兰占80%，新西兰、瑞士、丹麦达90%以上。而我国牛奶在农业中所占比例约为3%，养牛业所占农业产值比例不足20%。我国养牛业与畜牧业发达国家还存在较大的差距，发展潜力巨大。大力发展养牛业可有效促进现代化农业进程。

三、养牛业有利于生态农业建设

生态农业具有综合性、多样性、高效性和持续性四大特点。退耕还林、林间种草、荒山荒坡栽种优质林草等，都为发展现代设施养牛提供了良好的饲料来源。在为农户带来丰厚收入的同时，也提供了大量的有机肥料，进而又有效推动了高效种植业发展，实现"林草—养牛—高效种植业"的良性循环和农村经济的可持续发展。大力发展人工种草，不但可以增加土壤中的有机质，改良土壤结构，提高土壤肥力，而且可以避免水土流失，改善生态环境。发展养牛业可以有效转化农副产品，把原本放火烧掉的秸秆转变为奶和肉。同时，还可以增加有机肥，减少或不使用化肥，促进生态农业建设。

四、养牛业有利于加工业发展和促进国际贸易

现代养牛生产的目的主要是获取乳、肉等产品，且90%以上作为商品出售，为加工工业提供丰富的原料。因此，发展养牛业，可以促进我国食品工业、制革工业、纺织工业、医药工业的发展。同时，能扩大对外贸易，出口创汇。

五、养牛业有利于增加农民收入、改善人们膳食结构和提高国民体质

牛的饲料是以青粗饲料和农副产品为主，奶牛的饲料转化率高，成本低，收益大。农民养牛还可以充分利用各种农作物秸秆资源等，促进生态农业建设，增加农民收入。牛奶营养丰富，每 500 mL 牛奶所含的营养物质，能满足人体每天 50％的动物蛋白质、30％的热能和 50％的钙需要量。其蛋白质含有维持人类生命所必需的全部氨基酸，而且比例搭配和谐；其脂肪含有较多的短链脂肪酸，易于消化，且胆固醇大大低于其他动物性食品；其碳水化合物主要是乳糖，在小肠中转化为乳酸后能维护肠道良好的微生态环境；其钙磷比例恰当，对预防儿童和老人缺钙症极为重要。牛奶同时也是维生素的重要来源，对促进儿童的身体和智力发育有良好作用。多年来，许多国家积极扩大本国的奶产品生产和消费。日本二战后，通过实施“一杯牛奶强壮一个民族”行动，极大地改善了国民的身体素质，儿童平均身高已超过我国。泰国 1985 年成立了泰国国家喝奶推广委员会，经过 15 年的努力，终于取得了令人瞩目的成就，18 岁男青年身高增长 4 cm，女青年增长 3 cm。正因为奶在人类进步与社会发展中的重要地位，世界卫生组织早已将人均奶产品消费量作为衡量一个国家人民生活水平的主要指标之一。

第二节 世界养牛业发展现状和趋势

一、世界养牛业发展现状

(一)牛的存栏数量

2004 年，全世界牛的存栏数量为 13.39 亿头，其中水牛 1.72 亿头，奶牛 2.39 亿头。由于世界各地的地理位置、自然环境、经济发达程度的不同，人民的文化习惯与生活水平有一定差异，不同牛种的分布呈现典型的地区差别。发达国家的牛群以奶牛和肉牛为主，而水牛和役用牛等则主要分布在亚洲和非洲的发展中国家。从牛的绝对数量看，养牛最多的国家是印度约 1.94 亿头。2004 年世界牛存栏量的各大洲分布情况详见表 1-1。

(二)养牛生产水平

养牛生产水平在不同的地区和国家间亦有显著的差别，如西欧诸国、美国、加拿大等国奶牛与肉牛的生产水平都比较高，而亚洲与非洲的生产水平相对较低。2004 年，全世界奶牛平均年产量为 2 236 kg，中国为 2 112 kg，以色列最高达 10 421 kg，韩国 9 053 kg，美国 8 431 kg，加拿大 7 501 kg。2005 年全球生产牛肉

6 339.98万 t,平均胴体重达 204 kg。牛胴体重超过 300 kg 的国家有日本 423 kg、以色列 366 kg、加拿大 349 kg、美国 336 kg、德国 308 kg、韩国 300 kg,中国肉牛的胴体重仅为 143 kg。牛群生产水平的差异,一方面与经济条件、自然条件有关;另一方面则受品种类型和饲养管理水平的影响。2004 年不同地区牛奶与牛肉的生产水平详见表 1-2。

表 1-1 2004 年世界牛存栏数量的各大洲分布表

地 区	牛总数/亿头	奶牛/亿头	水牛/百万头
全世界	13.39	2.39	172.22
亚洲	4.45	0.85	167
欧洲(欧盟国家)	0.96	0.46	0.31
大洋洲	0.37	0.06	0.06
南美洲	3.26	0.35	1.20
北美洲	1.09	0.10	
非洲	2.35	0.46	3.65

表 1-2 2004 年不同地区牛奶与牛肉的生产水平比较

地 区	牛奶			牛肉		
	总产量/万 t	年平均单产/kg	人均占有量/kg	总产量/万 t	胴体重/kg	人均占有量/kg
欧洲(欧盟国家)	21 003	4 557	290	1 160	226	15.99
北美洲	9 985	4 763	195	1 481	304	28.89
南美洲	476	1 353	130	1 306	212	35.56
澳大利亚	10 125	4 125	513	203	232	103.03
亚洲	11 531	1 361	30	1 269	139	3.28
非洲	2 180	472	25	423	149	4.86

(三)牛奶和牛肉的消费水平

2005 年全世界人均牛肉占有量 9.93 kg,较高的国家是新西兰(179.3 kg)、澳大利亚(102.1 kg)、阿根廷(69.5 kg)、加拿大(44.9 kg)、巴西(43.0 kg)。全世界人均奶类占有量 106 kg,发达国家人均奶类占有量 285 kg,发展中国家人均奶类占有量 50 kg。2004 年人均奶占有量较高的国家是新西兰(3 785.9 kg)、爱尔兰(1 375.3 kg)、荷兰(659.4 kg)、瑞士(547.2 kg)和澳大利亚(521.1 kg)。

二、世界养牛业的发展趋势

(一)牛的数量保持相对稳定

虽然在发展中国家牛的数量持续增加,但是在一些牛业发达国家,奶牛和肉牛的饲养量呈现下降的趋势。这一方面是由于牛生产力的提高,另一方面则是处于对产品的需求和对环境控制的需要。在西欧和北美,奶牛的数量总体呈下降态势,而牛场的规模则越来越向中小型方向发展。

(二)乳、肉牛品种特色明显和生产性能稳步提高

世界著名的奶牛品种,主要有荷斯坦牛、娟姗牛、更赛牛、爱尔夏牛和瑞士褐牛等。由于荷斯坦奶牛具有产奶量高、生长发育快、生产每单位牛奶所需的饲料费用低、瘦肉率高,并且荷斯坦牛具有广泛的适应性和风土驯化能力。所以,目前荷斯坦牛已成为世界各国发展奶牛的首选品种,并在奶牛中饲养的比例不断增加,其他奶牛品种则日渐减少。大多数国家,如美国、加拿大、荷兰、丹麦、澳大利亚、新西兰、日本和以色列等国,饲养比例均占奶牛饲养总量的90%以上。我国除了草原牧区外,在大中城市郊区和大部分农区发展奶牛业同样有单一发展荷斯坦品种的趋势。

在肉牛业中,近年从原来发展体型较小、易肥、中早熟的海福特、安格斯、短角牛等英国品种转向欧洲大陆的大型品种,尤其以法国的夏洛来、利木赞,意大利的契安尼娜、皮埃蒙特,瑞士的西门塔尔等品种发展很快,这些品种具有体型大、增重快、瘦肉多、脂肪少的特点。国外对肉牛质量指标的一致要求是肥育期短,上市年龄早,瘦肉和优质肉比例高,日增重大,饲料报酬高。近年来,各国都非常注重"向奶牛要肉",即把乳用品种的淘汰牛、奶公犊用来肥育,奶、肉兼得。欧洲共同体国家所产牛肉的45%,日本所产牛肉的55%都来自奶牛。荷兰90%用于生产牛肉的牛来自乳用品种,该国红白花牛占35%左右,与黑白花牛相比,产奶量低,但更适宜用作肉牛饲养。

在2001年第六届世界水牛大会上,水牛专家和学者一致提出:"现代水牛业应是奶用为主,肉用为辅的发展趋势"。近十年来,世界奶业的持续发展中,水牛奶的产量增长趋势更快,各国对奶水牛产业高度重视。1994—2002年世界水牛奶产量增长了49%,年平均增长6.2%,奶水牛头数增长了26%,年增长率3.2%。印度作为世界第二大产奶国,其水牛奶产量占到了奶总产量的50%以上。

(三)生产方式向规模化、专业化、集约化和自动化方向发展

根据美国《农业收入和经济展望》的调查发现,美国的奶牛场规模在500头以上时,平均产奶成本最低。因此,在1997—2001年间500头以上的大型奶牛场增

加了20%,奶牛场由20多年前的3 000万家减少到现在的200多万家,其中饲养1 000头左右的大型奶牛场有几万个;饲养5 000头以上的特大型奶牛场也有几十个,大型奶牛场奶牛存栏数达到总存栏数的35%。在美国,户养2 000~5 000头肉牛为中等规模,大户则养20万头以上,提供美国市场70%以上的牛肉。目前,我国奶牛养殖小区的建设为集约化、专业化和自动化又提供了一个可行的发展模式。

(四)高新技术的应用,养牛生产效益提高

奶牛、肉牛养殖与产品加工的规模化,不但提高了企业的市场竞争力,而且极大地推动了企业的技术更新。在养牛生产中,牛配合日粮的应用,大大地提高了牛群的生产性能。在有些奶牛企业推广应用的牛全混合日粮(TMR),提高了奶牛的干物质摄入水平,降低了奶牛代谢病的发生率。牛的选种技术不断进步,如各国的奶牛联合育种体系、公牛的后裔评价体系、奶牛群改良计划(DHI),提高了奶牛选育的可靠性与准确性,而MOET育种体系,对奶牛的育种工作,尤其是种公牛的选择提供了新途径。挤奶机械的不断革新,配合不断改进的奶牛卫生与挤奶消毒程序,不但提高了劳动生产率,而且奶牛乳房炎的发生率持续降低,提高了新鲜牛奶的质量。越来越先进的乳品加工设备,大大提高了乳品加工的效率与乳品品质。大力推行HACCP,实行奶牛养殖与乳品加工的规模化、标准化管理,从而实现了对牛只个体和牛产品的可追溯性,有效地控制了牛各种传染病的传播,提高了牛产品的质量。计算机技术应用于牛的选育、饲料配制、疾病预防、牛场的经营与管理等许多方面,同样在乳品加工业上也得到广泛应用。围绕牛的养殖与产品加工技术的研究不断深入,高新技术已经成为养牛业发展的主要原动力。

(五)重视健康养殖与环境和谐

在养牛业发达国家,都十分重视养牛业发展过程中对环境的影响研究,尽可能减少养牛业给环境带来的副作用,而且也都有比较完善的环境保护法规进行规范。因此,一方面在牛场与加工企业规划建设时,十分重视对环境影响的评估,防止可能带来的对环境的污染或破坏;另一方面,在牛场与加工企业生产过程中,尽量减少对环境的影响,如尽可能使牛的营养平衡,以防止因为营养素不平衡对环境的污染;尽可能处理好企业的废弃物,特别是做好水的循环再利用。

养牛业是畜牧业重要组成成分,它的持续稳定发展,影响到畜牧业的整体发展,与人类的物质生活有密切的关系。重视牛的健康、福利,重视牛与环境和谐,不断在养牛业生产中开发、应用新的科学方法与管理技术,实施健康养殖,可以生产更多优质安全的牛产品,使牛更好地为人类服务。

第三节　我国养牛业现状和发展对策

我国是世界上的养牛大国,2004 年牛的存栏总数近 1.35 亿头,是世界总数的 1/10。其中,黄牛饲养量近 1 亿头,位居世界第三位,仅次于印度和巴西;水牛饲养量约 2 200 万头,仅次于印度和巴基斯坦,位居世界第三位;奶牛饲养量约 900 万头,在世界上排在第五位。世界牦牛的 90%以上分布在我国,2004 年约为1 200 万头。近 20 年,我国养牛业发展的总体态势表现为牛总数稳步增长,牛的生产性能逐步提高。增长速度以奶牛最快,黄牛次之,而水牛数量相对稳定。

一、黄牛与肉牛

(一)黄牛与肉牛业现状

我国的黄牛数量最多、分布最广。中国的黄牛是一个统称,其包括黄、黑、褐和红等毛色。我国"黄牛"与外国"肉牛"两者的区别,只是主要用途上的不同,是不同培育方向的结果。黄牛是我国传统的役用畜,也是重要的肉品来源,今后我国黄牛改良工作的重点将是提高其肉用性能为主导方向。我国的肉牛业发展历程,大体可分为以下三个阶段:一是保护耕牛阶段(20 世纪 50 年代到 60 年代)。二是品种改良与肉牛发展阶段(20 世纪 70 年代到 80 年代)。三是快速发展阶段(20 世纪 90 年代至今)。2005 年,我国牛肉产量为 715.8 万 t,仅次于美国(1 120.7 万 t)和巴西(777.4 万 t),已成为世界第三大牛肉生产国。但人均却仅为 5.30 kg。2005 年河南省肉牛存栏量、出栏量和牛肉产量分别为 1 364.2 万头、689 万头和 100.8 万 t,三项指标连续 20 年全国排名第一,其次为河北、山东和吉林。在全国范围内初步形成了中原、东北和华南三大肉牛带。目前,中原肉牛带的牛肉产量已占全国总产量的一半以上。我国牛肉生产主要依靠黄牛,改良肉牛的覆盖率仅为 20%,来自奶畜的牛肉不到 5%。中国黄牛虽然有很多品种,如鲁西牛、秦川牛、南阳牛、晋南牛等,且肉有清香之特色,但普遍体型小、生长速度慢、出肉率低。用这样的品种来生产高档牛肉可行,但有一定难度。肉牛市场销售模式可分为三种:大众化市场。大众化市场即赶大集进行牛肉及活牛交易,这是我国传统的最主要的肉牛市场形式。活牛、牛肉出口。我国每年向香港出口活牛的数量一直保持在 20 万头以上,向中东地区及俄罗斯等出口大量分割牛肉。用于高级宾馆、饭店的优质牛肉。"肥牛火锅"、牛排等高档牛肉消费日渐增多。

(二)我国肉牛业发展对策

1.扶持建立肉牛生产基地

充分利用河南、山东、安徽、河北等省黄牛资源丰富、品质好和粮食及饲草饲料资源充足的优势,集中资金培植肉牛产业带,力争在10年内形成优质出口肉牛产业带。也要发挥东北地区精饲料充足的优势,发展东北肉牛带。建立一批“公司+农户”的基地;抓好良种繁育体系建设。在农牧交错地带建设一批养牛示范县,推行退耕还草。建立健全母牛繁殖基地,实施良种母牛补贴政策,提供优质架子牛。

2.培育龙头企业,发展产业化经营

培育辐射能力强的肉牛产业化龙头企业,通过多种形式的合作,延长产业链条。使企业和农民结成利益联盟,增强抵御市场风险的能力,形成我国牛肉的多层次生产经营体系,满足高、中、低档牛肉消费市场。要有计划、有选择、有特色地建设几个在国内外有一定知名度和较强竞争力的龙头企业,以龙头带基地,基地连农户,促进地区和全国肉牛业的大发展。积极搞好与目标出口国的优秀贸易公司、肉食加工企业的联合。以八大菜系或著名老字号为龙头,开发出系列肉食成品、半成品,配以注册老字号商标,逐渐扩大民族牛肉产品的出口。

3.增加科技投入,提高牛肉的质量

扩建肉牛纯繁场,增强主要引进良种肉牛供种能力,加快地方良种黄牛的改良步伐,并培育我国的优良肉牛品种,夏南牛肉牛新品种,2007年5月在河南省泌阳县培育成功,为我国利用地方优良品种资源培育肉牛新品种提供了有益的经验,必将极大推进我国肉牛产业化进程。加大良种黄牛品种保护的力度,加强地方良种黄牛选育。开展牛肉质量、卫生安全标准、检测技术的研究;开展重大疫病的监控与研究;研究推广肉牛生产配套技术。要尽快制定牛肉产品的生产、加工、出口检验检疫标准,与国际惯例接轨。要尽快制定出活牛分类标准、牛肉分级标准、牛肉及其制品的质量标准及卫生标准。

4.加快无公害畜产品基地和检测体系建设

加快建设无规定动物疫病区和无公害畜产品基地。加快在肉牛集中产区的中心城市建设畜产品检测中心。加强对肉牛及牛肉产品产地环境、投入品、生产过程、包装标志和市场准入等环节的监管,严格实施检疫、检验制度。

5.制定切实可行的肉牛产业补贴政策

建立肉牛生产自然灾害补贴制度,对于一些防疫难度大、危害范围广的疫病,在防治方面实行国家统一组织和相应的政府补贴制度。对从事犊牛生产的母牛饲养者进行适当补贴,以保证肉牛生产的连续性。因为幼牛的生产周期长,产出投入比低。对肉牛业农民合作组织进行合理补贴,如补贴防疫费用等。

6. 提升肉牛屠宰、牛肉保鲜和加工技术

实行专门化屠宰场屠宰、加工，从而保证宰杀、分割和冷冻的质量。进行精加工和深加工，提高产品附加值。引进了符合欧盟标准的牛肉屠宰、分割、包装设备，加快牛肉分割和加工保鲜技术研究与应用，生产高质量的牛肉制品，从而摆脱发达国家技术壁垒的限制。

7. 市场信息服务体系和外贸体制的建立

建立一个自由流通和公平竞争的市场体系，做好信息服务体系建设。建立与国际市场接轨的进出口外贸体制。

二、奶牛

(一)奶牛业现状

我国奶牛的主要品种是荷斯坦牛及其杂交改良牛，分布在全国各地，可分为以下五个奶业产区，即大城市奶业产区、东北奶业产区、华北奶业产区、西北奶业产区和南方奶业产区。以东北、华北和大城市奶业产区为主。这三个占有60%以上的奶牛数量和产奶量。改革开放以来，我国奶业得到快速发展，年平均递增率一直在两位数以上，2005 年奶产量达到了 2 867 万 t，人均为 21.7 kg；2006 年达到了 3 366.3 万 t，人均为 24.69 kg。2004 年内蒙古牛奶产量 497.9 万 t，占全国总量的 22.0%；其次是黑龙江 374.5 万 t、河北 266.5 万 t、山东 160.9 万 t、新疆 133.3 万t。近年来，我国乳品加工业通过了体制改革和技术改造，组建了一批有实力的奶业集团，如上海光明乳业集团有限公司，内蒙古伊利实业集团股份有限公司和蒙牛、石家庄三鹿集团有限责任公司、北京三元集团有限责任公司、黑龙江完达山乳业股份有限公司等，初步改变了小规模分散经营的局面。目前，我国乳品加工企业有 1 500 余家，其中，规模企业 584 家。到 2004 年，奶业前十大企业产量 469.5 万 t，占全国总产量的 49.5%；奶制品工业总产值 376.8 亿元，占全国的 56.8%。2005 年，蒙牛、伊利、光明、三鹿等液态奶的十大企业合计占全国市场的 67.29%。其中伊利、蒙牛两个企业就占到全国市场的 46.76%。2006 年，伊利、蒙牛两个企业液态奶产量达到 615 万 t。中国奶业发展的战略重点是推行适度规模经营，走质量效益型道路。

(二)我国奶业发展的主要对策

1. 加强奶源基地建设，打牢奶业发展基础

奶源基地建设是奶业发展的基础。要根据大城市、东北、华北、西北、南方奶业产区的布局，科学规划奶源基地，充分发挥各奶业产区的优势，立足于不同奶业资源条件、市场潜力和龙头加工企业的规模实力，因地制宜，建设高水平的奶源生

产基地，促进奶源生产向专业化、规模化、区域化发展，提高奶牛生产水平。因此，要重点做好以下几方面的工作：创新养殖模式，实现规模化养殖；推进品种改良，提高良种覆盖率；加强疾病防治，防范奶业风险；改善饲料品种结构，提高饲养水平；重视环境保护，发展循环经济。

2. 加快乳品加工企业改造与技术升级，增强市场竞争能力

发挥乳品加工企业龙头作用是奶类持续稳定发展的关键。目前，我国多数乳品加工企业规模小、经济实力弱，技术水平与设备相对落后，是制约我国乳制品质量提高与国际竞争力增强的重要因素。要进一步整合资源，扩大企业经营规模；加快企业技术改造与设备更新；实施品牌战略，增强市场竞争力，逐步形成具有较强国际竞争力的世界知名品牌。

3. 建立奶农和乳制品企业共同利益关系，提高产业化经营水平

在奶业产业化过程中，首先要发挥龙头企业的作用，引导龙头企业带动牛奶生产、优化奶业结构、开拓奶业市场、运用奶业科技的作用，密切与奶农的关系，为建立奶农与乳制品加工企业共同利益关系构筑平台。二是要提高奶农组织化程度，引导推进奶业合作社、奶农协会和专业服务组织的建设，把分散的奶农组织起来，提高组织化程度，使其成为连接奶农和乳制品加工企业的纽带。三是采取多种形式建设奶农与企业利益共享机制。通过建立合同或合约，使龙头企业与奶农的经济利益连接在一起，形成风险共担、利益均沾的一体化关系，实现产业化经营。

4. 引导消费，开拓市场

加强宣传，科学引导消费。各种媒体要把宣传奶类营养知识，作为一项重要的工作内容长期坚持不懈。积极开拓市场。企业必须及时把握市场脉搏，分析研究消费热点，掌握现代消费者的消费趣向，以及消费者崇尚营养、卫生和方便的市场需求特点，调整乳品结构，满足不同群体的消费需要。根据乳制品的产品特性，提高营销队伍素质，改善乳制品的供应方式，采用先进的营销技术为消费者提供更加方便的购买渠道。

5. 加强原料乳和乳制品质量控制，保障质量安全

必须高度重视乳制品质量安全问题，采取多方面措施。重点需要加强原料乳质量控制，尽快制定和建立良好的奶牛饲养规范，实行标准化生产，推广机器挤奶；建立质量监测网络，将乳和乳制品质量管理纳入法制化、规范化管理轨道；建立权威的第三方监测机构，对奶业生产各环节的产品进行检测，为加强管理和监督提供依据；推行奶业生产企业质量认证，如 GMP、GAP 和 HACCP，加强行业自律，树立企业诚信形象；建立市场准入制度督促乳品营销企业建立和落实商品质

量进货检查验收制度。

6.加强科技投入，为奶业发展提供科技支撑

加强奶业基础技术研究，加强奶业科技人才队伍建设。重点加强奶牛良种快速繁育关键技术、奶牛营养需要与饲料安全高效利用技术、乳品质量安全监测关键技术、疾病快速诊断和防疫技术的研发；加强国家奶业科技平台建设；加强与发达国家的技术交流和合作，同时加强人才队伍建设。

7.加强政策倾斜和投入力度，为奶业发展创造良好环境

政策扶持是奶业发展的根本保证。目前，各级政府虽然高度重视奶业发展，有一定的保护支持政策，但与国外相比仍有一定差距。建立完整的政策保护体系，完善相关法律与标准体系建设，为奶业发展创造良好的环境条件十分必要。因此政府需要加强对奶业投入；扶持建立奶牛保险制度，奶牛饲养存在疫病、自然条件和市场等多重风险，应采取国家、地方和奶牛养殖者共同出资的办法，建立奶牛保险制度，增强抵御风险的能力。

三、水牛

2004年我国有2 236.1万头水牛，约占全国牛总数的16.2%，其数量仅次于印度(9 770万头)和巴基斯坦(2 550万头)，饲养量居世界第三位。我国水牛主要分布在黄河以南的17个省、市、区，广西壮族自治区最多，2004年为413.5万头，其他依次为云南、贵州、四川和湖南。

全国奶水牛饲养量约2万头，主要集中在广东、广西、云南和福建等地，是指从印度引进的摩拉水牛和从巴基斯坦引进的尼里-拉菲水牛及其与中国水牛杂交后代的总称。奶水牛饲养成本低，产品质量好，经济效益高，为农村产业结构调整和农民致富开辟了新路。因此，加快改良南方水牛，发展水牛奶业，培育中国乳肉兼用水牛品种(品系)，促进中国特色的水牛奶业的发展。

四、牦牛

牦牛被誉为“高原之舟”，中国是世界上牦牛数量最多的国家。据统计，全世界现有牦牛1 700多头，而80%在中国，大多分布于藏区及周围海拔3 000 m以上的高寒地区。牦牛作为一种稀缺的物种资源，具有广阔开发前景。牦牛生长区域是一片难得的净土，生态环境决定了牦牛体内蕴藏着高营养、多功能的有机成分。专家测算，如对牦牛皮、毛、肉、骨进行综合开发，可获得5倍的高增值效益。资源的稳定性和不可复制性是牦牛产业的核心优势。处理好牦牛产业与生态环境之间的关系是牦牛产业可持续发展的关键。

第四节 养牛生产技术教育

一、养牛生产技术体系

(1)牛群保健与疫病控制技术,包括牛群保健、防疫、检疫和牛常见疾病的防治技术。

(2)牛品种和个体的选择,包括牛的品种识别和个体选择。

(3)牛的外貌鉴定与生产力评定,包括牛的外貌鉴定技术、奶牛生产力评定、原料乳的质量监控、肉牛生产力评定和胴体分割技术。

(4)牛的繁育技术,包括选育与杂交改良利用和牛的繁殖技术。

(5)牛的营养需要与日粮配制,包括牛的消化特征、牛的饲料、牛的饲养标准和日粮配制技术。

(6)奶牛生产技术与管理,包括后备牛培育、成年泌乳牛的饲养管理、挤奶技术、奶牛场牛群改良计划(DHI)和奶牛场的生产经营管理。

(7)肉牛生产技术,包括繁殖母牛-犊牛生产体系建设和肉牛的肥育技术。

(8)牛场建设及环境管理,包括牛场建设的可行性论证、牛场建设、养牛小区建设与管理和养牛场的环境管理。

通过学习掌握养牛生产技术与管理,能够制订养牛场技术操作规程、新技术引进实施方案和新建牛场的规划设计和论证。

二、养牛生产技术教育

(1)完善的技术体系,按照现代养牛生产的技术要求,遵照教、学、做合一原则,筛选养牛生产 8 项一级技术,若干项二级技术,组成养牛生产技术体系,各地根据生产实际需要,结合教学条件,创新产学结合的教学模式。

(2)健全的实验实训基地,结合专业基本技能训练要求,需要建立饲料生产技术、家畜繁育技术、养牛生产技术(设备展示室、品种和外貌鉴定模拟室、牛的生产力评定)、畜禽环境工程和畜禽疫病诊疗技术实验实训室,奶牛或者肉牛饲养校内实训基地。

(3)双师素质教师,专职教师要具有“双师素质”,定期选派教师到养牛生产企业进行实践技能锻炼,掌握现代养牛生产技术和管理经验,聘请养牛生产企业的高层次技术人员担任养牛生产技术课程,作为养牛生产技术实习实训指导教师。

(4)培养机制,采用产学结合的实践教学模式,实践性教学体系包括实验、实习、实训和实岗，养牛生产的实践性教学应结合奶牛和肉牛生产实际安排，例如，在秋季安排“粗饲料的加工调制（青贮饲料制作）”，暑期安排学生实习实训“热应激条件下奶牛的饲养管理”，实行实习实训协议书管理制度，实训技能证书制度。

(5)技术教育资源与利用，可以利用精品课程、网络课程、教学课件、教学光盘、教学录像和相关专业技术网站进行教学或学生自学。

本章小结

- 养牛业与技术教育概述
  - 发展养牛业生产的重要意义
    - 有利于节粮高效畜牧业的发展
    - 有利于促进现代化农业进程
    - 有利于生态农业建设
    - 有利于加工业发展和促进国际贸易
    - 有利于增加农民收入
  - 世界养牛业发展现状和趋势
    - 牛的数量保持相对稳定
    - 乳、肉牛品种特色明显和生产性能提高
    - 生产方式规模化专业化集约化自动化
    - 高新技术的应用，养牛生产效益提高
    - 重视健康养殖与环境和谐
  - 我国养牛业现状和发展对策
    - 黄牛与肉牛
    - 奶牛
    - 水牛
    - 牦牛
  - 养牛生产技术教育
    - 养牛生产技术体系
    - 养牛生产技术教育

复习思考题

1. 浅谈国内外养牛业的现状以及未来发展趋势。

2. 分析我国养牛业中存在的问题及应采取的对策。

3. 通过本章的学习，并结合自身所收集的材料撰写一篇 2 000 字以上，有关你所在地区养牛业现状和发展对策的综述性文章。

第二章　牛的外貌鉴定与生产力评定

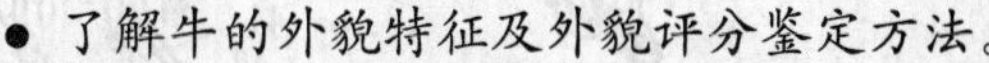

知识目标

- 了解牛的外貌特征及外貌评分鉴定方法。
- 熟悉牛的生产力评定和乳牛体型线性评定方法和体尺体重测量方法。
- 掌握原料乳的质量监控技术和乳的初步处理方法。
- 熟练掌握肉牛屠宰性能测定。

技能目标

- 学会牛的外貌鉴定、原料乳的质量监控和肉牛屠宰性能测定。

第一节　牛的外貌鉴定

牛的外貌，就是牛的外部形态。牛的体质是有机体形态结构、生理功能、生产性能、抗病力、对外界生活条件的适应能力等相互之间协调性的综合表现。牛的体质与外貌之间存在着密切的联系。外貌鉴定是通过对牛体形外貌的观察，揭示外貌与生产性能和健康程度之间的关系，以便在养牛生产上尽可能选出生产性能高、健康状况好的牛。

一、牛的外貌特征

了解和熟悉牛体各部位名称是进行外貌鉴别和体尺测量的基础，牛体各部位名称如图 2-1 所示：

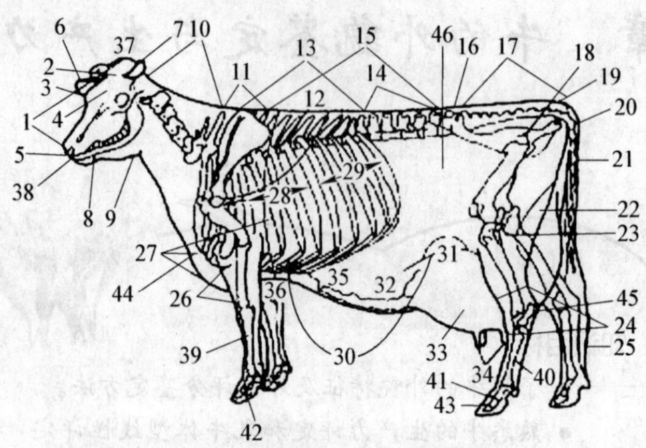

图 2-1 牛的骨骼及部位名称

1.头 2.额 3.眼 4.脸 5.鼻梁 6.耳 7.角 8.下颌 9.喉 10.颈 11.肩(鬐甲) 12.第一背椎区 13.背 14.腰 15.背腰 16.腰角 17.荐 18.髋关节 19.尾根 20.坐骨结节 21.尾 22.乳镜 23.膝关节 24.第一跗关节区 25.尾帚 26.前臂区 27.胸部 28.胸椎区 29.背椎区 30.腹线 31.腹股沟 32.乳静脉 33.乳房 34.乳头 35.乳井 36.胸围 37.枕骨 38.鼻镜 39.管骨 40.胫骨 41.第一趾关节 42.系部 43.蹄 44.垂皮 45.跗关节 46.肷窝

(一)乳用牛外貌特征

1.乳用牛的外貌特征

从整体上看，乳牛全身清瘦，皮薄骨细，棱角突出，血管显露，肌肉不甚发达，皮下脂肪沉积不多；胸腹宽深，后躯和乳房十分发达，体质表现为细致紧凑型。侧望、前望、上望均为“楔形”。乳牛的头清秀而长，是该品种特性。角细有光泽。颈细长且有清晰可见的皱纹。胸部扁平，肩宽。背腰强健平直。腹围大而不下垂。皮薄、有弹性，极易抓起，被毛细而有光泽。

(1)侧望 将背线向前延长，再将乳房与腹部线连成一条长线，延长到牛头前方，而与背线的延长线相交，构成一个楔形。从这个体形可以看出乳牛的体躯是前躯浅，后躯深，表示其消化系统、生殖系统和泌乳系统发育良好，产乳量高。

(2)前望 由鬐甲顶点作起点，分别向左右两边下方作直线延长，而与胸下的直线相交，构成一个楔形。这个楔形表示鬐甲和肩胛部肌肉不多，胸部宽阔，肺活量大。

(3)上望 由鬐甲分别向两腰角引两条直线，与两腰角的连线相交，构成一个楔形。这表示后躯宽大，发育良好。

2.乳牛的乳房

乳牛发育良好的乳房的要求：前乳房应向前延伸至腹部和腰角部垂线之前，后乳房应向股间的后上方充分延伸，附着极高，使乳房充满于股间而突出于躯体的后方。结缔组织支撑良好，整个乳房牢固的附着在两大腿之间而成半圆形，4个乳区发育匀称，4个乳头大小长短适中而呈圆粒状，乳头间相距很宽，底线平坦。乳房底部略高于飞节，皮肤薄而细致，乳静脉弯曲而明显。这样的乳房称“方圆乳房”。这种乳房的内部结构：腺体组织75%～80%；结缔组织20%～25%。这种乳房富于弹性，挤乳后乳房后部有许多皱褶。腺体组织发达，又称“腺质乳房”。

畸形乳房：是指在外形和内部结构上发育不正常的乳房。在外形主要表现为前后乳区和左右乳区明显平分，或各乳区发育不匀称，大小不等或乳头大小数目失常等情况，内部结构上主要表现在腺体组织与结缔组织的比例失常或内部韧带松弛而形成的肉质乳房，悬垂乳房，漏斗乳房。

肉质乳房：乳房内部脂肪分布较多。

悬垂乳房：乳房底线远远超过正常飞节。前后乳区发育不匀称。

漏斗乳房：呈漏斗状。

乳静脉：是从乳房沿下腹部，经过乳井到达胸部，汇合胸内静脉，再穿过胸壁而入心脏的静脉血管，分为左右两条。它们是乳房向心脏输送大量血液的主要脉管。一般青年牛或初产牛乳静脉较细，富有弹力。分娩之后，乳静脉逐渐变粗，直到完全成熟为止。高产牛的乳静脉应粗大，弯曲而且分支多。

乳井：是乳静脉在第八条肋骨进入胸腔所经过的孔道。它的大小说明乳静脉粗细程度，在鉴别乳静脉时，尤其是在深层乳静脉表现不明显的情况下，就要借助于触摸乳井来鉴定乳静脉的发育情况。

(二)肉用牛外貌特征

肉牛从整体看，皮薄骨细，体躯宽深，低垂，全身肌肉丰满，皮下脂肪发达、疏松而匀称。

肉用牛从侧视、背视、前视、后视体躯都呈圆筒形。从侧面看，颈短而宽，垂皮发达，前胸突出，胸深，尻深，背线、腹线平行，股后平直，肋骨弯曲，呈圆筒形；背视鬐甲宽平，背腰宽，尻部平而广阔，肋骨弯曲、腹部充实，形成圆筒形；前视鬐甲宽平，胸宽而深，胸底部稍平，两侧肋骨开张，呈圆筒形；后视尻部宽而平，后裆宽，股间肌肉丰满而深，后视呈圆筒形。

肉牛头短宽，皮下结缔组织发达，角细致光滑，眼睛大而明亮，鼻孔大，口裂深。颈宽短，与鬐甲、肩结合平滑丰满。

鬐甲宽厚多肉，与背腰成一条直线，前胸饱满，突出于两前肢之间，垂肉高度发育，肩直立，肋骨长而弯曲，使胸宽而深，肋间肌肉充实，肩颈、肩胸结合平滑丰满，肋骨外观不明显。

背腰宽广、丰满，脊柱两侧和背腰的肌肉由于非常发达而呈复背、复腰，腰角宽。腹部大小适中，不下垂、不卷腹，腹壁厚，肷窝丰满。

尻长、宽、平、坐骨端宽，肌肉及皮下脂肪发达，呈复臀。

(三)兼用牛外貌特征

兼用牛根据其兼用类型的不同，主要分为乳肉兼用型，如小荷兰牛、瑞士褐牛；肉乳兼用型，如短角牛；乳肉役兼用型，如西门塔尔牛等。

乳肉兼用型的外形更趋向于乳用型，要求体格健壮，骨骼较粗壮，肌肉发达，鬐甲与背腰成一直线，尻部长、宽，乳房较大，附着良好。

肉乳兼用型的外形和乳肉兼用型基本相似，但具有较好的肉用特征，它的背、腰、肋、尻、大腿等产肉部位的肌肉更发达些，而乳房及腹部相对差些。

乳肉役兼用牛除应具有乳肉兼用的体型外，还必须具有发达而坚实的肌肉和粗壮的骨骼，鬐甲和肩发育良好，具有前强体型。

所有兼用牛应背腰平直，肢势端正，关节整洁，筋腱明显，蹄大而圆，蹄壁致密而坚实。

二、体尺、体重测量与年龄鉴定

(一)体尺、体重测量

测量鉴别是外貌鉴别的重要方法，它能准确反映一些部位的发育情况，可弥补肉眼鉴别的缺陷，能提高初学鉴别者的鉴别能力，其中体尺测量是鉴别的基础。

1. 体尺测量

体尺是牛体各部位长、宽、高、围度等数量化的指标。牛体尺测量的器具有测杖、卷尺、圆形测量器、测角器等。

进行体尺测量时，应使牛站于平坦的地面上，肢势要端正，四腿成两行，从前往后看，前后腿端正，从侧面看，左右腿互相掩盖，背腰不弓不凹，头自然前伸，不左顾右盼，不昂头或下垂，待体躯各部呈自然状态后，迅速、准确地进行测量。

体尺测量的数目，依测量目的而定。常用的测量项目有：

(1)体高(鬐甲高)　由鬐甲最高点到地面的距离(测杖)。

(2)体长(体斜长)　由肩端到同侧坐骨端的距离(用卷尺或测杖测量，须注明)。

(3)体直长　由肩端到坐骨端后缘的水平距离(测杖)。

(4)胸围　肩胛骨后缘处体躯的水平周径,其松紧度以能插入食指和中指自由滑动为准(卷尺)。

(5)管围　前肢掌骨上1/3处的周径,即前管最细处的周径(卷尺)。

(6)头长　从额顶(角间线)至鼻镜上缘的距离(卷尺)。

(7)最大额宽　眼眶最远点的距离(圆测器、卷尺)。

(8)额小宽　颞颥部上面额的最小宽度(圆测器、卷尺)。

(9)胸宽　两肩胛后缘之间的最大距离,即左右第六肋骨之间的距离(测杖)。

(10)胸深　肩胛骨后方从脊椎到胸骨的直线距离(测杖)。

(11)腰高(十字部高)　两腰角连线与腰椎相交点到地面的垂直距离(测杖)。

(12)腰角宽　两腰角外缘的距离(测杖、圆测器)。

(13)尻长　从腰角前缘到坐骨结节后缘的直线距离(测杖)。

(14)后腿围　从右侧的后膝前缘开始,绕尾下股胫间至对侧后膝前缘的水平距离(卷尺)。

(15)坐骨端宽　左右坐骨结节最外隆凸间的宽度(圆测器)。

(16)乳房围　乳房最大的周径(卷尺)。

(17)乳房深度　后乳房基部至后乳头基部的距离。

(18)乳头间距　分前后乳头间距和左右乳头间距。

2.体尺指数的计算与分析

体尺指数是整理和分析体尺材料的一种方法。常用一种体尺与另一种体尺的比率来反映这两种体尺在解剖上或生理上有一定的关系,以此表述各部位是否发育完全,是否匀称和符合某一生产类型、品种等的特征。

(1)体长指数

$$体长指数=\frac{体长}{体高}\times 100\%$$

肉用牛的体长指数一般大于乳用牛,胚胎期发育不全的牛,该指数高于品种的平均值,如果生后发育受阻,则此指数低于平均数,该指数随年龄增大而增大。

(2)体躯指数

$$体躯指数=\frac{胸围}{体长}\times 100\%$$

它表示体躯的发育程度。一般肉牛、役牛的体躯指数大于乳牛。

(3)胸围指数

$$胸围指数=\frac{胸围}{体高}\times100\%$$

它表示役牛役用能力的大小。

(4)管围指数(骨指数)

$$管围指数=\frac{管围}{体高}\times100\%$$

它表示体躯骨骼的相对发育情况。役牛的管围指数最大,乳牛次之,肉牛最小。

(5)尻宽指数

$$尻宽指数=\frac{坐骨端宽}{腰角宽}\times100\%$$

它反映尻部发育是否匀称。一般乳牛、肉牛的尻宽指数大于役牛,高度培育的品种大于原始品种,公牛较母牛的大。尻宽指数对乳牛的意义大,它愈大,表明泌乳系统愈发达,大于67%时为宽尻,小于50%时为尖尻。

(6)产肉指数

$$产肉指数=\frac{后腿围}{体高}\times100\%$$

它表示后肢肌肉的发育程度。产肉指数对于肉牛具有重要意义,而且与净肉率关系密切。

体尺指数除了以上6个指数外,还有以下几个指数:

$$肢长指数=\frac{体高-胸深}{体高}\times100\%$$

$$胸宽指数=\frac{胸宽}{胸深}\times100\%$$

$$尻高指数=\frac{尻高}{体高}\times100\%$$

$$髋胸指数=\frac{胸宽}{腰角宽}\times100\%$$

3. 活重测定

测定牛体重的方法有实测法和估测法两种。

(1)实测法　实测法最准确,应空腹称重,以减少肠胃内容物对体重的干扰,一般在早晨饲喂、饮水前称重。如果是乳牛,还应在挤乳后进行,连续2天称重,取平均值作为体重。如果连续2天称重误差超过5%时,应连续3天称重取其平均值。

实测时一般用平台式地磅,在称犊牛时可用小型磅秤,以减少误差。

(2)活重估测　在没有地磅的条件下,只有采用估测法。估重公式是根据实重与体尺的相关得出的,常用的估重公式为:

①乳用牛估测公式:

$$体重(kg)=胸围^2(m)\times体直长(m)\times87.5$$

②肉用牛估测公式:

$$体重(kg)=胸围^2(cm)\times体斜长(cm)\div10\,800$$

③水牛估测公式:

$$体重(kg)=胸围^2(cm)\times体斜长(cm)\div12\,700$$

④黄牛估测公式:

$$体重(kg)=胸围^2(cm)\times体斜长(cm)\div估测系数$$

我国黄牛曾长期用肉牛的估测公式(估测系数按10 800算)估测牛的体重,但在实践中发现误差较大,一般得出结果较实测重偏高,这可能是由于黄牛体况偏瘦的原因,故式中估测系数需根据具体情况予以修正,即:

$$估测系数=\frac{胸围^2(cm)\times体斜长(cm)}{体重(kg)}$$

经过修正后的估测公式应用效果较好。

(二)年龄鉴定

年龄与体重、生长速度、胴体质量等性状有直接关系,因此在进行性能测定时,首先应确定年龄。判断年龄最准确的方法是根据出生记录,但在出生日期不明的情况下,主要根据牙齿情况,大致鉴定牛的年龄。

1. 由牙齿鉴定牛年龄的方法

(1)牛牙齿的种类、数目和排列方式　根据牙齿长出的前后顺序,将其分为乳齿与恒齿。最先长出的是乳齿,随着年龄的增长,逐渐被恒齿所代替。乳齿与恒齿(永久齿)的区别见表2-1。

表 2-1　乳齿与恒齿的区别

项　目	乳　齿	恒　齿
色泽	白色	乳黄色
齿颈	明显	不明显
齿根	插入齿槽较浅,附着不稳	插入齿槽较深,附着很稳定
大小	小而薄,有齿间隙	大而厚,无齿间隙
排列情况	牙齿排列整齐,齿表面平坦	牙齿排列不太整齐,齿表面有浅槽

牛无上门齿和犬齿,有 4 对下门齿,中间的一对钳齿,也叫第 1 对门齿。紧靠门齿的一对称为内中间齿,又叫第 2 对门齿。靠内中间齿的一对称外中间齿,叫第 3 对门齿,两侧最外面的一对称为隅齿,也叫第 4 对门齿。臼齿分为前臼齿和后臼齿,每侧各有 3 对,共 24 枚,所以恒齿的齿数为 32 枚。乳齿没有后臼齿,其他牙齿的数目与恒齿一样,故乳齿的数目为 20 枚。

(2)牙齿鉴定的依据和方法　根据牙齿鉴定牛的年龄,通常以牙齿的生长、更换和磨损过程中所呈现的规律性变化为依据,这些变化首先从钳齿开始,逐渐发展到内中间齿、外中间齿和隅齿。5 岁以前,根据下门齿的乳齿被恒齿更换的对数判断,更换的对数加 1 即为牛的年龄,下门齿全部更换完毕时称为齐口,即 5 岁。5 岁以后,牛的年龄以齿线和齿星的出现为判断依据。由于品种不一,所以牙齿的变化也有差异。早熟品种门齿的更换和磨损比中熟品种早 3～6 个月,晚熟品种的比中熟品种的晚 3～6 个月。我国的黄牛一般比乳牛晚 6 个月,水牛比乳牛晚 1 年。

2. 由牙齿鉴定牛年龄的注意事项

根据牙齿鉴定牛的年龄还需注意,5 岁以前,根据牙齿的更换鉴定牛的年龄是准确的,但根据齿线和齿星等鉴定年龄并不太准确,其原因是因为齿线和齿星是由磨损引起的,很多因素如饲料因素、营养因素、环境因素、生理因素会阻碍或加剧磨损,因而会影响年龄的准确鉴定。

三、牛的外貌评分鉴定

牛的外貌评分鉴定是根据牛的不同生产类型,按各部位与生产性能和健康程度的关系,分别规定出不同的分数和评分标准,进行评分,最后综合各部位评得分数,即得出该牛的总分数,以此划分牛的外貌等级。

(一)乳牛外貌评分鉴定

下面是中国荷斯坦牛外貌鉴定评分标准,见表 2-2 和表 2-3。

表 2-2　母牛外貌评分鉴定表

项　目	基　本　要　求	标准分
一般外貌与乳用特征	头、颈、鬐甲、后大腿等部位棱角和轮廓明显 皮肤薄而有弹性，毛细而有光泽 体高大而结实，各部结构匀称，结合良好 毛色黑白花，界限分明	15 5 5 5
体躯	长、宽、深 肋骨间距宽，长而开张 背腰平直 腹大而不下垂 尻长、平、宽	5 5 5 5 5
泌乳系统	乳房形状好，向前后延伸，附着紧凑 乳房质地：乳腺发达，柔软而有弹性 四乳区：前乳区中等大，4 个乳区匀称，后乳区高、宽而圆，乳镜宽 乳头：大小适中，垂直呈柱形，间距匀称 乳静脉弯曲而明显，乳井大，乳房静脉明显	12 6 6 3 3
肢蹄	前肢：结实，肢势良好，关节明显，蹄质坚实，蹄底呈圆形 后肢：结实，肢势良好，左右两肋间宽，系部有力，蹄形正，蹄质坚，蹄底呈圆形	5 10
合　计		100

表 2-3　公牛外貌评分鉴定表

项　目	基　本　要　求	标准分
一般外貌	毛色黑白花，体格高大 有雄相，肩峰中等，前躯较发达 各部位结合良好而匀称 背腰平直而结实，腰宽而平 尾长而细，尾根与背线呈水平	7 8 7 5 3
体躯	中躯：长、宽、深 胸部：胸围大，宽而深 腹部紧凑，大小适中 后躯：尻部长、平、宽	10 5 5 10
乳用特征	头、体型、后大腿的棱角明显，皮下脂肪少 颈长适中，垂皮少，鬐甲呈楔形，肋骨扁长 皮肤薄而有弹性，毛细而有光泽 乳头呈柱形，排列距离大，呈方形 睾丸：大而左右对称	6 4 3 4 3

续表 2-3

项目	基本要求	标准分
肢蹄	前肢:肢势良好,结实有力,左右两肢间宽;蹄形正,蹄坚实,系部有力	10
	后肢:肢势良好,结实有力,左右两肢间宽;飞节轮廓明显,系部有力,蹄形正,蹄质坚实	10
合计		100

根据外貌评分结果,按表 2-4 评定等级。

表 2-4 乳牛外貌等级评定表

性别	特等	一等	二等	三等
公	85	80	75	70
母	80	75	70	65

注:对公、母牛进行外貌鉴定时,若乳房、四肢和体躯其中一项有明显生理缺陷者,不能评为特级;两项时不能评为一级;三项时不能评为二级。

对于乳用幼牛,由于泌乳系统尚未发育完全,可只对其他三部分作重点鉴定。

(二)乳牛体况评分鉴定

乳牛体况是乳牛营养代谢正常与否及饲养效果的反映,也是乳牛健康与高产的标志之一。体况评分是指根据观察和触摸尾根、后躯和腰区的皮下脂肪蓄积量而进行的直观评分。

1. 乳牛体况评分标准

乳牛体况评分标准应本着准确、实用、简明、易操作的原则加以制定。现介绍以色列的乳牛体况评分标准,以供参考,详见表 2-5。

表 2-5 乳牛体况评分标准

部位	评分				
	1	2	3	4	5
脊峰	尖峰状	脊突明显	脊突不明显	稍呈圆形	脊突埋于脂肪中
两腰角之间	深度凹陷	明显凹陷	略有凹陷	较平坦	圆滑
腰角与坐骨	深度凹陷	凹陷明显	较少凹陷	稍圆	丰满呈圆形
尾根部	凹陷很深呈“V”形	凹陷明显呈“U”形	凹陷很少稍有脂肪沉着	脂肪沉着明显凹陷更小	无凹陷大量脂肪沉积
整体	极度消瘦皮包骨之感	瘦但不虚弱骨骼轮廓清晰	全身骨节不甚明显胖瘦适中	皮下脂肪沉积明显	过度肥胖

按此标准，乳牛体况评定侧重于背线、腰臀及尾根等部位的肌肉和脂肪沉积程度。它将牛体的前、中、后躯评定有机地结合起来，也将局部评定和整体印象结合起来，达到准确、科学评定的目的。

2.乳牛体况评分的方法

评定时，可将奶牛拴于牛床上进行。评定人员通过对奶牛评定部位的目测和触摸，结合整体印象，对照标准给分。评定时牛体应自然舒张，否则肌肉紧张会影响评定结果。具体评定方法如下：

第一步，要观察牛体的大小，整体丰满程度。

第二步，从牛体后侧观察尾根周围的凹陷情况，然后再从侧面观察腰角和尻部的凹陷情况和脊柱、肋骨的丰满程度。

第三步，触摸尻角、腰角、脊柱、肋骨以及尻部皮下脂肪的沉积情况。操作要点为：

(1)用拇指和食指掐捏肋骨，检查肋骨皮下脂肪的沉积情况。过肥的奶牛，不易掐住肋骨。

(2)用手掌在牛的肩、背、尻部移动按压，以检查其肥度。

(3)用手指和掌心掐捏腰椎横突，触摸腰角和尻角。如肉脂丰厚，检查时不易触感到骨骼。

评定时，侧重于尾根、尻角、尻部及腰角等部位的脂肪和肌肉沉积情况，结合肋骨、脊柱及整体印象，达到准确、快速、科学评定的目的。为简化评定工作，对极端肥胖和消瘦的牛只登记，不打分直接归类。如果背腰部评分与后躯部评分相差一个单位以上，应使后躯评分增减半分，以此作为体况的最后评分，举例见表2-6。成母牛每年体况评定4次。分别在产犊、泌乳高峰、泌乳中期和干奶期进行，后备牛在6月龄、临配种时和产前2个月时进行评定，各时期的适宜体况评分见表2-7。奶牛在不同时期应有一合适的体况，以使其产奶能力最大限度发挥，同时又能保证繁殖消化机能的正常以及奶牛健康不受影响。如果奶牛的体况评分不符合要求时，应该采取必要的饲养管理措施加以调整。

表2-6　背腰部评分与后躯部评分的校正

后躯评分	背腰评分	差值	调整	最后得分
4.0	2.5	1.5	−1.5	3.5
3.0	2.5	0.5	0	3.0

表 2-7 奶牛各时期适宜体况评分

奶牛阶段	评定时间	适宜体况评分
成母牛	产犊(围产期)	3.5
	泌乳前期	2.75～3.0
	泌乳中期	3.0～3.25
	泌乳后期	3.25～3.5
	干奶期	3.5
后备牛	6～13 月龄	2.0～3.0
	第一次配种	2.5～3.0
	产犊(分娩期)	3.5

(三)肉牛外貌评分鉴定

牛传统的外貌评分鉴定方法即百分法，是将牛体各部位依其重要程度给予一定分数，即得出该牛的总分数，表 2-8 和表 2-9 为我国肉牛繁育协作组制定的肉用种牛外貌评分鉴定和等级标准。

表 2-8 肉用种牛外貌评分鉴定表

部 位	基 本 要 求	满分	
		公	母
整体结构	品种特征明显，结构匀称，体质结实，肉用体型明显，肌肉丰满，皮肤柔软有弹性	25	25
前 躯	胸深宽，前胸突出，肩胛平宽，肌肉丰满	15	15
中 躯	肋骨开张，背腰宽而平直，中躯呈圆筒形，公牛腹部不下垂	15	20
后 躯	尻部长、宽、平，大腿肌肉突出延伸，母牛乳房发育良好	25	25
肢 蹄	肢蹄端正，两肢间距宽，蹄形正，蹄质坚实，运步正常	20	15
合 计		100	100

表 2-9 肉牛外貌等级评定表

等级	特等	一等	二等	三等
公	85	80	75	70
母	80	75	70	65

四、乳牛体型线性评定

乳牛体型外貌线性记分方法最早由美国农业部经荷斯坦乳牛协会(1967)提

出，国际上20世纪80年代初成功地用于所有乳牛品种。如美国已用于更赛牛、爱尔夏牛、瑞士褐牛、娟姗牛。欧洲各国和日本的黑白花牛、德国和奥地利的弗列克维牛、瑞士的西门塔尔牛也各自采用修改方案以适应品种改进的需要。我国于1987年开始用于黑白花牛，1992年用于西门塔尔牛。

(一)线性评定方法

乳牛体型外貌线性评定方法，着重那些对乳牛生产经济效益以及对乳牛生产性能的发挥起明显作用，而又可以通过育种手段改进的体型外貌性状进行评定。将模糊概念(性状的具体表现状态)数量化，从一个极端到另一个极端，然后对照乳牛活体，按线性方式排列比较，最后根据实际的表现判分。

(二)评定个体及评定性状

体型外貌评定的主要对象是产乳母牛，而公牛则以其女儿体型外貌平均得分为评定依据，公牛自身的外貌评分也可作参考。

多数的体型性状的线性评分应与乳牛的年龄、泌乳阶段和饲养管理水平无明显的关系，不过为了提高评定的一致性和准确性，最理想的鉴定个体应处在头胎产犊后90～120 d。干乳期、产犊后、疾病其间以及6岁以上的乳牛不宜作评定对象。

我国使用的线性评定方法，是以美国荷斯坦协会标准为基础，结合我国实际而稍作改进编制而成，并在1990年制定了“中国乳牛体型线性评定规范”。评定的部位有29项，包括15个主要性状和14个次要性状，主要性状是指那些具有经济价值且变异范围较大可作为选择对象的性状。次要性状用于实验目的，或在此基础上取得更多的判断信息(表2-10)。

表2-10　乳牛体型线性评分表

		1体高/cm	2强壮度	3体深	4棱角性	5前躯高	6肩
线性评分	45	150	非常结实	很深	轮廓鲜明	很高	附着有力
	35	145	很结实	深	稍强	前躯高	结合好
	25	140	中等、前躯宽	中等程度	中等程度	尻至背平	中等程度
	15	135	狭弱	浅	稍差	前躯低	肩明显开张
	5	130	很狭、体弱	很浅	肉厚、粗糙	与尻比很低	极度鹰肩
评定依据		髻甲高/cm	胸宽深、髆宽骨量大结实	肋骨长和开张度	肋管平、清晰优美度和皮肤状态	髻甲至腰角为前躯、前躯与腰角比	看肩和牛体协调程度

续表 2-10

		7 背	8 尻角度	9 尻长/cm	10 尻宽	11 尾根	12 阴门角度
线性评分	45	很结实	<10°	63	幅度很大	尾根挺起	垂直
	35	结实		58	宽	尾根高	大体垂直
	25	中等程度	<2°	53	中等	中等	略倾斜
	15	弱		48	窄	低	明显倾斜
	5	很差、凹背	逆<10°	43	骨盆很窄	塌陷	非常斜或平
评定依据		看背腰结合	腰角坐骨线与水平夹角，水平尻20分	腰角与坐骨的连线	以腰角宽、髋骨坐骨宽评	用尾根与坐骨相比来看高低	角度水平评5分以下，垂直45～50分
		13 后肢侧视	14 后肢踏着	15 后肢后望	16 动作	17 蹄角度	18 系部
线性评分	45	严重镰状	极度前踏	蹄尖不外向	灵敏轻快	65°	非常结实
	35	飞节镰刀状	前踏	稍外向立笔直	轻快	55°	结实有力
	25	飞角 145°	中等程度	中等程度	中等	45°	中等
	15	近乎直飞	后踏	外向飞节挨近	明显痉挛肢	35°	稍松弛
	5	直飞	极度后踏	极度飞节靠近	严重痉挛肢	25°	很弱
评定依据		从侧面看后肢的姿势	从坐骨端向下垂线从肢中央通过25分	后望飞节位置来评定肢势	从步势或踏步评定	按蹄侧壁与蹄底交角评定	看系部的弯曲状态来评定
		19 蹄尖	20 前乳房附着	21 后乳房高度	22 后乳房宽度	23 悬韧带	24 乳房深度
线性评分	45	闭合	紧凑有力	上 10cm	4.5	很有力沟深	上 10～20cm
	35	0.5 指宽	附着结实	上 5	3.5	后视清晰结实	上 10cm
	25	1	中等	附着在中点	2.5	中等度	上 5cm
	15	3	松弛	下 5cm	1.5	不结实	稍低于飞节
	5	4	非常松弛	下 10cm	0.5	很弱	房底低深
评定依据		蹄尖张开状以指宽度量评定	侧面韧带与腹壁附着的结实度	附着点在坐骨与飞节中间25分	左右附着点以拳宽度量记分	着重后房底部，后视结实度	乳房底面与飞节比较来测定

续表 2-10

		25 前乳房长	26 乳房匀称	27 乳头后视	28 乳头侧望	29 乳头长/cm	
线性评分	45	很长	后区略受损	在内侧靠近	后乳头过前	13	注:来源"中国乳牛体型线性评定规范"
	35	长	前区低、后吊	稍内侧分布	稍前	9	
	25	中等	底面水平	中央分布	中等	5	
	15	短	后区低、前吊	稍外侧分布	稍后	3	
	5	很短	前乳区很小	乳头离开	后乳头过后	1	
评定依据		以腰角向下的垂线来比较	乳区均衡25分房底斜乳少	评定乳头在乳区内位置	以前乳头为基准的前后乳距	乳头平均长度	

(三)线性评分和功能分

线性评分是用1～50来衡量描述体型性状从一个极端到另一个极端不同程度的表现状态。这种线性评分的大小仅是代表性状表现的程度,不能直接用其数值大小说明性状的优劣,因为有些性状以处在极端为佳,而有些性状以处在中间状态为最好。因此还须将线性评分转化为功能分。功能分为百分制,以100分为最好,线性评分和功能分的标准,均应由各品种协会在育种专家的参与下制定并公布执行(表2-11)。

表2-11 线性评分转换百分表

线性评分	体高	胸宽	体深	棱角性	尻角度	尻宽	后肢侧视	蹄角度	前房附着	后房高	后房宽	悬韧带	后房深	乳头位置	乳头长度
50	80	75	75	75	51	88	51	80	80	97	97	80	70	75	70
49	82	75	76	76	53	89	52	81	82	96	96	83	71	78	71
48	84	76	77	77	56	90	53	82	84	94	95	86	72	81	72
47	86	76	79	79	59	91	54	83	86	92	94	89	73	84	73
46	88	77	82	82	62	93	55	84	88	91	93	92	74	87	74
45	90	77	85	85	65	95	56	85	90	90	92	95	75	90	75
44	93	78	86	87	66	97	57	86	92	89	92	94	76	90	76

续表 2-11

线性评分	体高	胸宽	体深	棱角性	尻角度	尻宽	后肢侧视	蹄角度	前房附着	后房高	后房宽	悬韧带	后房深	乳头位置	乳头长度
43	95	78	87	89	67	95	58	87	94	88	91	93	77	89	77
42	97	79	88	91	68	93	59	88	95	87	91	92	79	89	78
41	96	82	89	93	69	91	60	89	94	86	90	91	82	88	79
40	95	85	90	95	70	90	61	90	92	85	90	90	85	88	80
39	94	88	89	93	71	89	62	91	90	84	89	89	87	87	81
38	93	91	88	91	72	88	64	92	88	83	88	88	89	87	82
37	92	94	87	89	73	87	66	93	87	82	87	87	90	86	83
36	91	92	86	87	74	86	68	94	86	81	86	86	91	86	84
35	90	90	85	85	75	85	70	95	85	81	85	85	92	85	85
34	89	88	84	84	76	84	71	93	84	80	84	84	91	85	86
33	88	86	83	83	77	83	72	91	83	80	83	83	90	84	87
32	87	84	82	82	78	82	73	89	82	79	82	82	89	84	88
31	86	82	81	81	79	82	74	87	81	78	81	81	87	83	89
30	85	80	80	80	80	81	75	85	80	78	80	80	85	83	90
29	84	79	79	79	82	80	78	83	79	77	79	79	82	82	90
28	83	78	78	78	84	80	81	81	78	77	78	78	79	82	88
27	82	77	77	77	86	79	84	79	77	76	77	77	77	81	85
26	81	76	76	76	88	78	87	77	76	76	76	76	76	81	83
25	80	75	75	76	90	78	90	76	76	75	75	75	75	80	80
24	79	75	75	76	88	77	87	75	75	75	74	74	74	79	78
23	78	74	74	74	86	76	84	74	74	74	73	73	73	78	76
22	77	74	74	73	84	76	81	73	73	72	72	72	72	77	74

续表 2-11

线性评分	体高	胸宽	体深	棱角性	尻角度	尻宽	后肢侧视	蹄角度	前房附着	后房高	后房宽	悬韧带	后房深	乳头位置	乳头长度
21	76	73	73	72	82	75	78	72	72	71	71	71	71	76	72
20	75	73	73	70	80	74	75	71	70	70	70	70	70	75	70
19	74	72	72	69	78	73	73	70	69	70	69	69	69	73	69
18	73	72	72	68	76	72	71	69	68	69	68	68	68	71	68
17	72	72	71	67	74	71	69	69	67	69	67	67	67	69	67
16	71	70	70	66	72	70	67	68	66	68	66	66	66	67	66
15	70	69	69	65	70	69	65	68	65	68	65	65	65	65	65
14	69	68	68	64	69	68	64	67	64	67	64	64	64	64	64
13	68	67	67	63	67	67	63	67	63	67	63	63	63	63	63
12	67	66	66	62	66	66	62	66	62	66	62	62	62	62	62
11	66	65	65	61	65	65	61	65	61	66	61	61	61	61	61
10	64	64	64	60	64	64	60	64	60	65	60	60	60	60	60
9	63	63	63	59	63	63	59	63	59	64	59	58	59	59	59
8	61	61	61	58	61	61	58	61	58	63	58	58	58	58	58
7	60	60	60	57	60	60	57	59	57	61	57	57	57	57	57
6	58	58	58	56	58	58	56	58	56	59	56	56	56	56	56
5	57	57	57	55	57	57	55	56	55	58	55	55	55	55	55
4	55	55	55	54	55	55	54	55	54	56	54	54	54	54	54
3	54	54	54	53	54	54	53	53	53	54	53	53	53	53	53
2	52	52	52	52	52	52	52	52	52	52	52	52	52	52	52
1	51	51	51	51	51	51	51	51	51	51	51	51	51	51	51

(四)性状的权重构成及评分计算

在得到各体型性状的得分后，按照一般外貌(ga)、乳用特征(dc)、体躯容积(bc)和泌乳系统(ms)四大部位，将有关的体型性状得分(功能分)加权合并为各部位的得分，公牛直接评定部位只有前三项，没有泌乳系统项。有后裔的公牛，可根据女儿外貌性状得分的平均值间接评定公牛的四项部位。

(五)评分等级标准

功能分、部位分、整体得分都可划分等级,其整体等级标准见表 2-12。

表 2-12 牛评分等级标准

等级	优秀(EX)	很好(VG)	好加(GP)	好(G)	中(F)	差(P)
整体分	90～100 分	85～89 分	80～84 分	75～79 分	65～74 分	64 分以下

母牛的体型整体分以及四大部位等级可直接登记到系谱中,供选择时使用。公牛本身的外貌得分,也要记录到系谱上,此外,更重要的是应将公牛后裔平均各部位和 15 个主要性状的得分,计算出标准化传递力,然后按性状绘制横柱形图,并记录到公牛系谱上。

(六)评定注意事项

(1)乳牛线性外貌评定的主要对象是母牛,从第 1 胎开始到第 5 胎止,每胎鉴定一次,从中取一最高成绩认定为该牛终身的成绩。一般对公牛个体本身不进行线性鉴定。

(2)评定季节以春秋季为宜,冬、夏季会掩盖或夸大其棱角性,影响评定的准确性。

(3)一般在每胎产后第 30～150 d 之间鉴定,以产后 60 d 左右鉴定最佳,以求获得较精确的后乳房宽。在干乳期、围产期、疾病期不鉴定。

(4)对体躯左右侧都有的某些性状,如蹄角度、后肢侧视等,应鉴别健康的、有利于牛体得分的一侧。

(5)鉴定员要注意安全。

第二节 牛的生产力评定

一、乳牛生产力评定

(一)乳牛产乳性能测定

1. 个体产乳量

每头牛各泌乳期的挤乳量是乳量统计计算的基础。准确的方法是逐头牛记录汇总逐日逐次挤乳量,然后统计各月和全泌乳期的总乳量。实践中,用这种方法工作量很大。根据试验,中国乳牛协会建议每月记录 3 次,每次之间相距 9～11 d,将每次(日挤乳量)所得数乘以相隔天数,然后累加,可得出每月及全泌乳期的总乳量。其计算公式是:

$$月产奶量=M_1\times D_1+M_2\times D_2+M_3\times D_3$$

式中：M_1、M_2、M_3为月内3次测定日全天乳量，kg；而D_1、D_2、D_3为本次测定与上次测定间的相隔天数，d。实践证明，用这种方法计算的产乳量，同每天实测所得的周期产乳量差异很小。用这种方法先计算出各月泌乳量；然后按全泌乳期月份，总加出全泌乳期乳量。

(1)305 d产乳量　根据理想设计，母牛年产1胎，干乳期60 d，实际挤乳305 d，综合效益最好。由此而统计每头牛每一泌乳期中的305 d泌乳量。

计算方法是：当实际挤乳天数不足305 d时，以实际乳量作为305 d乳量，而超过305 d，则从305 d后的乳量不计在内。国内外有的牛场对个别特高产的牛只，还统计365 d产乳量。

(2)305 d校正产乳量　为了乳牛育种工作的需要，经过广泛研究，中国乳牛协会制订了统一的校正系数表，使用240～370 d产乳量记录的乳牛可统一乘以相应系数，获得理论的305 d产乳量。表中天数以5舍6进方法。如某牛产乳275 d，用270 d校正系数；产乳276 d的用280 d校正系数(表2-13和表2-14)。

表2-13　泌乳不足305 d的校正系数

胎次	泌乳天数							
	240	250	260	270	280	290	300	305
1	1.182	1.148	1.116	1.036	1.055	1.031	1.011	1.000
2～5	1.165	1.133	1.103	1.077	1.052	1.031	1.011	1.000
6以上	1.155	1.123	1.094	1.070	1.047	1.025	1.099	1.000

表2-14　泌乳超过305 d的校正系数

胎次	泌乳天数							
	305	310	320	330	340	350	360	370
1	1.000	0.987	0.965	0.947	0.924	0.911	0.895	0.881
2～5	1.000	0.988	0.970	0.952	0.936	0.925	0.911	0.904
6以上	1.000	0.988	0.970	0.956	0.900	0.928	0.916	0.993

注：表2-13与表2-14均由中国乳牛协会拟定。

(3)全泌乳期产乳量　统计从产犊后到干乳期为止的全部产乳量。

(4)终生产乳量　一头乳牛从开始产犊到最后淘汰时的各年(胎次)相加的总实际产乳数量。

(5)乳脂量和乳蛋白量　中国乳牛协会提出：在母牛的第1、3、5胎次，各胎次的第2、5、8乳月，各测定一次乳的含脂率和含蛋白率，再算出总乳脂和乳蛋白产量。乳脂量和乳蛋白量是衡量乳牛产乳质量的两个重要指标。

2. 群体平均产乳量

(1)成年母牛全年平均产乳量　为进行成本核算，提高管理水平和总体效益，需要计算成年母牛的全年平均产乳量，其公式如下：

$$\text{成年母牛全年平均产奶量}=\frac{\text{全群年产奶总量}}{\text{全年平均每天饲养的成年母牛头数}}\quad(\text{kg/头})$$

式中：分子部分是全年中每头产乳牛在该年度内各月实际产乳量的总和，kg；分母部分则是全部在群成年母牛在群天数总和(d·头)，除以365 d(1年)所得的值，故分母部分也允许有小数点值。成年母牛包括泌乳牛、干乳牛以及其他2.5岁以上的在群母牛及买进卖出的母牛。

(2)泌乳牛全年平均年产乳量　计算公式如下：

$$\text{泌乳牛全年平均奶量}=\frac{\text{全群年产奶总量}}{\text{全年平均每天饲养泌乳牛头数}}\quad(\text{kg/头})$$

式中：分母是每头泌乳牛在该年度内在群天数的记录总和，为全群泌乳牛在群总天数(d·头)，然后除以365 d所得值，头。

3. 4%乳脂标准乳

4%乳脂标准乳也称作4%乳脂校正乳。由于乳中固形物(干物质)变化较大，而且乳脂含热能大约占全乳热能值的1/2，由热能值而导出的不同乳脂率(F)和乳量(M)相当于含脂4%的等热量乳量(FCM)。这在比较不同乳脂率乳量的母牛生产性能方面很有参考价值，多年来为各国所采用。FCM计算公式如下(W. C. Gaines公式)：

$$FCM=M\times(0.4+15F)$$

式中：M为泌乳期产乳量，F为该期所测得的平均乳脂率，FCM为乳脂校正乳量(相当于4%乳脂率的乳量)。

4. 排乳性能

包括单位时间排乳量大小和乳房4个乳区排乳量的均衡性等。

(1)排乳速度　在机械化挤乳条件下，乳牛排乳速度对于劳动生产率的提高很有影响。据研究，至少包括4个方面的指标：完成挤乳的时间长短($h^2=0.02\sim0.30$)、平均排乳流量($h^2=0.30\sim0.40$)、挤乳过程中任一单位时间(1 min最大流量，h^2＝0.35～0.45）和 2 min 内挤出乳量（h^2＝0.35～0.45）。

（2）前乳房指数　指 1 头牛的前乳房的挤乳量占总挤乳量的百分率，一般范围在 40％～46.8％。理论上说，该指数大了较好，说明前后乳区的发育更为匀称。

5. 饲料转化率

乳牛不仅要求具有很高的产乳能力，而且还要求具有经济有效地将饲料转变为乳的能力。因此，乳牛饲料转化率的高低，是评定乳牛品质好坏的重要指标之一，也是育种工作的重要内容之一。

饲料转化率的计算有下列两种方法：

（1）每千克饲料干物质生产若干千克牛乳　将母牛全泌乳期总产乳量用全泌乳期实际饲喂各种饲料的干物质总量来除，即：

$$饲料转化率=\frac{全泌乳期总产奶量(kg)}{全泌乳期饲喂饲料干物质(或仅计精料干物质)量(kg)}$$

（2）每生产 1 kg 牛乳消耗若干饲料干物质　将全泌乳期实际饲喂各种饲料的干物质重量（kg），除以同期的总乳量（kg），即：

$$饲料转化率=\frac{全泌乳期实际饲喂各种饲料的平均干物质总量(kg)}{全泌乳期总产奶量(kg)}$$

6. 产乳指数（MPI）

指成年母牛（5 岁以上）一年（一个泌乳期）平均产乳量（kg）与其平均活重之比（表 2-15），这是判断牛产乳能力高低的一个有价值的指标。

表 2-15　不同经济类型牛（品种）产乳指数（MPI）值

经济类型	产乳指数（MPI）范围
（专门化）乳用牛	＞7.9
乳肉兼用牛	5.2～7.9
肉乳兼用牛	2.4～5.1
肉（或役）用牛	＜2.4

（二）原料乳的质量监控

1. 原料乳的质量标准

可参考我国《生鲜牛乳收购标准》（GB 6914－86）、无公害食品——生鲜牛乳（NY 5045—2001）规定了理化指标，感官和细菌指标等。

2. 原料乳的质量保证措施

(1) 环境与工艺要求　奶牛饲养场的环境质量应符合《农产品安全质量 无公害畜禽肉产地环境要求》(GB/T 18407.3—2001)的规定。牛舍内空气质量应符合《畜禽场环境质量标准》(NY/T 388)的规定。牛场、奶产品加工厂应取得畜牧兽医行政主管部门核发的《动物防疫合格证》。

(2)引种要求　需要引进种牛或精液时,应从具有种牛经营许可的种牛场引进。引进种牛,应按照《种畜禽调运检疫技术规范》(GB 16567)进行检疫。引进的种牛,隔离观察至少 30～45 d,经兽医检疫部门检查确定为健康合格后,方可供繁殖使用。不应从疫区引进种牛。

(3)饲养条件　饲料和饲料添加剂的使用应符合《无公害食品 奶牛饲养饲料使用准则》(NY 5048)的规定。奶牛的不同生长时期和生理阶段应达到《奶牛营养需要和饲养标准》(第三版)要求。

(4)兽药使用　对于治疗患疾病奶牛及必须使用药物处理时,应按照"无公害食品 奶牛饲养兽药使用准则"(NY 5046)执行。

(5)免疫要求　牛场应依照《中华人民共和国动物防疫法》及其配套法规的要求,根据动物防疫监督机构的疫病免疫计划,制定具体的免疫方案,定期做好免疫工作。牛群的免疫符合《无公害食品 奶牛饲养兽医防疫准则》(NY 5047)的要求。

(6)饮水　场区应有足够的生产和饮用水,饮水质量应达到《无公害食品 畜禽饮用水水质》(NY 5027)的规定。

(7)疫病监测　牛场应依照《中华人民共和国动物防疫法》及其配套法规的要求,根据动物防疫监督机构的疫病监测计划,制定具体的监测方案,定期做好监测工作。牛场应取得动物防疫监督机构核发的《奶牛布病结核监测合格证》。动物防疫监督机构定期或不定期进行疫病监督抽查,提出处理意见,并将抽查结果报告当地畜牧兽医行政主管部门。

(8)卫生消毒　选择适宜的消毒剂,采用正确的消毒方法和完善消毒制度。

(9)饲养管理　包括总体管理、人员管理、饲喂管理和挤奶管理。

3.保证牛奶质量的方法

(1)控制牛奶中的微生物

①减少牛奶中微生物的数量。牛舍必须保持清洁卫生;牛体要经常刷洗,冬季干刷,夏季用水刷,尤其是体躯后部;挤奶用具要保持清洁卫生,牛乳的污染程度和细菌群落的形成除与母牛的环境卫生有密切关系外,主要的还取决于挤奶过程中与牛乳相接触的容器表面的清洁程度;控制蚊蝇及细菌的繁殖,弃掉每次挤

的头两把奶。

②制止微生物繁殖。不论是使用挤奶机或是手工挤奶，都必须保证奶中没有杂质；挤出的牛奶必须马上冷却。

(2)保证牛群健康，注重乳房炎的防治 保证牛群健康是生产优质牛乳的先决条件。乳牛场必须建立健全疾病预防制度，检疫制度。培育无病源牛群，外地引入乳牛必须隔离饲养，待确诊无病时再混入牛群。

乳房炎是奶牛场最易发、最常见的一种疾病，给生产优质牛乳带来许多困难。例如某年某市因患乳房炎病而淘汰的乳牛占淘汰牛总数的重7.8%，可见造成的损失之重大；因此，对防治乳房炎，必须给予足够的重视。

(3)管好药房，正确使用药物 为了使牛乳不产生异味，必须管理好药品和消毒剂，以免药剂和消毒药气味进入牛乳。同时，使用化学消毒剂，必须按照说明所规定的浓度和方法正确使用。正在接受药物治疗的母牛，所生产的牛乳不得出售。按规定，在最后一次治疗结束后，至少须经3昼夜后所产牛乳方可出售。

(4)正确处理和保存牛奶 牛乳温度对细菌繁殖生长影响甚大，所以牛乳挤出后要迅速冷却到4℃以下。如处理和保存不当，牛乳中细菌数将会急剧增加。

4. 牛乳质量的检测方法

(1)原料乳感官检查

①采样：供感官，理化检查的鲜奶样品可采取直接从奶桶中采取，但要预先将牛奶混匀，采样器要事先消毒。采样量200～250 mL。

②检查：将鲜奶样品摇匀后，倒入一小烧杯内，仔细观察其外观、色泽、组织状态，嗅其气味并经煮沸后尝其味。

③评价：新鲜牛乳呈乳白色或稍带微黄色的均匀胶态流体，无沉淀，无凝块，无杂质，并具有鲜生牛乳特有的香味，煮沸后微甜，无异味。

(2)原料乳比重检查 牛乳的比重测定可用乳稠计进行，乳稠计有两种：20℃/4℃和15℃/15℃，20℃/4℃测得的度数+2℃则等于15℃/15℃测得的度数。步骤：

①将10～25℃的牛乳样品，小心注入250 mL的量筒中，加到量筒的3/4容积处，注意不要产生泡沫，如有，用滤纸吸去；

②将乳稠计小心地沉入到相当标尺刻度30℃处；

③静止1～2 min，读数，正常牛奶的比重在1.028～1.034之间。

牛乳的比重可因牛乳的掺水而降低，但又可因脱脂或掺入比重大的物质增高,即双掺假。

(3)酸度测定　测定牛乳酸度可检查牛乳的新鲜度。正常牛乳的酸度为16～18°T,pH值为6.6～6.7。当pH值超过6.7时,则牛可能患有乳房炎;若pH值低于6.5,则可能混有初乳或乳中微生物发酵产酸使乳酸度增高。测定牛乳可用酒精法、加热法或NaOH滴定法测定。

①酒精法。多用于乳品工业验收原料乳的检验,用68%、70%或72%的酒精试验,凡产生絮状凝块者为不合格。具体操作方法为:取1～2 mL样品乳与等体积的68%、70%或72%的酒精混合,摇匀后在30 s内不出现絮状沉淀的乳为阴性,否则为酒精试验阳性乳。酒精浓度与牛乳酸度的关系见表2-16。

表 2-16　酒精浓度与牛乳酸度的关系

酒精浓度/%	不出现絮状沉淀的酸度
52	25°T 以下
60	23°T 以下
68	20°T 以下
70	19°T 以下
72	18°T 以下

除高酸度牛乳能出现酒精阳性外,低酸度牛乳、盐类不平衡乳和混有钙离子的牛乳也会出现酒精试验阳性现象。

②加热煮沸试验。加热煮沸试验也可检验牛乳的酸度。具体操作如下:取少量牛乳于试管中,在酒精灯上加热至沸腾,若出现絮片或凝块,则表明乳的酸度在26°T以上,或有初乳混入。表2-17表明牛乳的酸度与凝固温度之间的关系。

表 2-17　牛乳的酸度与凝固温度之间的关系

乳的酸度/(°T)	乳的加热凝固情况	乳的酸度/(°T)	乳的加热凝固情况
18	煮沸时不凝固	40	加热至63℃凝固
22	煮沸时不凝固	50	加热至40℃凝固
26	煮沸时能凝固	60	22℃时自行凝固
30	加热至72℃凝固	65	16℃时自行凝固

③NaOH滴定法。具体操作如下:在三角瓶中加入10 mL乳样和20 mL蒸馏

水，摇匀地加入 0.5 mL 0.5%的酚酞批示剂，然后在不断摇动下用 0.1 moL/L 的 NaOH 溶液滴定至出现红色 1 min 内不消失为终点。读出消耗 NaOH 的毫升数再乘以 10 即为乳样的酸度(°T)数。

(4)乳脂肪测定　正常牛乳中的脂肪不应低于 3%。可用 Gerber 氏法或 Babcock 法测定。主要仪器：乳脂离心机、Gerber 氏乳脂计或 Babcock 氏乳脂计。测定乳中脂肪的目的是检查掺水情况。目前，乳品厂一般采用全乳成分测定分析仪来检测乳中脂肪的含量，这种仪器除了测定脂肪含量外，还可检测乳蛋白质、非脂乳固体及乳糖等含量。常用的乳成分分析仪为丹麦福斯电子公司生产的 Milk-Scan 系列产品。

(5)全乳总固体测定　我国牛乳中全乳总固体平均为 12.0%。重量法测定。

(6)氯糖数测定　健康牛的乳中氯糖数不超过 4，患乳房炎可达 6～10，用硝酸银法(铬酸钾)。

(7)体细胞测定　牛奶中的体细胞数量在一定程度上可以反映出奶牛的健康状况，也就可以反映出牛奶的质量，但此项指标在我国并没有具体规定，一般认为正常牛奶中的体细胞数变动范围在 5 万～20 万之间。如果奶中体细胞数量超过 50 万/mL 时，即判定为乳房炎奶，可不予收购。

(8)原料乳的掺假检测

①奶中加水检出法：鲜奶中加水则稀薄，比重常低于 1.028，这种奶有掺水的可能。掺水量可用下公式计算：

$$\text{掺水率} = \frac{\text{正常奶的比重} - \text{被检奶的比重}}{\text{正常奶的比重} - \text{水的相对密度}} \times 100\%$$

②奶中加淀粉的检出法：牛奶加水后变稀薄，有人便加入淀粉使奶变得比重接近正常奶。检验方法：取被检奶 5 mL 放入试管，加入碘水 2～3 滴，如有淀粉则有蓝色出现(碘水用 1 g 碘化钾溶于少量蒸馏水中，在此溶液中溶解 0.5 g 结晶碘，再移入 100 mL 水中)。

③奶中加豆浆的检出法：取被检奶 5 mL，放入试管中，加入乙醇与乙醚 1∶1 混合液 3 mL，再加入 25%氢氧化钾溶液 2 mL，在 5～10 min 内观察颜色的变化，如上清液呈黄色则有豆浆，白色者为正常。

④牛奶是否脱脂的检出法：牛奶脱脂后变得稀薄略带蓝色，化验时乳脂率低，而奶的比重升高，总的干物质含量降低。

⑤掺食盐、碱乳的检测：检测牛奶中是否掺有食盐或碱，可分别用测定牛奶的电导率和用玫瑰红法检验。

测定奶的电导率:正常牛乳电导率值为(33～47)×10^{-4} μs/cm,当掺入盐或碱以后,电导率会增高。患乳房炎的牛泌的乳电导率也会增高。与电导率最密切的离子是 Na^{+}、K^{+}、Cl^{-}。用 DDS-11A 型电导率仪。

玫瑰红法检验步骤如下:取 5 mL 奶样于试管中,加入 0.5 mL 玫瑰红酸酒精溶液(0.1 g 玫瑰红酸,用 100 mL 95%酒精溶解后的溶液),如果呈现蔷薇色,则为掺碱的牛奶。

(9)原料乳卫生状况检测　卫生状况检测主要是通过美蓝试验检测乳中细菌含量。美蓝试验全称是美蓝还原退色试验,它是检验乳中细菌数量是否超标的一种试验。鲜奶中细菌含量高直接导致美蓝定级不合格以及鲜奶经巴氏杀菌后酸度会升高和保质期缩短(表 2-18)。

表 2-18　美蓝试验还原分级

分级	鲜奶细菌总数分级指标/(万个/mL)	美蓝退色时间分级指标/h
一级	＜50(合格)	＞4
二级	＜100(合格)	＞2.5
三级	＜200	＞1.5
四级	＜400	＞40 min

(10)牛奶中抗生素的检测　下面介绍几种鲜乳中残留抗生素的检测方法。

①TTC 法:操作方法。吸取乳样 9 mL 放入 15 mm×150 mm 试管内,在 80℃水浴中加热 5 min。冷却 37℃以下时加入菌液(嗜热乳酸链球菌脱脂乳:将菌种移种脱脂乳,经(36±1)℃的温度培养 15 h 后,使用时以灭菌脱脂乳 1∶1 的比例稀释)1 mL,于(36±1)℃水浴中继续培养 30 min。如发现红色为阴性,可出报告,如不变色为阳性,须在水浴中继续培养 30 min 做第二次观察,并写出报告。每份检样做 2 份,另外再做阴性和阳性对照各 1 份,阳性对照管用无抗生素的乳 8 mL,加抗生素及菌液和 TTC 试剂(称取 2,3,5-氯化三苯基四氮唑 1 g,溶于 25 mL 灭菌蒸馏水中,装入褐色瓶在 7℃以下冰箱暗处保存,临用时用灭菌蒸馏水稀释至 5 倍),阴性对照管用无抗生素乳 9 mL 加菌液和 TTC。

判断方法。准确培养 30 min,观察结果如为阳性,再继续培养 30 min 做第二次观察。观察时要迅速,避免光照过久发生干扰。乳中有抗生素存在,检样中虽加入菌液培养物,但因细菌的繁殖受到抑制,因此指示剂 TTC 不还原,所以不显色。与此相反,如果没有抗生素存在,则加入菌液即进行增殖,TTC 被还原而显红色,也就是说检样呈乳的原色时为阳性,呈红色时为阴性(表 2-19),根据显色判定其极限值如表 2-20 所示。

表 2-19　显色状态标准判断

显色状态	判断
未显色者	阳性
微红色者	可疑
桃红色至红色	阴性

表 2-20　检测各种抗生素的灵敏度

抗生素名称	最低检出量/IU
青霉素	0.004
链霉素	0.5
庆大霉素	0.4
卡那霉素	5

这种微生物检测方法优点是费用低，一般实验室都能操作。缺点是时间长；显色状态判断通过肉眼辨别，易产生误差，对微红色者无法做出准确判断；操作复杂。

②SNAP 检测盒法（酶联免疫法）：采用由美国 IDEXX 公司研制生产的青霉素类检测盒和抗生素检测仪，用酶联免疫法检测牛奶中青霉素类（β-内酰胺类）抗生素残留。方法为：在试管中加入奶样品，并和检测板一同放在加热器中加热5 min。然后将样品倒入检测板，当样品流经检测盒的反应环时，立即按下抗生素检测仪反应键，4 min 后读结果。以青霉素检测为例，读数小于 1.05，青霉素含量≤5 μg/L（仪器读数≤1.05，为判定该样奶青霉素含量合格），反之则超过。

这是国际上最先进的检测方法，优点是时间短（9 min）、判断准确，操作过程简单易学，另外还有四环素类（金霉素、土霉素、四环素）检测盒，磺胺类检测盒，庆大霉素检测盒，进行相类似检测。缺点是仪器设备昂贵，特别是检测盒一次性损耗，费用相当大（一个青霉素检测盒 44 元）作为必检项目，一家中型奶厂检测费达 20 多万元。因此制定国内抗生素标准，研制国内自己的酶联免疫法制剂是当前乳制品质量标准化管理的当务之急。

5. 牛乳的初步处理

(1)牛乳的过滤与净化

①牛乳的过滤。生产中最常用的过滤方法是用消毒纱布进行过滤。将纱布叠成 3～4 层，扎在盛乳桶口上，再将挤出的乳通过纱布倒入桶中起到过滤作用。要求纱布每次过滤乳不得超过 50 kg，且每次用后立即洗净、消毒、干燥后存放在清洁干燥处备用。

在机械化挤乳场或乳品加工厂，均是将乳通过过滤器或是在乳输送管道上隔段加装过滤筒进行压滤过滤。过滤器的孔径应在 5 mm 以内，进出乳口的压力差应保持在 0.7 kg 以内，防杂质越过过滤层，即所谓的跑滤。同时过滤筒应按时更换和消毒。

②牛乳的净化。牛乳虽经多次过滤，但乳中微小的机械杂质及细菌细胞仍不能除去，所以还要通过净乳机进一步对乳进行净化。以达到较高的纯净度。

现在大的乳品厂多采用自动排渣净乳机或三用分离机（乳油分离、净乳、乳标准化），以提高净乳质量，同时又大大提高了乳的处理速度。

牛乳经过净化后，应及时加工，否则，由于残留在乳内的微生物繁殖，会造成乳的酸败。如要短期贮存，必须及时冷却以保持乳的新鲜度。

（2）牛乳的冷却　刚挤出的乳是微生物最适合繁育的培养基。如果乳冷却则可抑制乳中微生物的繁殖，保持乳的新鲜度。所以迅速冷却是获得优质乳的又一重要手段。

在小的养牛场或人工挤乳间，利用冷水冷却仍是一项简单而有效的方法。而在大的乳牛场或乳品厂，冷却多是用冷排冷却器或是片式冷却器来完成的，冷源是冰水或冷盐水，冷却器多采用紫铜管或不锈钢管制成。通过逆流热交换作用来冷却牛乳，通常牛乳要被冷却到 2～3℃。

为了提高卫生程度和延长保存时间，牛乳最好经过杀菌消毒处理，然后迅速冷却再加以保存。这是保证鲜乳较长时间保持新鲜状态的必要条件。

（3）牛乳运输

牛乳运输有以下方式。

①乳桶。将牛乳装入容量 40～50 L 乳桶用卡车运输，用这种工具运输，在夏天由于乳温易升高，可采用以下几种办法：在早晚运送，或以隔热材料遮盖乳桶（湿麻袋、草包等），或减少运输途中的运行时间，等等。运输前乳桶必须装满并盖严紧，以防牛乳震荡。使用乳桶运输，必须保持其清洁卫生，并加以严格消毒，送乳结束后，乳桶必须及时清洗消毒并晾干。

②奶罐车。奶罐车一般是将输乳软管与牛场冷却罐的出口阀相连接。奶罐车装有一台计量泵，能自动记录接收牛乳的数量。奶罐车收乳结束后必须清洗。用奶罐车运输时，必须装满，以防牛乳运输途中震荡过大，为此有的奶罐车上的奶槽分成若干个间隔。

二、肉牛的生产力评定

（一）生长肥育期的评定

1. 初生重

犊牛生后吃初乳前的活重。

2. 断奶重

一般用校正断奶重，国外用 205 d，国内可考虑用 210 d 或 205 d 的校正断奶重，其公式如下：

$$210\text{ d 校正断奶重}=\frac{\text{断奶体重}-\text{初生重}}{\text{断奶时日龄}}\times 210+\text{初生重}$$

如用 205 d 校正断乳重，则只要将上式 210 d 改成 205 d。

3. 哺乳期日增重

断乳前犊牛平均每天增重量。

$$\text{哺乳期日增重}=\frac{\text{断奶体重}-\text{初生重(kg)}}{\text{断奶时日龄(日)}}$$

4. 育肥期日增重

按下式计算。

$$\text{育肥期日增重}=\frac{\text{期末重(kg)}-\text{育肥初体重(kg)}}{\text{育肥期天数(d)}}$$

5. 饲料利用率

饲料利用率与增重速度之间存在着正相关，是衡量牛对饲料的利用情况及经济效益的重要指标。应根据总增重、净肉重及饲养期内的饲料消耗总量来计算每千克体重（或净肉重）的饲料消耗量，多用干物质或能量表示。计算公式：

$$\text{增重 1 kg 体重需饲料干物质(kg)或能量(MJ)}=\frac{\text{饲养期内共消耗饲料干物质(kg)或能量(MJ)}}{\text{饲养期内净增重(kg)}}$$

$$\text{生产 1 kg 肉需饲料干物质(kg)或能量(MJ)}=\frac{\text{饲养期内共消耗饲料干物质(kg)或能量(MJ)}}{\text{屠宰后的净肉重(kg)}}$$

(二)肥度评定

目测和触摸是评定肉牛肥育程度的主要方法。目测主要观察牛体大小、体躯宽窄和深浅度，腹部状态、肋骨长度和弯曲程度以及垂肉、肩、背、腰角等部位的肥满程度。触摸是以手触测各主要部位的肉层厚薄和脂肪蓄积程度。通过肥度评定，结合体重估测，可初步估计肉牛的产肉量。

肉牛肥度评定分为 5 个等级，标准见表 2-21。

表 2-21 肉牛宰前肥度评定标准

等级	评 定 标 准
特等	肋骨、脊骨和腰椎横突都不明显，腰角与臀端呈圆形，全身肌肉发达，肋部丰满，腿肉充实，并向外突出和向下延伸
一等	肋骨、腰椎横突不显现，但腰角与臀端未圆，全身肌肉较发达，肋部丰满，腿肉充实，但不向外突出
二等	肋骨不甚明显，尻部肌肉较多，腰椎横突不甚明显
三等	肋骨、脊骨明显可见，尻部如屋脊状，但不塌陷
四等	各部关节完全暴露，尻部塌陷

(三)屠宰测定

1. 屠宰指标测定

(1)宰前活重　称取停食 24 h、停水 8 h 后临宰前体重。

(2)宰后重　称取屠宰放血后的重量或宰前重减去血重。

(3)血重　称取屠宰放出血的重量，即宰前活重与宰后重之差。

(4)胴体重　称取屠体除去头、皮、尾、内脏器官、生殖器官、腕跗关节以下四肢而带肾脏及周围脂肪的重量。

(5)净肉重　称取胴体剔骨后的全部肉重。

(6)骨重　称取胴体剔除肉后的全部重量。

2. 胴体测定 测量方法见图 2-2 所示

(1)胴体长　自耻骨缝前缘至第 1 肋骨前缘中点的长度。

(2)胴体深　自第 7 胸椎棘突体表至第 7 胸骨体表的垂直深度。

(3)胴体胸深　自第 3 胸椎棘突的胴体体表至胸骨下部体表的垂直深度。

(4)胴体后腿围　在股骨与胫腓骨连接处的水平围度。

(5)胴体后腿长　耻骨缝前缘至跗关节的

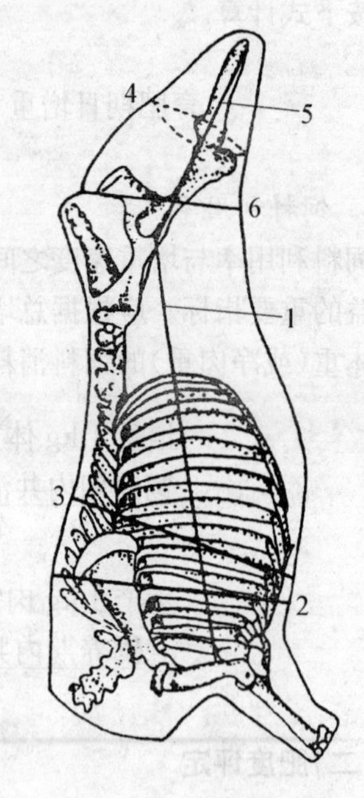

图 2-2　胴体测量示意图

1. 胴体长　2. 胴体胸深　3. 胴体深

4. 胴体后腿围　5. 胴体后腿长

6. 胴体后腿宽

中点长度。

(6)胴体后腿宽　去尾的凹陷处内侧至同侧大腿前缘的水平距离。

(7)大腿肌肉厚　大腿后侧胴体体表至股骨体中点垂直距离。

(8)背脂厚　第5～6胸椎处的背部皮下脂肪厚。

(9)腰脂厚　第3腰椎处皮下脂肪厚。

3.产肉能力的主要指标计算

(1)屠宰率　计算公式:

$$屠宰率=\frac{胴体重}{宰前活重}\times 100\%$$

肉用牛的屠宰率为58%～65%,兼用牛为53%～54%,乳用牛为50%～51%。肉牛屠宰率超过50%为中等,超过60%为高指标。

(2)净肉率　计算公式:

$$净肉率=\frac{净肉重}{宰前活重}\times 100\%$$

良种肉牛在较好的饲养条件下,肥育后净肉率在45%以上。早熟种、幼龄牛、肥度大和骨骼较细者净肉率高。

(3)胴体产肉率　计算公式:

$$胴体产肉率=\frac{净肉重}{胴体重}\times 100\%$$

胴体产肉率一般为80%～88%。

(4)肉骨比　又称产肉指数。计算公式:

$$肉骨比=\frac{净肉重}{骨重}$$

肉用牛、兼用牛、乳用牛的肉骨比分别为5.0∶1、4.1∶1和3.3∶1。肉骨比随胴体重的增加而提高,胴体重185～245 kg时,肉骨比为4∶1,310～360 kg时为5.2∶1。

(5)眼肌面积　眼肌面积是评定肉牛生产潜力和瘦肉率大小的重要技术指标之一。它是指倒数第一和第二肋骨间脊椎上背最长肌(眼肌)的横截面积(单位:cm^2)。

测定方法是:在第12、13肋骨间切开,在第12肋骨后缘用硫酸纸将眼肌面积描出,用求积仪或方格透明卡片(每格1 cm^2)计算出眼肌面积。

本章小结

- 牛的外貌鉴定与生产力评定
  - 牛的外貌鉴定
    - 牛的外貌特征
      - 牛的体表部位名称
      - 牛体各部位待征
      - 乳牛外貌特征
      - 肉用牛外貌特征
      - 兼用牛外貌特征
    - 体尺、体重测量与年龄鉴定
      - 体尺、体重测量
      - 年龄鉴定
    - 牛的外貌评分鉴定
      - 乳牛外貌评分鉴定
      - 乳牛体况评分鉴定
      - 肉牛外貌评分鉴定
    - 乳牛体型线性评定
      - 线性评定方法
      - 评定个体及评定性状
      - 线性评分和功能分
      - 性状的权重构成及评分计算
      - 评分等级标准
      - 评定注意事项
  - 牛的生产力评定
    - 乳牛生产力评定
      - 乳牛产乳性能测定
      - 原料乳的质量监控
    - 肉牛的生产力评定
      - 生长肥育期的评定
      - 肥度评定
      - 屠宰测定

复习思考题

1. 简述乳牛品种的体型和外貌特征。
2. 简述肉牛品种的体型和外貌特征。
3. 简述乳牛体型线性评定的方法。
4. 简述原料乳的质量监控措施。
5. 简述肉牛的生产力评定主要指标及测定方法。

第三章　牛的品种资源

知识目标

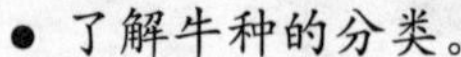

- 了解牛种的分类。

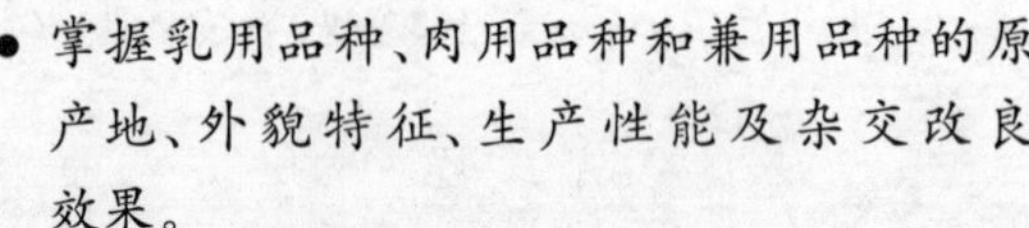

- 掌握乳用品种、肉用品种和兼用品种的原产地、外貌特征、生产性能及杂交改良效果。
- 掌握中国黄牛的原产地、外貌特征、生产性能及杂交改良效果。

技能目标

- 能够根据本地实际选择适宜的奶牛、肉牛品种和个体。

第一节　牛 种 分 类

不同的牛品种或类型,是人类长期改造自然和辛勤选育的产物。全世界现有牛品种 1 000 多个,其中分布较广的有 250 个。

一、牛的动物学分类

牛在动物分类上属:脊索动物门一脊椎动物亚门一哺乳纲一子宫亚纲一偶蹄目一反刍亚目一牛科一牛亚科。

牛亚科下又分为牛属和水牛属。“属”下面还有不同的“种”。牛属包括普通牛、瘤牛和牦牛,普通牛在世界上分布范围极广,在人类长期精心定向选育下,分别向乳用、肉用和兼用方向发展,分化成许多专门化品种,普通牛和瘤牛在国内一般统称为黄牛。水牛属有亚洲水牛、菲律宾水牛和印尼水牛 3 种。

二、牛的经济学分类

畜牧学上按照主产品的种类、数量和用途，将牛品种划分为不同的经济类型，即乳用、乳肉兼用、肉用和役用牛。不同经济类型的牛，在品种改良、饲养技术与管理方法的改进和养牛效益增进等方面，往往呈现不同的特点。

在世界范围内，专门化乳用品种相对较少，主要有荷斯坦牛（彩图 1）、娟姗牛（彩图 2）、更赛牛、爱尔夏牛（彩图 3）等，其中，荷斯坦牛以产奶量高著称，饲养量最多；娟姗牛以乳脂率高，脂肪球大而闻名。

肉用牛品种按其来源、体型大小和产肉性能，可分为中小型早熟品种、大型晚熟品种和含瘤牛血液的品种 3 类。

第二节　国外牛品种

一、主要乳用牛品种

（一）荷斯坦牛

荷斯坦牛原产于荷兰北部的北荷兰省和西弗里生省，又称荷斯坦-弗里生牛，为世界著名的主要乳用牛品种。因其毛色具有黑白相间、界限分明的花片，故又普遍称之为黑白花牛。荷斯坦牛的群体平均产奶量和最高个体产奶量都为各种奶牛品种之冠。

该品种一般认为起源于欧洲原牛，其培育经历了 2 000 多年的悠久历史，早在 15 世纪就以产乳量高而闻名于世。荷斯坦牛被各国引入后，又经长期选育或同本国牛杂交而育成适应当地环境条件、各具特点的荷斯坦牛，如美国荷斯坦、中国荷斯坦等。目前世界上的荷斯坦牛，由于各国对其选育方向不同，牛群状况各有其特点。最具代表性的是：乳用型的美国荷斯坦牛和乳肉兼用的荷兰及欧洲地区国家的荷斯坦牛。

1. 乳用型荷斯坦牛

具有典型的乳用型牛外貌特征，成年母牛体型侧望、前望、上望均呈明显的楔形结构，后躯较前躯发达。体格高大，结构匀称，皮薄骨细，皮下脂肪少。乳房庞大、前伸后延，乳静脉粗大而多弯曲。头狭长清秀，背腰平直，尻方正，四肢端正。被毛细短，毛色呈黑白花片，界限分明，额部有白星，腹下、四肢下部及尾帚为白色。

乳用型荷斯坦成年公牛体重900～1 200 kg，体高平均为145 cm，体长190 cm，胸围226 cm，管围23 cm；成年母牛依次为650～750 kg，134 cm，170 cm，195 cm，19 cm。犊牛初生重为40～50 kg，约为母牛体重的7%。

产奶量为各乳牛品种之冠。美国2000年登记的荷斯坦牛平均年产奶量为9 777 kg，乳脂率为3.66%，乳蛋白率为3.23%。1997年，美国一荷斯坦牛个体最高年泌乳量达30 833 kg，创造了20世纪90年代末一个泌乳期个体产奶量的世界纪录。

乳用型荷斯坦牛成熟较晚，一般在18～20月龄开始配种，6.0～8.5岁产奶量达到高峰。荷斯坦牛生产性能高、遗传性稳定、性情较温顺、易于管理，外界的刺激对其产奶量影响较小，适应性强，抗寒但不耐热，夏季高温时产奶量明显下降。乳脂率较低，对饲草料条件要求较高，适宜于我国饲草料条件好的城市郊区和农区饲养。

2. 兼用型荷斯坦牛

兼用型荷斯坦牛体格略小于乳用型，体躯低矮宽深，侧望略呈矩形，皮肤柔软而稍厚；鬐甲宽厚，胸宽且深，背腰宽平，尻部方正，四肢短而开张，肢势端正；乳房发育均称，附着好，多呈方圆形。毛色与乳用型相同，但花片更加整齐美观。

兼用型荷斯坦牛体重比乳用型小，成年公牛体重900～1 100 kg，成年母牛体重550～700 kg，犊牛初生重为35～45 kg。全身肌肉较乳用型丰满。母牛平均体高120 cm，体长150 cm，胸围平均为197 cm。兼用型荷斯坦牛比较早熟，在14～18月龄开始配种。

平均产奶量较乳用型低，年产奶量一般为4 500～6 000 kg，乳脂率为3.9%～4.5%。个体高产者可达10 000 kg以上。兼用型荷斯坦牛的肉用性能较好。经肥育的公牛，500日龄平均活重为556 kg，屠宰率为62.8%。该类型牛在肉用方面的一个显著特点是肥育期日增重高，荷斯坦小公牛，平均日增重可达1 195 g。淘汰的母牛经100～150 d肥育后屠宰，其平均日增重为900～1 100 g，表现出较高的增重强度。

(二)娟姗牛

1. 原产地及分布

娟姗牛属小型乳用品种，原产于英吉利海峡的娟姗岛。娟姗牛性情温顺、体型轻小、乳脂率较高。现分布于世界各地。

2. 外貌特征

娟姗牛体格小，清秀，轮廓清晰，具有典型的乳用型牛外貌特征。头小而轻，眼大而明亮，额部稍凹陷。角中等长，呈琥珀色，而角尖呈黑色。胸深而宽，背腰平直，后躯发育好，四肢较细，关节明显。乳房容积大，发育匀称，形状美观，乳静脉粗大而弯曲，乳头略小。皮薄，骨骼细，被毛细短而有光泽，毛色为深浅不同的褐色，以浅褐色最多。鼻镜及舌为黑色，嘴、眼周围有浅色毛环，尾帚为黑色。

成年活重，公牛平均为650～750 kg，母牛为340～450 kg；成年母牛体高为120～122 cm，体长130～140 cm，胸深64～65 cm，管围15～17 cm；犊牛初生重为23～27 kg。

3. 生产性能

娟姗牛的最大特点是单位体重产奶量高，乳汁浓厚，乳脂肪球大，易于分离，风味好，适于制作黄油，其鲜奶及乳制品备受欢迎。平均产奶量为3 000～4 000 kg，鲜奶含脂率为5%～7%，为世界乳牛品种中乳脂产量最高的一种。

4. 杂交改良效果

娟姗牛成熟较早，初次配种年龄为15～18月龄。耐热和乳脂率高为其特点。世界上不少国家引入后，除进行纯种繁育外，用该品种同乳脂率低的品种进行杂交，改良当地乳牛的乳脂率，取得了良好的效果。我国有少量引入，用于改善牛群的乳脂率和耐热性能。

二、主要肉用牛品种

据估计，全世界约有60多个专门化肉牛品种，其中英国17个，法、意、美前苏联各11个。这里不含兼用品种和我国黄牛品种。世界上主要的肉牛品种，按体型大小和产肉性能，大致可分为两大类：一是中、小型早熟品种，主要品种有海福特牛（彩图4）、安格斯牛（彩图5）等；二是大型晚熟品种，主产于欧洲大陆，代表品种有夏洛来牛（彩图6）、利木赞牛（彩图7）、契安尼娜牛、皮埃蒙特牛（彩图8）等；现将我国引进的主要肉用牛品种介绍如表3-1所示。

三、主要兼用牛品种

兼用品种即具有两种或两种以上主要用途的品种，由于其生产方向有主辅的不同，体型上也有所偏向，主要指乳肉或肉乳兼用品种。

（一）西门塔尔牛

1. 原产地及分布

西门塔尔牛原产于瑞士阿尔卑斯山区。该品种原为役用牛，经长期本品种选育而成为大型乳肉兼用品种（彩图9）。

西门塔尔牛的优良性状及其宝贵种质，成为许多国家培育本国西门塔尔牛及同当地牛杂交进行肉乳生产的基础，并具有培育国的品种名称。目前，西门塔尔牛已成为世界第二大牛品种，其头数仅次于荷斯坦牛。瑞士西门塔尔牛占全国牛总头数的50%，德国占37%，奥地利占62%。由于西门塔尔牛适应各种气候条件的能力很强，所以从加拿大到南美、从西伯利亚到南非都有分布。

表 3-1 我国引进的主要肉用牛品种

品种	原产地	外貌特征	生产性能	杂交改良效果
夏洛来牛	原产于法国中西部到东南部的夏洛来省和涅夫勤地区。是世界闻名的大型肉用牛品种	被毛白色或乳白色，皮肤常带有色斑。全身肌肉特别发达，骨骼结实，四肢强壮。头小而宽，嘴端宽、方，角圆而较长，并向前方伸展。颈粗短，胸宽深，肋骨方圆，背宽肉厚，体躯丰满呈圆筒状，后臀肌肉发达，并向后和侧面突出。成年公牛体重 1 100～1 200 kg，母牛 700～800 kg	最显著的特点是生长速度快，瘦肉率高，耐粗饲。在良好的饲养条件下，6 月龄公犊可达 250 kg。日增重可达 1. 4 kg。屠宰率为 60%～70%，胴体瘦肉率为 80%～85%。该牛纯种繁殖时难产率高达 13. 7%。夏洛来牛肌肉纤维比较粗糙，肉质嫩度不够好	我国于 1964 年开始从法国引进该牛，主要分布在东北、西北和南方部分地区，与本地黄牛杂交，夏杂后代体格明显加大，增长速度加快，杂种优势明显
利木赞牛	原产于法国中部的利木赞高原。数量仅次于夏洛来牛，为法国第二大品种。目前有 54 个国家引入利木赞牛，属于大型肉用牛品种	被毛为红色或黄色，口、鼻、眼圈周围、四肢内侧及尾帚毛色较浅，角为白色，蹄为红褐色。头较短小，额宽，胸部宽深，体躯较长，后躯肌肉丰满，四肢粗短。成年公牛平均体重 1 100 kg，母牛 600 kg。在法国公牛活重可达 1 200～1 500 kg，母牛达 600～800 kg	产肉性能高，胴体质量好，眼肌面积大，前后肢肌肉丰满，出肉率高。10 月龄体重即可达 408 kg，哺乳期平均日增重为 0. 86～1. 0 kg。8 月龄小牛即可具有大理石花纹的肉质。难产率极低，一般只有 0. 5%	我国于 1974 年开始从法国引入，主要分布在黑龙江、辽宁、山东、安徽、陕西、河南和内蒙古等地，与本地黄牛杂交，杂种优势显著
皮埃蒙特牛	原产于意大利北部皮埃蒙特地区。属于大型肉用牛品种。是目前国际公认的终端父本。主要分布在我国山东、河南、黑龙江、北京和辽宁省	被毛灰白色，鼻镜、眼圈、肛门、阴门、耳尖、尾帚等为黑色。犊牛出生时被毛为浅黄色，以后慢慢变为白色。中等体型，皮薄，骨细。全身肌肉丰满，外形很健美。后躯特别发达，双肌性能表现明显。公牛体重不低于 1 000 kg，母牛平均为 500～600 kg。公母牛的体高分别为 150 cm 和 136 cm	牛生长快，肥育期平均日增重 1. 5 kg。生长速度为肉用品种之首。肉质细嫩，瘦肉含量高，屠宰率一般为 65%～70%，胴体瘦肉率达 84. 13%。脂肪和胆固醇含量低	我国于 1986 年引进皮埃蒙特牛的冻精和冻胚，现已在全国 12 个省推广应用，杂交效果良好。皮杂后代生长速度达到国内肉牛领先水平

续表 3-1

品种	原产地	外貌特征	生产性能	杂交改良效果
契安妮娜牛	原产于意大利中西部的契安娜山谷。是目前世界上体形最大的肉牛品种，含有瘤牛血统	被毛白色，尾帚黑色，除腹部外，皮肤均有黑色素。犊牛出生时，被毛为深褐色，在 60 日龄时逐渐变为白色。成年牛体躯长、四肢高、体格大、结构良好，但胸部深度不够。成年公牛体重 1 500 kg，母牛 800～1 000 kg。体高公牛184 cm，母牛 150～170 cm	契安尼娜牛生长强度大，一般日增重均在 1 kg 以上，2 岁内日增重可达 2.0 kg。产肉多而品质好，大理石纹明显，适应性好，繁殖力强且很少难产	该牛与南阳黄牛进行杂交，契南一代日增重在 1.0 kg 以上，屠宰率为 60%，但骨量大，且牛肉嫩度变差
海福特牛	原产于英格兰西部的海福特郡。世界上最古老的中小型早熟肉牛品种	体躯毛色为橙黄色或黄红色，具有“六白”特征，即头、颈垂、鬐甲、腹下、四肢下部及尾尖为白色。分为有角和无角两种。公牛角向两侧伸展，向下方弯曲，母牛角向上挑起。颈粗短，体躯肌肉丰满，呈圆筒状，背腰宽平，臀部宽厚。肌肉发达，四肢短粗	在良好条件下，7～12 月龄日增重可达 1.4 kg 以上。一般屠宰率为 60%～65%。18 月龄公牛活重可达 500 kg 以上	我国于 1974 年首批从英国引入海福特。海杂后代生长快，抗病耐寒，适应性好
安格斯牛	原产于英国的阿伯丁、安格斯和金卡丁等郡。是英国最古老的小型肉用牛品种之一。占美国肉牛总数的 1/3	安格斯牛无角，头小额宽且表现清秀，体躯宽深，呈圆筒状，背腰宽平，四肢短，后躯发达，肌肉丰满。被毛为黑色，光泽性好。近些年来，美国、加拿大等国家育成了红色安格斯牛。公牛体重 700～900 kg，母牛 500～600 kg	增重性能良好，平均日增重约为 1.0 kg。肉牛中胴体品质最好，屠宰率 60%～70%。难产率低	早熟，耐粗饲，放牧性能好，性情温顺，耐寒，适应性强。是国际肉牛杂交体系中最好的母系

续表 3-1

品种	原产地	外貌特征	生产性能	杂交改良效果
比利时蓝白花牛	分布在比利时中北部。是荷斯坦牛血统中惟一被育成纯肉用的专门品种	毛色为白身躯中有蓝色或黑色斑点，色斑大小变化较大。鼻镜，耳缘，尾巴多黑色。个体高大，体躯呈长筒状，体表肌肉醒目，肌束发达，“双肌”特征明显，头部轻，尻微斜。公牛体重1 200 kg，母牛700 kg	犊牛早期生长速度快，最高日增重可达1.4 kg。屠宰率65%	我国于1996年引入比利时蓝白花牛，用于肉牛配套系的父系
德国黄牛	原产于德国和奥地利。其中德国数量最多，系瑞士褐牛与当地黄牛杂交育成的	毛色为浅黄色、黄色或淡红色。体型外貌近似西门塔尔牛。体格大，体躯长，胸深，背直，四肢短而有力，肌肉强健。母牛乳房大，附着结实。成年公牛体重1 000～1 100kg，母牛700～800 kg	年产奶量达4 164 kg，乳脂率4.15%。初产年龄为28个月，难产率低。平均日增重0.985 kg。平均屠宰率62.2%，净肉率56%	1996年和1997年，我国先后从加拿大引进该牛，其适应性强，生长发育良好
日本和牛	日本九州、九国、鹿儿岛、兵库等	体型中等大，肌肉丰满，骨骼较细；全身毛色为黑色，有时略显褐色；角短，向前向上弯；无肩峰	成年公牛体重700 kg，体高为137 cm；母牛体重为400 kg，体高为124 cm；屠宰率在60%以上	我国近几年少量引进日本和牛

2. 外貌特征

西门塔尔牛头较长，颜面部宽，眼大有神。角细、呈白色，向外向上弯曲，角尖稍向上。颈中等长，与鬐甲结合良好。体躯长，肋骨开张，有弹性，胸部发育好，尻部长而平，四肢端正结实，大腿肌肉发达。乳房发育较好，向后伸展。毛色为黄白花或红白花。头、胸部、腹下和尾帚多为白色，肩部和腰部有条状白毛片。被毛柔软而有光泽。成年公牛体重 1 000～1 300 kg，母牛 600～800 kg；公牛体高 142～150 cm，母牛 134～142 cm；犊牛初生重为 30～45 kg。

3. 生产性能

西门塔尔牛产乳、产肉性能均较高。欧洲各国西门塔尔牛的产乳量为3 500～4 500 kg，乳脂率 3.64%～4.13%。四胎以上平均产乳量为 5 274 kg，乳脂率 4.12%，乳蛋白率 3.28%。排乳速度 2.27～2.60 kg/ min。

犊牛在放牧条件下日增重可达 800 g，舍饲肥育条件可达到 1 000 g，1.5 岁活重为 440～480 kg，3.5 岁活重公牛为 1 080 kg，母牛为 634 kg。公牛肥育后屠宰率为 65%左右，一般母牛在半肥育状态下，屠宰率为 53%～55%。该品种牛产奶量虽然尚低于专用的乳用牛，但产肉性能远远高于奶牛，生长速度与其他大型肉用品种接近。

4. 繁殖性能

西门塔尔母牛常年发情，发情持续期 20～36 h，一般的情期受胎率在 69%以上，妊娠期 284 d。成年母牛难产率低。种公牛每年能生产 11 000 mL 左右的精液，是产量比较大的牛种，对改良黄牛十分有利。在中国，西门塔尔牛已具备自我供种能力，繁育西门塔尔牛较早的省区都能提供种畜或冷冻精液。

5. 杂交改良效果

西门塔尔牛体质结实，产肉、乳性能好，适应性强，性情温顺，耐粗饲或适宜放牧饲养，与我国黄牛杂交，杂种后代体格增大，生长快。在肉牛杂交体系中，适合作“外祖父”角色。近年来，也在“合成系”中作母系，与专门的父系杂交，组成高产的肉用生产配套系。

(二)国外其他兼用牛品种

国外其他兼用牛品种(表 3-2)。

表 3-2 国外其他兼用牛品种

品种	原产地	外貌特征	生产性能	主要特点及利用
瑞士褐牛（彩图 10）	瑞士阿尔卑斯山区。瑞士的第二大牛品种	被毛为褐色，由浅褐、灰褐至深褐色，在鼻镜四周有一浅色或白色带，鼻、舌、角尖、尾帚及蹄黑色。头宽短，额稍凹陷。体格略小于西门塔尔牛成。年公牛体重 1 000 kg，母牛 500～550 kg。初生重 35～38 kg	年产奶量 5 000～6 000 kg，乳脂率 4.1%～4.2%，18 月龄活重可达 485 kg，屠宰率 50%～60%。1999 年，美国乳用瑞士褐牛305 d平均产奶量达9 521 kg	成熟较晚，一般 2 岁配种。耐粗饲，适应性强，全世界约有 600 万头。对“新疆褐牛”育成起到了重要作用
丹麦红牛（彩图 11）	丹麦	被毛为红或深红色，公牛毛色通常较母牛深。鼻镜浅灰至深褐色，蹄壳黑色，部分牛只乳房或腹部有白斑毛。乳房大，发育匀称。体格较大，体躯深长。成年公牛体重1 000～1 300 kg，成年母牛体重 650 kg。犊牛初生重 40 kg	美国 2000 年 53 819 头母牛的平均产奶量为 7 316 kg，乳脂率 4.16%；最高单产 12 669 kg，乳脂率 5%。丹麦红牛也具有良好产肉性能。屠宰率一般为 54%	以乳脂率、乳蛋白率高而著称，1984 年我国首次引进丹麦红牛 30 头，用于改良延边牛、秦川牛和复州牛，效果良好
乳用短角牛	英国东北部	分有角和无角两种。角细短，呈蜡黄色，角尖黑。被毛多为红色或酱红色，少数为红白沙毛或白毛，部分个体腹下或乳房部有白斑，鼻镜为肉色，眼圈色淡。成年公牛体重900～1 200 kg，母牛 600～700 kg，犊牛初生重 32～40 kg	305 d 产奶量一般2 800～3 500 kg，乳脂率 3.5%～4.2%。1998 年 1 头乳用短角牛在 365 d 日挤奶 2 次情况下产奶 15 913 kg，乳脂率 2.8%，乳蛋白率3.4%，创个体单产最高纪录	我国于 1913 年首次引入，主要用于改良蒙古牛，对“中国草原红牛”的育成起到了重要作用

第三节　中国牛品种

一、中国良种黄牛品种

“中国黄牛”是我国固有的，曾经长期以役用为主的黄牛群体的总称。中国黄牛广泛分布于各省和自治区。根据《中国牛品种志》按“地理分布区域”对黄牛的划分，中国黄牛包括中原黄牛、北方黄牛和南方黄牛 3 大类型。下面介绍我国 5 大良种黄牛品种(表 3-3)，大多具有适应性强、耐粗饲、牛肉风味好等优点，属于役肉兼用体型，后躯欠发达，成熟晚、生长速度慢。其他黄牛品种可参阅《中国牛品种志》。

表 3-3　我国黄牛主要品种

品种	原产地	外貌特征	生产性能	杂交效果
南阳牛(彩图 12)	河南省南阳地区白河和唐河流域的广大平原地区。现有 145 万头	毛色以深浅不一的黄色为主，另有红色和草白色，面部、腹下、四肢下部毛色较浅。体型高大，结构紧凑，公牛多为萝卜头角，母牛角细。鬐甲较高，肩部较突出，公牛肩峰 8～9 cm，背腰平直，荐部较高，额部微凹，颈部短厚而多皱褶。部分牛胸欠宽深，体长不足，尻部较斜，乳房发育较差	产肉性能良好，15 月龄育肥牛屠宰率 55.6%，净肉率 46.6%，眼肌面积 92.6 cm^2	全国 22 个省已有引入，杂交后代适应性、采食性和生长能力均较好
秦川牛(彩图 13)	因产于陕西关中的“八百里秦川”而得名。现群体总数约 80 万头	体型高大，骨骼粗壮，肌肉丰厚，体质强健，前躯发育良好，具有役肉兼用牛的体型。角短而钝、多向外下方或向后稍弯。毛色多为紫红色及红色。鼻镜肉红色。部分个体有色斑。蹄壳和角多为肉红色。公牛颈上部隆起，鬐甲高而厚，母牛鬐甲低，荐骨稍隆起。缺点是后躯发育较差，常见有尻稍斜的个体	在中等饲养水平下，18 月龄时的平均屠宰率为 58.3%，净肉率为 50.5%	全国有 21 个省、自治区曾引进秦川公牛改良本地黄牛，效果良好
晋南牛(彩图 14)	主产于山西省西南部的运城、临汾地区。现有 66 万余头	毛色以枣红为主，红色和黄色次之。鼻镜粉红色。体型粗大，体质结实，前躯较后躯发达。额宽，顺风角，颈短粗，垂皮发达，肩峰不明显，胸宽深，臀端较窄，乳房发育较差	18 月龄时屠宰，屠宰率 53.9%。经强度肥育后屠宰率 59.2%。眼肌面积 79.00 cm^2	曾用于四川、云南、陕西、甘肃、安徽等地的黄牛改良，效果良好

续表 3-3

品种	原产地	外貌特征	生产性能	杂交效果
鲁西牛	主产于山东省西南部的菏泽、济宁地区	毛色以黄色为主，多数牛具有“三粉”特征，即眼圈、口轮、腹下与四肢内侧毛色较浅，呈粉色。公牛多平角或龙门角；母牛角形多样，以龙门角居多。公牛肩峰宽厚厚而高。垂皮较发达。尾细长，尾毛多扭生如纺锤状。体格较大，但日增重不高，后躯欠丰满	18 月龄育肥，公、母牛平均屠宰率为 57.2%，净肉率为 49.0%，眼肌面积 89.1 cm²	杂交改良本地黄牛，效果较好
延边牛（彩图 15）	主产于吉林省延边朝鲜族自治州以及朝鲜	分牛头方额宽，角基粗大，多向外后方伸展成一字形或倒八字形。母牛角细而长，多为龙门角。毛色为深浅不一的黄色，鼻镜呈淡褐色，被毛长而密。胸部宽深，皮厚而有弹力。公牛颈厚隆起，母牛乳房发育良好	18月龄育肥牛平均屠宰率 57.7%，净肉率 47.2%，眼肌面积 75.8 cm²	耐寒、耐粗，抗病力强，适应性良好。善走山路

二、培育牛品种

(一)中国荷斯坦牛

中国荷斯坦牛有 100 多年的历史，它是引用国外各类型的纯种荷斯坦公牛与本地母牛高代杂交经长期选育而成，是我国唯一的乳牛品种，现已遍布全国，主要集中在牧区、农区和城市郊区。据报道，2006 年我国共存栏奶牛 1 330万头。在奶牛饲养数量的分布上，牧区的内蒙古、新疆，占全国奶牛总数的 36%；在农区饲养数量较大的省份有黑龙江、河北、山东、山西和陕西省，奶牛数量占全国的 38%；大中城市郊区以北京、上海、天津饲养量最大，占全国的 4%。我国黑白花奶牛的体型特征和生产性能基本符合国际黑白花奶牛及荷斯坦牛的品种要求，1987 年由农业部命名为中国黑白花奶牛，1992 年由农业部更名为中国荷斯坦牛。

1. 外貌特征

体质结实，结构匀称，后躯比前躯发达，侧望体躯呈楔形。毛色黑白相间，花片界限分明，额部多有白斑，腹下及乳房、四肢下部（前肢腕关节以下，后肢跗关节以下）及尾端均为白色。角由两侧向前向内弯曲，角体呈蜡色，角尖呈黑色。皮肤有弹性，被毛细短，皮下脂肪少，骨骼较细，背腰平直，腹大不垂，尻部宽长，平而不斜。乳房大而不垂，附着良好，乳房形状呈浴盆或圆形，乳头大小适中，分布均匀，乳静脉粗大，弯曲多。四肢结实，站立端正，蹄底圆正。

由于各地引用的荷斯坦公牛和本地母牛类型不同，以及饲养环境条件的差异，我国荷斯坦牛多为乳用型，乳用特征明显，但体格不够一致，基本上可划分为大、中、小三个类型。大型：主要引用美国荷斯坦公牛与北方母牛长期杂交和横交培育而成，成年母牛体高为 136 cm 以上。中型：主要引用日本、德国等中等体型的荷斯坦公牛与本地母牛杂交及横交培育而成，成年母牛体高 133 cm 以上。小型：主要引用荷兰等国欧洲类型的荷斯坦公牛与本地母牛杂交，或引进荷斯坦公牛与体型小的本地母牛杂交而成。成年母牛高130 cm 左右。

2. 生产性能

中国荷斯坦牛泌乳性能良好，泌乳期 305 d，平均乳脂率为 3.5%，平均年产乳量 4 554 kg。饲养条件好的奶牛场全群年平均产乳量可达 7 000 kg 以上。中国荷斯坦牛有较好的产肉性能，未经肥育的母牛和去势公牛屠宰率可达 50%以上，净肉率 40%。对公犊、淘汰母牛进行肥育可获得较好的经济效益。

3. 繁殖性能

初情期在 6～9 月龄，随饲养和环境条件不同而有差异，发情周期 15～24 d，平均 21 d。妊娠天数：母犊为 277.5 d，公犊为 278.7 d。

4. 适应性能

中国荷斯坦奶牛分布在 40～－40℃的气温条件下，由于各地的饲料种类、饲养管理和环境条件的差异很大，因此，在各地的表现也各有不同，据初步测定，中国荷斯坦奶牛在高温条件下的适应性能较差。但气温降至零度以下，产乳量则无明显变化。当气温在 17～20℃时，荷斯坦奶牛的饲料利用率最高，每千克代谢体重所需的维持净能为最小，气温高于或低于临界温度都会多耗能量。高温对产奶量、受胎率有显著的影响。在温度为 29.5～32.9℃，产乳量明显下降，母犊牛的初生体重降低。

(二)其他培育牛品种

其他培育牛品种见表 3-4。

表 3-4 国内其他培育牛品种简介

品种	原产地及分布	外貌特征	生产性能	主要特点及培育过程
三河牛（彩图 16）	原产于内蒙古呼伦贝尔草原的三河地区。主要分布在呼伦贝尔盟及邻近地区的农牧场。目前，大约有 11 万头。	被毛为界限分明的红白花，头白色或有白斑，腹下、尾尖及四肢下部为白色。角向上前方弯曲。体格较大，平均活重公牛 1 050 kg，母牛 547.9 kg。犊牛初生重公牛 35.8 kg，母牛31.2 kg	平均年产乳量为 2 500 kg 左右，在较好的饲养条件下可达 4 000 kg。乳脂率 4.10%～4.47%。产肉性能良好，2～3 岁公牛屠宰率为 50%～55%	耐粗饲，耐严寒，抗病力强。生产性能不稳定，后躯发育欠佳。是我国培育的第一个乳肉兼用品种，含西门塔尔牛的血统。1986 年 9 月 3 日通过验收，并由内蒙古区政府批准正式命名“三河牛”
中国草原红牛（彩图 17）	原产于吉林、辽宁、河北和内蒙古。主要分布于吉林白城地区、内蒙古赤峰市、锡林郭勒盟南部和河北张家口地区。目前，大约有 14 万头	毛色多为深红色，少数牛腹下、乳房部分有白斑，尾帚有白毛。全身肌肉丰满，结构匀称。乳房发育较好。成年公牛体重 825.2 kg，成年母牛体重 482 kg。犊牛初生重，公犊 31.9 kg，母犊 30.2 kg	泌乳期 220 d，平均产奶量 1 662 kg，乳脂率 4.02%，最高个体产奶量为 4 507 kg。18 月龄的阉牛，经放牧育肥，屠宰率为 50.8%。短期催肥后屠宰率为 58.1%	耐粗抗寒，适应性强。生产性能不稳定，后躯发育欠佳。1985 年 8 月 20 日，经农牧渔业部授权吉林省畜牧厅，在赤峰市对该品种进行了验收，正式命名为“中国草原红牛”。含有乳肉兼用型短角牛血统
新疆褐牛（彩图 18）	原产于新疆伊犁、塔城等地区。主要分布于全疆南北。现有牛数约 45 万头	被毛为深浅不一的褐色，额顶、角基、口轮周围及背线为灰白色或黄白色。肌肉丰满。头清秀，嘴宽。角大小中等，向侧前上方弯曲，呈半椭圆形。成年公牛体重 951 kg，母牛 431 kg	舍饲条件下平均产乳量 2 100～3 500 kg，高的可达 5 162 kg，乳脂率 4.03%～4.08%。放牧条件下，2 岁以上牛的屠宰率为 50% 以上	适应性好，耐严寒和酷暑，抗病力强，宜于放牧，体型外貌好。但其生产性能尚不稳定。1983 年经新疆畜牧厅评定验收并命名为“新疆褐牛”。含有瑞士褐牛血统

续表 3-4

品种	原产地及分布	外貌特征	生产性能	主要特点及培育过程
科尔沁牛	主产于内蒙古东部地区的科尔沁草原。1994 年末约有 8.12 万头	被毛为黄(红)白花,白头,体格粗壮,结构匀称,胸宽深,背腰平直,四肢端正,后躯及乳房发育良好,乳头分布均匀。成年公牛体重 991 kg,母牛 508 kg。犊牛初生重 38～42 kg	280 d 产奶量 3 200 kg 乳脂率 4.17%,高产达 4 643 kg。在常年放牧加短期补饲条件下 18 月龄屠宰率为 53.3%,经短期育肥屠宰率可达 61.7%	适应性强、耐粗抗寒、抗病力强、宜于放牧。于 1990 年通过鉴定,由内蒙古区政府正式验收命名为"科尔沁牛"。以西门达尔牛为父本,蒙古牛、三河牛为母本,采用育成杂交方法培育而成
中国西门塔尔牛	建立有山区、草原、平原类群,核心群达 2 万头,在太行两麓半农半牧区已经建立了 40 万头杂交繁育区,皖北、豫东、苏北农区 25 万头改良区,松辽平原、科尔泌草原建立了 50 万头级进杂交改良群体	毛色为红(黄)白花,花斑分布整齐,头部白色或带眼圈,尾帚、四肢和肚腹为白色,角型外展,角蹄腊黄色,鼻镜肉色,乳房发育良好,结构均匀紧凑	成年公牛体重 850～1 000 kg,体高 145 cm,母牛 550～650 kg,体高 130 cm。育种核心群 2 178 头平均产奶量为 4 300 kg,乳脂率为 4.03%。最高个体产奶量达 11 740 kg,乳脂率 4.0%。中国西门塔尔牛产肉性能良好	中国西门塔尔牛具有适应性强,耐高寒,耐粗饲,寿命长等特点,抗逆性强,适宜我国广大地区饲养。是 20 世纪 50 年代至 80 年代初,集中引进欧洲西门塔尔牛,在中国的生态条件下,经过与本地黄牛级进杂交选育而成。2001 年 10 月通过国家品种审定,目前有山地型、草原型、平原型三大类群
夏南牛(彩图 19)	主产于河南省泌阳县,19 年间,在泌阳县以本地南阳牛为母本、法国夏洛来牛为父本的导血配种 88 万头,其中杂交配种 40 万头、回交配种 26 万头、横交配种 22 万头	被毛呈黄色,以浅黄、米黄居多;体躯呈长方形;胸部深而宽,背腰平直,肉用特征明显;尻部长、宽、平、直;四肢粗壮,强劲有力;母牛乳房发育较好	成年公、母牛体重分别为 850 kg 和 600 kg;公犊平均初生重 38.5 kg,母犊平均初生重 37.2 kg;母牛初情期平均 432 d,发情周期平均 20 d,初配时间平均 490 d,妊娠期平均 285 d;17～19 月龄的未肥育公牛,屠宰率 60.13%,净肉率 48.84%,眼肌面积 117.7 cm^2,优质肉切块率 38.37%	夏南牛适应性好,有生长发育快、易育肥等特点。以夏洛来为父本,南阳牛为母本,采用导入杂交、正反回交、横交固定三阶段开放式育种方法,培育而成的中国第一个肉牛新品种

第四节 其他牛品种

一、水牛

水牛是热带、亚热带地区特有的畜种，主要分布在亚洲地区，约占全球饲养量的90%。水牛具有乳、肉、役多种经济用途，适于水田作业。水牛奶营养丰富，脂肪、干物质及总能量都高于荷斯坦牛牛奶。

水牛按其外形、习性和用途常分成两种类型，即沼泽型水牛和河流型水牛。沼泽型水牛有泡水和滚泥的自然习性。这类水牛细胞染色体核型为 $2n=48$。体型较小，生产性能偏低，适应性强，以役用为主。主要分布于中国、泰国、越南、缅甸、老挝、柬埔寨、马来西亚、菲律宾、印尼和尼泊尔等国家，沼泽型水牛一般以产地命名；河流型水牛原产于江河流域地带，习性喜水。这类水牛细胞染色体核型为 $2n=50$。体型大，以乳用为主。也可兼作其他用途。这类水牛主要分布于印度、巴基斯坦、保加利亚、意大利和埃及等国家。我国已引进了世界著名的乳用水牛品种摩拉水牛和尼里-拉菲水牛。主要水牛品种介绍见表 3-5。

表 3-5 主要水牛品种

品种	原产地及分布	外貌特征	生产性能	主要特点
摩拉水牛	原产于印度西北部。饲养有摩拉水牛 3 000 万头，占其水牛总数的47%	毛色通常为黑色，尾帚为白色，被毛稀疏。角短、向后向上内弯曲，呈螺旋形。尻部斜，四肢粗壮。公牛头粗重，母牛头较小、清秀。公牛颈厚，母牛颈长薄，无垂皮和肩峰。乳房发达，乳头大小适中，距离宽，乳静脉弯曲明显。我国繁育的摩拉水牛成年公、母牛体重分别为 969.0 kg 和 648 kg	平均泌乳期为 251～398 d，泌乳期平均产奶量 1 955.3 kg。个别好的母牛 305 d 泌乳期产奶量达 3 500 kg。公牛在 19～24 月龄育肥 165 d，日增重平均为 0.41 kg；屠宰率为 53.7%	耐热、耐粗饲、抗病力强、适应性强。但摩拉水牛性情偏于神经质，应加强调教和培育。我国于 1957 年开始从印度引进摩拉水牛，数量有逐年上升的趋势。南方各省均有饲养，尤其以广西较多

续表 3-5

品种	原产地及分布	外貌特征	生产性能	主要特点
尼里-拉菲水牛	原产于巴基斯坦旁遮普省中部的尼里河与拉菲河流域一带。约占全国水牛总头数的70%	外貌近似摩拉水牛。毛色为黑色,部分为棕色。特征性外貌为玉石眼(虹膜缺乏色素),前额、脸部、鼻端、四肢下部有白斑,尾帚为白色。角短,角基粗,角向后朝上卷曲,呈螺旋状。头较长,前额突出。体躯深厚,体格粗壮。前躯较窄,后躯宽广,侧望呈楔形。乳房发达,乳头粗大且长,乳静脉显露、弯曲。尾端达飞节以下。成年公母、牛体重分别为800 kg和600 kg	平均泌乳期为316.8 d,泌乳量为2 262.1 kg,平均日产奶7.1 kg,最高日产量达18.4 kg,优秀个体泌乳量可达3 400～3 800 kg。与巴基斯坦原产地选育的核心牛群平均泌乳量基本相近。公牛在19～24月龄育肥168 d,平均日增重0.43 kg;屠宰率、净肉率分别为50.1%、39.3%	耐粗饲、群性好、耐热和抗病力强、适应性强。其体态比原产地水牛更加丰满,性情也更温驯。1974年,巴基斯坦政府赠送给中国政府50头尼里-拉菲水牛,分配给广西、湖北各25头。据1988年不完全统计,尼里-拉菲水牛在中国已发展到209头
中国水牛	主要分布于淮河以南的水稻产区,其中广西、云南、广东、贵州、四川数量最多	全身被毛深灰色或浅灰色,且均随年龄增长而毛色加深为深灰色或暗灰色,被毛稀疏。前额平坦而较狭窄,眼大突出。角左右平伸,呈新月形或弧形。颈下和胸前多有浅色颈纹和胸纹,皮粗糙而有弹性。鬐甲隆起,肋骨弓张,背腰宽而略凹。腰角大而突出,后躯差,尻部斜。尾粗短,着生较低,四肢粗短	宜于水田作业,使役年限一般为12年。泌乳期8～10个月,泌乳量500～1 000 kg,乳脂率7.4%～11.6%。乳蛋白率为4.5%～5.9%。肉用性能较差,屠宰率46%～50%,净肉率35%左右	中国水牛属沼泽型水牛。湖北的滨湖水牛、四川的德昌水牛、云南的德宏水牛和广西的西林水牛为典型代表。我国水牛数量约为2 280.9万头,仅次于印度和巴基斯坦,我国有18个省区有水牛分布

二、牦牛

1.牦牛的分布与分类

中国是世界上牦牛数量最多的国家，现有牦牛 1 377.4 万头，约占世界牦牛总头数的 92%，主要分布在我国青藏高原、川西高原和甘肃南部及周围海拔 3 000 m 以上的高寒地区，其中青海 480 万头、四川 400 万头、西藏 380 万头，甘肃 90 万头，新疆 22 万头、云南 5 万头。其次是蒙古国，约有牦牛 60 万头。目前，全世界约有牦牛 1 500 万头。

我国饲养牦牛历史悠久，已形成 10 个优秀的类群。分别是四川的麦洼牦牛、九龙牦牛、甘肃的天祝白牦牛、青海的环湖牦牛、高原牦牛、西藏的亚东牦牛、高山牦牛、斯布牦牛、新疆的巴州牦牛及云南中甸牦牛等。

2.牦牛的生物学特性与经济价值

牦牛比普通牛胸椎多 1～2 个，荐椎多 1 个，肋骨多 1～2 对，胸椎和荐椎大1～2 倍，胸部发达，体温、呼吸、脉搏等生理指标也比普通牛高。因此，其能很好地适应高寒地区的环境条件。牦牛常被誉为“高原之舟”。牦牛作为原始品种，具有产乳、毛、肉、皮、绒等多种经济用途，也可作为役力。牦牛毛和尾毛是我国传统特产，以白牦牛毛最为珍贵。

3.牦牛的外貌特征

牦牛外貌粗野，体躯强壮，头小颈短，嘴较尖，胸宽深，鬐甲高，背线呈波浪形，四肢短而结实，蹄底部有坚硬的突起边缘，尾短而毛长如帚，全身披满粗长的被毛，尤其是腹侧丛生密而长的被毛，形似“围裙”，粗毛中生长绒毛。有的牦牛有角，有的无角。毛色主要以黑色居多，约占 60%，其次为深褐色、黑白花、灰色及白色。公、母牦牛两性异相，公牦牛头短颈宽，颈粗长，肩峰发达。母牦牛头尖，颈长角细，尻部短而斜。成年公牦牛体重为 300～450 kg，母牦牛为 200～300 kg。

4.牦牛的生产性能

成年牦牛的屠宰率为 55%，净肉率 41.4%～46.8%，眼肌面积 50～88 cm^2。泌乳期 3.5～6 个月，产奶量 240～600 kg，乳脂率 5.65%～7.49%。剪毛量，公牛产毛 3.6 kg，绒 0.4～1.9 kg，母牛产毛 1.2～1.8 kg，绒 0.4～0.8 kg。负载 60～120 kg，日行走 15～30 km。

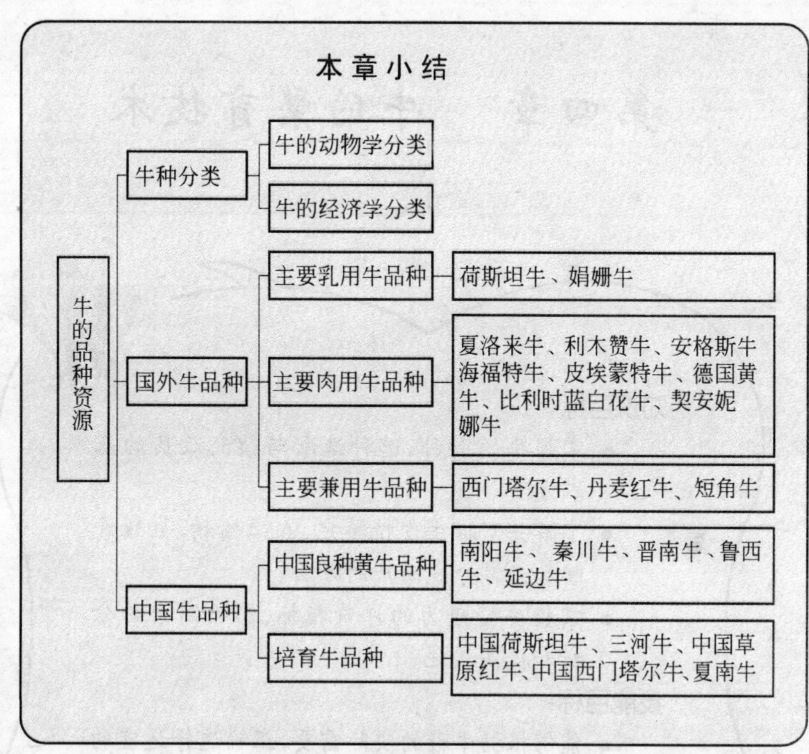

复习思考题

1. 推荐几个适合本地的牛品种，并说明原因。
2. 你认为最好的乳牛、肉牛品种是哪几个？
3. 总结出中国良种黄牛品种特征的异同点。

第四章　牛的繁育技术

知识目标

- 掌握牛的引种、选种选配与杂交改良的基本方法。
- 了解并掌握牛发情鉴定、人工输精、妊娠诊断和正常分娩助产的方法。
- 掌握牛繁殖力的评价指标、影响因素的分析和提高措施。

技能目标

- 能够根据牛群的实际需要，正确选择适宜的种公牛冻精。
- 基本掌握牛的发情鉴定、人工授精、妊娠诊断技术。
- 能正确推算母牛预产期。

第一节　选育与杂交改良利用

一、牛的引种

牛的引种是指将区外（省外或国外）牛的优良品种、品系或类型引入本地，直接推广或作为育种材料。引种既可引入活体，也可引进冻精和胚胎。

任何一个品种都有其特定的分布范围，当一个牛种引入到新的地区，包括气候、温度、湿度、海拔和光照在内的自然条件、饲料及饲养管理方式都不同，因此，引入品种有一个风土驯化和适应的过程。要求引入品种不仅能够生存、繁殖和正常生长发育，并且还能够将其固有的特征和优良的生产性能表现出来。引种的主要原则是：

第一，要根据国民经济发展的要求和育种的需要选择引入品种，并考虑原产地的自然环境条件。大规模引种前可先引入少量个体进行适应性观察，然后再确定是否大规模引种。

第二，要严格进行系谱审查，选择祖先和亲属表现良好的个体，避免引入有亲缘关系的个体；严格选择个体本身，防止引入遗传缺陷病和其他疾病。

第三，严格检疫，按进出口动物检疫法程序进行。到达引入地后要进行严格的隔离观察，确信无任何疫病后，方可用于生产。

第四，加强引入后的饲养管理。为了加强风土驯化，尽量创造一个与原产地相似的微气候环境和饲养条件，并逐渐过渡到引入地的正常状态，使之逐渐适应新的环境条件。对引入品种要加强统一管理，制定统一的育种措施，逐渐扩大种群数量，建立品系，保持和进一步提高其生产性能。

二、牛的选种选配

(一)种公牛的选择

选择种公牛，主要依据外貌、系谱、旁系和后裔等几个方面的材料进行选择。

1.外貌选择

种公牛的外貌等级不得低于一级，种子公牛要求特级。

2.系谱选择

种公牛的系谱必须记录详明，至少3代以上清楚。

3.旁系选择

对遗传力中等偏低的性状(如产乳量)，比根据母亲的表型值选留更为可靠。

4.后裔测定

种公牛后裔测定，是选择优良种公牛的主要手段和最可靠的方法。

后裔测定的方法，以奶牛为例，根据中国奶牛协会育种专业委员会1992年10月制定的《中国荷斯坦牛种公牛后裔测定规范(试行)》(此规范已由农业部作为法规发布)。

参加后裔测定的公牛一般在16～18月龄采精，冷冻1 000头份，并集中在3个月内完成随机配种，应至少配孕母牛100头以上，其女儿的分布必须跨越省界并总共不少于10个牛场，分布场数越多越好。被测公牛的全部女儿满15～18月龄进行配种，待其分娩产奶后详细记录生产性能和外貌鉴定成绩。被测公牛的女儿在完成第一个泌乳期后，应及时汇总资料并公布后裔测定结果。

(二)生产母牛的选择

1.产乳量

按母牛产乳量高低次序进行排队,将产乳量高的母牛选留,将产乳量低的母牛淘汰。

2.乳的品质

除乳脂率外,乳中蛋白质含量和非脂固体物含量也是很重要的性状指标。

3.饲料报酬

饲料报酬较高的乳牛,每产1 kg 4%标准乳所需的饲料干物质较少。

4.排乳速度

排乳速度与整个泌乳期的总产乳量之间呈中等正相关(0.571)。排乳速度快的牛,其泌乳期的总产奶量高。同时,排乳速度快的牛,有利于在挤奶厅集中挤奶,可提高劳动效率。

5.泌乳均匀性

产乳量高的母牛,在整个泌乳期中泌乳稳定、均匀、下降幅度不大,产乳量能维持在很高的水平。选择泌乳性能稳定、均匀的母牛所生的公牛作种用,在育种上具有重要意义。

(三)冻精选择

根据当地或牛场的实际需要,全面审查种公牛的系谱资料,准确选择冻精。

(四)选配方案

在选配和制定选配计划时,应遵循以下基本原则:

第一,要根据育种目标综合考虑,加强优良特性,克服缺点。

第二,尽量选择亲和力好的公、母牛进行交配,应注意公牛以往的选配结果和母牛同胞及半同胞姐妹的选配效果。

第三,公牛的遗传素质要高于母牛,有相同缺点或相反缺点的公、母牛不能选配。

第四,慎重采用近交,但也不绝对回避。

第五,搞好品质选配,根据具体情况选用同质选配或异质选配。

三、牛的杂交改良

我国黄牛和水牛虽然具有适应性强、耐粗饲等优点,但乳、肉性能都不高。牛的改良须采用本品种选育提高和杂交改良相结合的方法,并因牛因地制宜。

(一)黄牛的改良与新品种的形成

主要采用的杂交方式如下。

1. 导入杂交

当一个品种已具有多方面的优良性状，其性能已基本符合育种要求，只是在某一方面还存在个别缺点，并且用本品种选育的方法又不能使缺点得以纠正时，就可利用具有这些方面优点的另一品种公牛与之交配，以纠正其缺点，使品种特性更加完善，这种方法称作导入杂交。

中国良种黄牛在传统上普遍存在尻部尖斜、股部肌肉欠充实、乳房发育较差等缺陷。为了迅速改进这些缺陷，进一步提高其产肉性能，各品种育种组织根据各自的具体情况和育种方向，引用适当的国外品种对本品种进行导入杂交，取得了较为理想的效果。

2. 级进杂交

级进杂交是用高产品种改造低产品种的最常用方法，即利用高产品种的公牛与低产品种的母牛一代一代地交配（杂种后代都与同一品种的不同个体公牛交配）。这种方式杂交一代可得到最大的改良。随着级进代数的增加，杂种优势逐代减弱并趋于回归。因此，级进杂交并非代数越高越好。实践证明，级进至 3～4 代较好。级进三代并加以固定可育成品种。

3. 育成杂交

育成杂交是用 2～3 个以上的品种来培育新品种的一种方法。这种方法可使亲本的优良性状结合在后代身上，并产生原来品种所没有的优良品质。育成杂交可采取各种形式，在杂种后代符合育种要求时，就选择其中的优秀公母牛进行自群繁育，横交固定而育成新的品种。育成杂交在某种程度上有其灵活性，例如在后代杂种牛表现不理想时，就可根据它们的特征、特性与自然条件来决定下一步应采取何种育种方式。

(二)商品肉牛杂交生产

1. 经济杂交

经济杂交是以生产性能较低的母牛与引入品种的公牛进行杂交，其杂种一代公牛全部直接用来肥育而不作种用。其目的是为了利用杂交一代的杂种优势。如夏洛来牛、利木赞牛、西门塔尔牛等与本地牛杂交后代的肥育。

2. 轮回杂交

轮回杂交是用两个或两个以上品种的公母牛之间不断地轮流杂交，使逐代都能保持一定的杂种优势。杂种后代的公牛全部用于生产，母牛用另一品种的公牛杂交繁殖。据报道，两品种和三品种轮回杂交可分别使犊牛活重平均增加 15%和 19%。

3. "终端"公牛杂交

"终端"公牛杂交用于肉牛生产，涉及 3 个品种。即用 B 品种的公牛与 A 品种的母牛配种，所生杂一代母牛(BA)再用C品种公牛配种，所生杂二代(ABC)无论雌雄全部肥育出售。这种停止于第三个品种公牛的杂交就称为“终端”公牛杂交体系。这种杂交体系能使各品种的优点相互补充而获得较高的生产性能。

4. 轮回-“终端”公牛杂交

这种方式是轮回杂交和“终端”公牛杂交体系的结合，即在两品种或三品种轮回杂交的后代母牛中保留45%继续轮回杂交，以作为更新母牛之需；另55%的母牛用生长快、肉质优良的品种之公牛(“终端”公牛)配种，以期获得饲料利用率高、生产性能更好的后代。据报道，两品种和三品种轮回的“终端”公牛杂交体系可分别使犊牛平均体重增加21%和24%。

第二节 牛的繁殖技术

一、常规繁殖技术

(一)发情鉴定技术

1. 母牛发情的特点

母牛初情期一般为6～12月龄，水牛10～15月龄。发情持续时间短，平均18 h，最短6 h，最长只有36 h。牛种及品种、年龄、营养状况、环境温度的变化等都可以影响牛的发情持续期的长短。一般初情期的牛和老年牛的发情持续期也较壮年牛为短。母牛的发情周期平均为21 d，但也存在个体差异。壮龄、营养较好的母牛发情周期较为一致，而老龄和营养不佳的母牛发情周期较长。一般来讲，青年母牛较成年母牛约短1 d。母牛产后第一次发情的间隔时间变化范围较大，通常在产后20～70 d的范围内，多数在产后40～45 d发情。

2. 母牛发情鉴定技术

(1)外部观察法　外部观察法是鉴定母牛发情的主要方法，主要根据母牛的外部表现来判断发情情况。母牛发情时往往表现兴奋不安，食欲和奶量减少，尾根举起，追逐和爬跨其他母牛并接受它牛爬跨，发情母牛的背腰和尻部有被爬跨所留下的泥土、唾液。两者的区别是：被爬跨的牛如发情，则站立不动、并举尾；如不是发情牛，则往往拱背逃走。发情牛爬跨其他牛时，阴门搐动并滴尿，具有公牛交配的动作，外阴部红肿，从阴门流出黏液。

在生产中，妊娠假发情和卵泡囊肿的母牛也有爬跨现象，应注意与真正发情母牛加以区别。

(2)阴道检查法　阴道检查法是用阴道开膣器来观察阴道的黏膜、分泌物和子宫颈口的变化来判断发情与否。发情母牛阴道黏膜充血潮红，表面光滑湿润；子宫颈外口充血、松弛、柔软开张，排出大量透明的牵缕性黏液，如玻棒状（俗称吊线），不易折断。黏液最初稀薄，随着发情时间的推移，逐渐变稠，量也由少变多。到发情后期，量逐渐减少且黏性差，颜色不透明，有时含淡黄色细胞碎屑或微量血液。不发情的母牛阴道苍白、干燥，子宫颈口紧闭，所以无黏液流出。

(3)直肠检查法　一般正常发情的母牛其外部表现是比较明显的，所以用外部观察法就可判断牛是否发情。阴道检查是在输精时作为一种鉴定发情的辅助方法。有些母牛常出现安静发情或假发情，有些母牛营养不良，生殖器官机能衰退，卵泡发育缓慢，排卵时间延迟或提前，对这些母牛通过直肠检查判断很有必要的。

(4)其他鉴定法　仿生法、离子选择电极法、孕酮含量测定法、光感排卵记载法、生殖道黏液 pH 测定法等实验室方法。但生产中应用还不普遍。

(二)人工授精技术

1. 输精前的准备

(1)母牛的准备　将接受输精的母牛固定在六柱栏内，尾巴固定于一侧，用 0.1%新洁尔灭溶液清洗消毒外阴部，再用酒精棉球擦拭。

(2)输精人员的准备　输精员要身着工作服，指甲需剪短磨光，戴一次性直肠检查手套或手臂洗净擦干后用 75%酒精消毒，待完全挥发干再持输精器。

(3)精液的准备　颗粒冷冻精液解冻后，用输精器吸取后进行。塑料细管精液解冻后装入输精枪，试推推杆由细管内渗出精液即可进行输精。

(4)一次输精量和有效精子数　精液不同而异，鲜精液输精量为 1～2 mL，有效精子数应在 3 000 万～5 000 万个；冷冻精液输精时，每头发情母牛每次输精应用一支细管，有效精子数应在 1 000 万～2 000 万个。

2. 输精方法

直肠把握输精法是输精人员的手臂插入母牛的直肠，通过直肠把握固定好子宫颈，另一只手将盛有精液的输精枪经母牛阴道，插入到子宫颈内口注入精液。

输精注意要点：①输精操作时，若母牛努责过甚，可采用喂给饲草、捏腰、拍打眼睛、按摩阴蒂等方法使之缓解。若母牛直肠呈现罐状时，可用手臂在直肠中前后抽动以促使松弛。②操作时动作要谨慎，做到慢插、轻注、缓出，防止损伤子宫颈和子宫体。③输精深度，据试验，子宫颈深部、子宫体、子宫角等不同部位输精的受胎率没有显著差别。但是输精部位过深容易引起子宫感染或损伤，所以采取子宫颈深部或子宫体输精是比较安全的。

3. 输精枪的消毒

先用“洗涤剂”洗涤，然后用清水冲洗数次，再用 38～40℃的蒸馏水冲洗。塑料制品用75%的酒精棉球擦拭消毒,金属制品用煮沸消毒或高压灭菌消毒。消毒完毕后,用消毒纱布包好备用。

(三)妊娠与分娩助产技术

1.预产期的推算

母牛的妊娠期一般为280～285 d。妊娠期的长短,以品种、个体、年龄、季节及饲养管理条件的不同而异。母牛怀孕后,为了做好分娩前的准备工作,应准确地推算产犊日期,推算方法如下:

公式推算:如按280 d的妊娠期计算,配种月份数减3,配种日期数加6,即得到预产期。

例如,某牛6月20日配种,则预产期为:

预产月份＝ 6－3 ＝ 3(月)

预产日期＝ 20＋6 ＝ 26(日)

即该牛预计下年3月26日产犊。

当配种月份小于3时,预产月份的计算方法是,配种月份数加12再减3;当配种日期数加6大于当月天数时,则将该月的天数减去,余数就是下月的预产日期数。

2.妊娠诊断方法

在生产实践中妊娠母牛的检查方法常用的有外部观察法、阴道检查法、直肠检查法及其他检查方法。

(1)外部观察法　对配种后的母牛在下一个发情周期到来前,注意观察是否发情,如不发情则可能受胎。母牛妊娠3个月后,性情变得安静,食欲增加,体况变好。妊娠5～6个月后,腹围有所增大,右下腹常可见到胎动,乳房显著发育。

(2)阴道检查法　阴道的某些变化,常作为妊娠诊断的依据之一,主要观察阴道黏膜色泽,黏液性状及子宫颈的形状和位置等。操作时要严格消毒,防止动作粗暴。

(3)直肠检查法　直肠检查法是早期妊娠诊断的可靠方法,可以在母牛妊娠40～60 d判断其妊娠与否,准确率可达90%以上,同时还可确定大致日期、妊娠内的发情、假妊娠、某些生殖器官疾病及胎儿的死活,所以这种方法在生产上得到了广泛应用。

(4)其他检查法　激素诊断法:母牛配种后25 d,用己烯雌酚10 mg,一次性肌肉注射。已妊娠者无发情表现;未妊娠者第2天便表现明显发情。因为妊娠黄体所分泌的孕酮与雌激素作用相抵消,所以妊娠母牛注射雌激素不表现发情。

孕酮水平测定法:即通过测定母牛血浆或乳汁中孕酮的含量确定妊娠与否。

看"眼线"法:母牛配种后25 d,在瞳孔的正下方巩膜表面,有明显的纵向血管

1～2 条(个别也有 3 条的)，呈直线状态，颜色深红，轮廓清晰，又没有任何发情表现，则为妊娠。但要注意与因病充血的区别。

7%碘酒法：首先收取配种 30 d 母牛鲜尿液 10 mL，盛入试管中，然后滴入 2 mL 7%碘酒溶液，充分混合，待 5～6 min 后，在亮处观察试管中溶液的颜色，呈暗紫色为妊娠；不变色，或稍带碘酒色为未妊娠。

另外还有尿道检查法、牛奶检查法、超声波检查法、免疫学诊断法等。

3. 分娩

母牛分娩时的准备、助产和产后的护理，对保证母牛的正常分娩、健康、以后的繁殖力、犊牛的成活率和健康等极为重要。

(1)临产预兆　乳房膨大，产前半个月左右，乳房迅速膨大，到产前 2～3 d 乳房体发红、肿胀，乳头皮肤绷紧，临产时有些母牛从乳房向前到腹、胸下部还可出现浮肿，用手可挤出初乳，有些甚至出现漏乳现象。

外阴部肿胀，产前一周外阴部开始松软、肿胀，阴唇皱褶消失，阴道黏膜潮红，黏液增多而湿润，阴门因水肿而裂开。

子宫颈变化，子宫颈扩张、松弛、肿胀，颈口逐渐开张，颈内黏液变稀流入阴道。子宫栓溶化成透明黏液，在分娩前 1～2 d 由阴门流出。子宫颈扩张 2～3 h 后，母牛开始分娩。

骨盆韧带松弛，临产前 1～2 d 荐坐韧带松弛，荐骨活动范围增大，外观可见尾根塌陷，经产牛更明显。

行为变化，临产母牛表现为活动困难，食欲减退或消失，起卧不安，尾部不时高举，常回首腹部，频频排粪、排尿，但量很少。

(2)正常分娩过程　分娩是借子宫和腹肌收缩，将胎儿及其附属膜产出的过程，可分 3 个阶段：①开口期；②胎儿产出期；③胎衣排出期，需 2～3 h。分娩结束，如超过 10 h 仍未排出或未排尽按"胎衣不下"处置。

4. 助产技术

一般情况下，不需要助产而任其自然产出。但在胎位不正、胎儿过大、母牛分娩无力等情况下，母牛自动分娩有一定的困难，必须进行必要的助产。

(1)助产前准备　在预产期 15 d 应对产房和产床清扫消毒，并将临产母牛转入产房饲养。产房要求宽敞、清洁、保暖，环境安静，并于产前两三天在地面铺以清洁干燥、卫生(日光晒过)的柔软垫草。在产房可取掉缰绳，让牛自由活动，喂易消化的饲草饲料，如青干草、苜蓿干草和少量精料；饮水要清洁，冬季最好饮温水。

产前准备好助产用药品和器械，主要包括肥皂、毛巾、刷子、消毒液、产科绳、镊子、剪子、脸盆、水桶、手电筒、结扎脐带用的丝线、绷带、食油等，助产员要剪齐磨光指甲，并对手臂和母牛的外阴部做消毒处理。

(2)助产方法　助产的目的是尽可能做到母子平安，仅在不得已时才舍子保母，同时还必须力求保持母牛的繁殖力。因此，在进行产道检查和助产时，术者的手臂、母牛的外阴及周围，必须进行严密消毒。

胎膜小泡露出后 10～20 min，母牛多以卧下，应帮其向左侧卧，以免胎儿受瘤胃压迫而难以产出。正常分娩是胎儿两前脚夹着头先出来，这属于正常胎位，一般以自然产出为原则；如胎儿头、鼻露出后羊膜仍未破，可以用手扯破；如破水时间长或胎儿露出时间较长，而母牛努责微弱，则要抓住两前肢，并用力拉出胎儿。倒生时更应及早拉出。拉出胎头时，要捂住阴唇及会阴，避免撑破。胎头拉出后，应放慢动作，以免子宫内翻或脱出。正常产出一般需要 0.5～4 h。

如母牛努责无力，需要拉出胎儿时，应与母牛的阵缩同步，牵引方向与母牛的骨盆轴方向一致。矫正胎儿异常时应在母牛努责间歇期进行。破水过早，产道狭窄，胎儿过大时，可向阴道灌注肥皂水或植物油润滑产道。

胎儿产出后，先用毛巾擦干胎儿口腔中和鼻腔中的黏液，并用 5%～10%的碘酒消毒脐带断口。若脐带未自行脱断，应在距胎儿腹部 4～5 cm 处结扎剪短或扯断。若为双胎，应在第一胎出生后对脐带做两道结扎，从中间剪断。若胎儿吸进羊水可倒提后肢，拍打胸部使吐出即可恢复呼吸，胎儿身上黏液母牛会自行舔干，若母牛无力时，也可人工擦干。

胎衣应在胎儿产出后 2～8 h 排出，超过 10 h 不排出时，按胎衣不下处置。即使胎衣排出，也要检查是否完整，如子宫有残留部分，应及时处置。要及时取走胎衣，防止被母牛吃掉，引起消化机能紊乱。母牛产后还会从阴道排出恶露，这是正常生理现象，一般 15～17 d 即可停止。

为防止产道感染，产后一段时间需用来苏儿擦洗外阴。做好产后子宫净化工作，一般采用抗菌、防腐消毒药液冲洗，也可根据情况辅助使用激素治疗。子宫净化时应注意冲洗液和冲洗的器械一定要消毒彻底，防止治疗过程中的重新感染。

二、现代繁殖技术

(一)诱发发情技术

诱发发情亦称人工引导发情，指在母牛乏情期(如泌乳期生理性乏情，由于卵巢静止或持久黄体造成的病理性乏情)内，借助外源激素或其他方法引起母牛正常发情并进行配种，从而缩短繁殖周期，提高繁殖率。

母牛注射孕马血清 1 500～2 000 IU，40～48 h 后注射氯前列烯醇 0.6～0.8 mg，母牛发情后注射促排 3 号，并配种或人工授精。也可用孕酮栓放入母牛阴道内，到达子宫穹隆，10 d 后注射孕马血清 1 500～2 000 单位，48 h 后注射氯前列烯醇 0.6～0.8 mg，并取出阴道栓。

(二)同期发情技术

同期发情是一种人为控制动物发情的方法，通过利用激素处理牛，可以使一群不同时期发情的母牛能在大致相同时间内发情。

1. 二次 PG 法

在被处理母牛注射氯前列烯醇 0.8 mg 后 12～14 d，统一第二次注射同样剂量的氯前列烯醇。

2. 孕酮栓＋PG 法

母牛群放孕酮栓后第 13 天注射氯前列烯醇 0.8 mg。

在同期发情处理时，可在第二次注射 PG 前 40～48 h 注射 PMSG 2 000 IU，注射氯前列烯醇后，母牛表现发情后立即注射促排 2 号(或促排 3 号)。

(三)超数排卵技术

超数排卵是指将供体母牛经激素处理，使其发情，并能排出数量较多的发育成熟的卵子，适时输精，以获得数量稳定的可移植的胚胎。

1. 促卵泡素(FSH)减量注射法

供体牛在发情后的 9～13 d 肌肉注射 FSH，早晚各一次，间隔 12 h，分 4 天减量注射。在第 3 天时同时宫注 $PGF_{2\alpha}$ 2.0～2.4 mg。如使用国产 FSH 总剂量为 325 IU 时，处理方法如图 4-1。超排剂量根据不同厂家激素确定适宜剂量，国产激素320～360 IU，进口激素 28～36 mg。

2. 孕马血清促性腺激素(PMSG)处理法

在情期的 11～12 d，一次肌肉注射 0PMSG 2 500～3 000 1U，48 h 后宫注 $PGF_{2\alpha}$2.4 mg。发情后约 18 h 肌肉注射等量的抗 PMSG。

3. 发情观察和人工授精

$PGF_{2\alpha}$处理后 40～48 h，大部分处理牛发情。通常要求从宫注 $PGF_{2\alpha}$第 2 天傍晚开始观察发情，至少早晚各观察一次。在观察到接受爬跨后 4～6 h 进行第一次输精，间隔 12 h 后第二次输精。每次有效精子数不得少于 50×10^6，输入两侧子宫角或子宫体。注意输精时不得触摸卵巢。

(四)性别控制技术

家畜胚胎的性别鉴定和后代性比例的控制，是现代畜牧科学研究和生产的重大课题之一。它对提高畜牧生产的经济效益有着十分重要的意义。

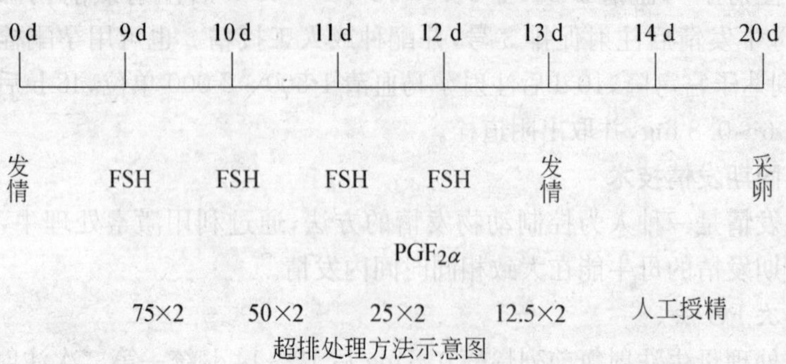

图 4-1 FSH 超排处理

1. 胚胎的性别鉴定

目前,胚胎性别的鉴定主要是通过细胞学方法和免疫学方法两条途径。

(1)细胞学方法 用显微外科手术将胚胎内的细胞取出一些,在体外培养来观察 X、Y 染色体。10～12 d 的牛胚胎性别鉴定可靠性可达 70%左右。多态性(简称 RSP),利用性染色体 DNA 酶谱进行性别的鉴定。RSP 对遗传育种水平的提高、缩短后裔测定的时间,具有重要意义。

(2)免疫学方法 用特异抗体来测定雄性胚胎细胞表面上的 H－Y 抗原(一种组织相容性抗原)。它是只有雄性细胞才能产生的特异蛋白抗原,这种特异蛋白是由 DNA 翻译在 Y 染色体上,而且是每个雄性细胞膜上有成千上万个这种翻译过来的复本。所以,测定这种蛋白比观察性染色体(DNA)更为灵敏,因为 DNA 只有一个复本。

2. 性别比例的控制

(1)处理精液(分离 X 精子、Y 精子) 主要方法有:离心法、沉降法、过滤法、荧光色素标记法、电泳法、免疫法、流式细胞光度法等。但精子的各种分离方法,均尚未达到大面积实用阶段。在有些方法及理论上也有争议。目前,国内外的研究正在继续开展,期待有较大突破。

(2)利用配种受精环境条件控制后代性别比例

①精氨酸法:日本黑木常春 1978 年以生理盐水稀释精氨酸分为高、中、低浓度,输精前 20～30 min 向阴道输入某一浓度溶液 1～2 mL,结果高、低浓度产雄性多,中等浓度的产雌性多。该方法具有取材容易、方法简单、操作方便、成本低廉、效果稳定等优点,便于在基层大面积推广。

②pH 值与性别比例的关系:由于决定雄性的基因位于 Y 染色体上,含有 Y

染色体的精子耐酸性差，在微酸环境中精子活率很快下降；含有X染色体的精子，其耐酸能力相对较强。当解冻液的pH值低于6.8时，含有Y染色体的精子活力减弱，运动缓慢，在它还未到达受精部位、并经获能后具有受精能力时，卵子可能已与含有X染色体的精子结合，故母牛妊娠后就多产母犊。如果解冻液pH值高于7时，则含有Y染色体的精子活力增强，运动迅速，能较快地到达受精部位，与卵子结合的机会增多。所以，母牛妊娠后多产公犊。

（五）胚胎移植技术

胚胎移植又称受精卵移植，也称为“借腹怀胎”或“人工授胎”，其含意为将一头良种母牛的早期胚胎用冲洗子宫的方法取出，或是经体外受精获得的胚胎，移植到另一头生理状态相同的母牛体内，使之继续发育成为新个体的技术。提供胚胎的个体称为“供体”，接受胚胎的个体称为“受体”，通常仅将优良的母牛作为“供体”。

胚胎移植的基本过程包括：供体和受体的选择、供体和受体的发情同期化、供体母牛的超数排卵和受精，以及胚胎的采集、检出、鉴定、保存和移植等。

（六）胚胎生物工程技术

胚胎生物工程是胚胎移植技术的延伸，包括胚胎冷冻、胚胎分割、胚胎融合、核移植、胚胎性别鉴定、卵母细胞的体外培养与体外受精及基因导入等。这些技术的出现不仅大大扩展了胚胎移植的研究与应用领域，而且展现出促进畜牧业发展的广阔前景，具有重大的理论意义和经济效益。

1.胚胎冷冻保存技术

要建立胚胎库或长途运送胚胎，就需要解决胚胎冷冻保存问题。冷冻保存的方法大体可分为缓慢冷冻、快速冷冻和玻璃化冷冻3类。

2.胚胎分割技术

胚胎分割就是用显微外科方法将胚胎分为两个或多个，目前已被用于增加牛的胚胎来源，并且可以产生许多同卵双生后代。分割后的两枚半胚，即使性别不明，也可移植给同一头受体牛，而不必担心造成异性孪生母犊不育问题。

胚胎分割前，一般均需先准备好空透明带，然后将分割后的胚细胞团移入空透明带内。牛分割后的两枚半胚，还可以移植一枚，冷冻储存一枚。如果所移植的半胚获得一头公牛，家畜改良站即可进行半胚公牛的遗传性能测定。如果证明是优秀个体，数年后将另一半胚胎解冻，移植成功，可得到遗传性能完全相同的孪生公牛。

3.卵核移植技术

就是将优良牛胚胎的卵裂球分离开来，获得几十个具有优良遗传基因的供体核，然后将这些供体核分别注入一般牛的去核卵子中，产出遗传素质相同的后代。其目的是由一个优良胚胎（同卵）生出更多的优良后代，进一步提高优良牛的繁殖潜力。

4.胚胎性别鉴定技术

胚胎性别鉴定就是在胚胎移植之前对胚胎进行性别鉴定，来控制下一代的性别，使之达到理想的性别比例，或者让母牛只怀同性双胎，避免产生异性孪生母犊。

第三节　提高牛的繁殖力

一、繁殖力指标及其统计方法

母牛的繁殖力是以繁殖率来表示的。繁殖率表示本年度内实繁母牛数占应繁母牛数的百分率。

繁殖率＝年实繁母牛头数/年应繁母牛头数×100％

＝本年度内出生犊牛数/上年度终适繁母牛数×100％

此项指标也是衡量牛场生产技术管理水平的指标之一。根据母牛繁殖过程的各个环节，繁殖率应该是包括受配率、受胎率、流产率、分娩率、产仔率及仔畜成活率等5个内容的综合反映。

1. 受配率

指本年度内参加配种的母牛占适繁母牛的百分率。不包括因妊娠、哺乳及各种卵巢疾病等原因造成空怀的母牛。主要反映牛群内适繁母牛发情配种的情况。

受配率＝配种母牛数/适繁母牛数×100％

适繁母牛是指达到适配年龄后一直到丧失繁殖能力的母牛。

2.受胎率

指本年度内受胎母牛数占配种母牛数的百分率。在受胎率统计中又分为总受胎率、情期受胎率、第一期情受胎率和不返情率。

(1)总受胎率　表示年内妊娠母牛数占配种母牛数的百分率。

总受胎率＝年受胎母牛数/年配种母牛数×100％

(2)情期受胎率　表示妊娠母畜数与配种情期数的比率。

情期受胎率＝妊娠母畜数/配种情期数×100％

(3)第一情期受胎率　表示第1次配种受胎母牛数，占第一情期配种母牛总数的百分率。包括青年母牛第1次配种或经产母牛产后第1次配种后的受胎率。

第一情期受胎率＝第一情期受胎母牛头数/第一情期配种母牛总数×100％

(4)不返情率　表示配种后一定时间内未再表现发情的母牛头数占配种母牛总头数的比率。统计的时间有配种后 30 d、60 d、90 d 等。

不返情率＝配种后未再发情的母牛数/总配种母牛数×100％

3.分娩率

指本年度内分娩母牛数占妊娠母牛数的百分比,反映维持妊娠的质量。

分娩率＝分娩母牛数/妊娠母牛数×100％

4.流产率

表示流产的母牛数占受胎母牛数的百分率。

流产率＝流产母牛头数/受胎母牛头数×100％

牛在统计流产率时应包括妊娠未满 7 月龄的死胎,凡满 7 月龄而未足月分娩的应称早产。

5.产犊间隔

指母牛两次产犊平均间隔天数。产仔间隔短,繁殖率就高。

产犊间隔＝$\sum$胎间距/n ×100％

式中:n 为头数;胎间距为当胎产犊距上胎产犊的间隔天数;$\sum$胎间距为 n 个胎间距的合计天数。

统计方法:①按自然年度统计;②凡在年内繁殖的母牛,除一胎牛外,均应进行统计。

6.犊牛成活率

表示出生后 3 个月时犊牛成活数占产活犊牛数的百分率。

犊牛成活率＝生后 3 个月犊牛成活数/总产活犊牛数×100％

二、影响牛繁殖力的主要因素

1.遗传因素

繁殖力受遗传的影响,牛品种之间有差异,就同一品种间也存在差异。在生产中可以选留一些繁殖能力强的母牛作为种母牛来进行繁殖。

2.环境因素

季节、温度、湿度和日照等都会影响到牛的繁殖力。温度过高或过低都可降低繁殖效率。在我国多数地区,夏季炎热,冬季寒冷,牛的繁殖率包括发情率与受胎率都比较低,而春、秋两季温度适宜,牛的繁殖率也都较高。因此,为了提高牛的繁殖率,必须具备理想的环境条件,尤其是在炎热的夏天要注意防暑降温,而在寒冷的冬天则要注意防寒保暖。

3.营养因素

营养是影响牛繁殖力的重要因素,两者间的关系日益受人们的重视,尤其对母牛的发情、配种、受胎以及犊牛成活起着决定性的作用。低营养水平饲喂的泌乳母牛,其卵巢不活动期长,如成年母牛营养不良,会造成安静发情,特别是在繁殖季节开始前更为显著。营养过度必引起肥胖,也会影响牛的繁殖机能。

4.管理因素

家畜繁殖主要受人类活动的控制。良好的管理工作应建立在对整个畜群或个体繁殖能力全面了解的基础上,合理的放牧、饲养、运动或调教、使役、休息、牛舍卫生设施和配种制度等管理措施,均影响家畜繁殖力。管理不善,不但会使一些家畜的繁殖力降低,也可能造成不育。管理因素对牛繁殖力的影响十分重要,但又是最容易受到忽视,管理涉及的内容较多,但对牛繁殖力有直接影响的是繁殖管理。

5.繁殖技术因素

牛场繁殖技术水平的高低与母牛的繁殖力密切相关。

三、提高牛繁殖力的技术措施

1.改善饲养管理,实行科学养牛

科学的饲养管理对牛的发情、配种、受胎及犊牛成活起决定性作用。

2.搞好发情鉴定,适时输精

牛发情的持续时间短,并且接受爬跨的时间多在18时至翌日6时,特别集中在晚上20时到凌晨3时之间,因此不易观察。为尽可能提高发情母牛的检出率,每天早、中、晚要进行定时观察,具体时间可安排在早晨7时、中午13时、晚上23时,每次观察时间不少于30 min。按上述时间安排观察母牛发情,一般发情检出率可达90%以上,同时,应采用直肠检查法进行发情鉴定,以便准确判断卵泡发育程度,适时输精,提高受胎率。目前许多输精站所采取的是两次直检,两次输精的办法,效果较好。

3.养好种公牛,保证精液质量

优质精液对于保证母牛受胎起着重要作用。

4.重视早期妊娠检查,狠抓复配

母牛配种后的18～20 d应及时进行第一次妊娠检查。如确定没有妊娠,要查出配不上的原因,采取相应的措施,及时补配。

5.加强疾病防治,培育健康牛群

(1)克服繁殖障碍性疾病。

(2)应用激素或药物治疗生殖疾病。

配种前后,给母牛施用某些激素或药物,可有效地改变子宫内环境,促进排卵、治疗疾病、提高受胎率。生产中常用的方法有:

注射苯甲酸雌二醇。对产后45 d仍不发情的母牛,每头注射苯甲酸雌二醇10 mg,注射后2～5 d便有95%以上的母牛发情,配种后受胎率达95%以上。与未注射苯甲酸雌二醇,待其自然发情相比,空怀时间减少,受胎率提高,效果很好。

注射黄体酮。在输精后第10天对母牛肌肉注射黄体酮60 mg,可提高母牛情期受胎率10～20个百分点。

子宫灌注抗生素。在母牛输精前或输精后8 h,用5%葡萄糖或生理盐水200 mL,加青霉素160万IU、链霉素200万IU,加温至30℃左右,灌入子宫。或在配种前8～12 h子宫注射硫酸新斯的明10 mg、青霉素80万IU及生理盐水30～50 mL的混合液。这样处理后可以明显的提高受胎率。

盐水冲洗子宫。母牛输精前1 h用37～38℃ 1%盐水1000～1500 mL冲洗子宫,冲出污物或一些分泌物,以创造一个精子适宜的内环境,对提高受胎率十分有利。

6.做好防流保胎工作,提高产犊率

群众中对牛防流保胎有"六不"的经验:

"一不混":不和其他牛混牧、混养,以防挤撞、顶架或乱配而引起流产;

"二不打":不打冷鞭,不打头部、腹部;

"三不吃":不吃霜、冻、霉烂的草料;

"四不饮":清晨不饮冷水,出汗不饮,冰水不饮,饿肚不饮;

"五不赶":吃饱饮足后不赶,重役不赶,坏天气不赶,路滑不赶,快到家时不急赶;

"六不用":配后、产前、产后、过饱、过饥、有病时不用。

7.利用高新科技,提高优良母牛的繁殖力

利用超数排卵、一卵双胎、性别控制及胚胎移植、冷冻、切割技术等,可以极大地提高优良母牛的繁殖力,具有广阔的发展空间。

本章小结

- 牛的繁育技术
  - 选育与杂交改良利用
    - 牛的引种
    - 牛的选种选配
      - 种公牛的选择
      - 生产母牛的选择
      - 冻精选择
      - 选配方案
    - 牛的杂交改良
      - 黄牛的改良与新品种的形成
      - 商品肉牛杂交生产
  - 牛的繁殖技术
    - 常规繁殖技术
      - 发情鉴定技术
      - 人工授精技术
      - 妊娠与分娩助产技术
    - 现代繁殖技术
      - 诱发发情技术
      - 同期发情技术
      - 超数排卵技术
      - 性别控制技术
      - 胚胎移植技术
      - 胚胎生物工程技术
  - 提高牛的繁殖力
    - 繁殖力指标及其统计方法
    - 影响牛繁殖力的主要因素
    - 提高牛繁殖力的技术措施

复习思考题

1. 种公牛、生产母牛应如何选择？

2. 母牛发情时都有哪些表现，怎样判断母牛是否发情？

3. 人工授精有哪些优越性？分析在人工授精过程中，哪些环节可能会造成精液的污染？

4. 在各种妊娠诊断方法中，你认为哪几种方法有较高的推广价值？

5. 举例说明如何利用现代繁殖技术来提高牛的繁殖力？

第五章　牛的营养需要与日粮配制

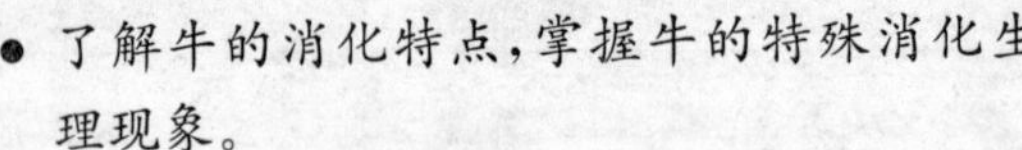

知识目标

- 了解牛的消化特点，掌握牛的特殊消化生理现象。
- 了解奶牛、肉牛的营养需要。
- 掌握常用饲料的种类、营养特点。
- 了解牛的特种饲料与饲料添加剂的种类、用量以及使用注意事项。

技能目标

- 能够根据饲养标准，配合不同生理阶段和不同生产水平条件下奶牛和肉牛的适宜日粮。

第一节　牛的消化特征

一、消化道结构和特点

牛是反刍家畜，消化道比其他动物要复杂得多。牛的消化道包括口腔、食道、复胃、小肠和大肠。中等体格的成年牛，消化道是一条长约 55 m 的曲折管道。消化系统的功能是：摄取饲料，短时间存贮饲料，消化和吸收可消化的养分，排出没有消化的部分。

口腔：牛无上切齿或犬齿。因此，采食饲料时依靠上面的齿垫和下面的切齿以及舌的协同活动。

胃:从解剖结构来看,牛共有4个胃,即瘤胃、网胃、瓣胃和皱胃。前3个胃没有消化腺,不能分泌胃液;第4个胃才是具有分泌胃液的真胃。4个胃室为消化饲草提供了充分的空间,有利于养分的吸收和利用。

瘤胃:俗称"草包",体积最大,是细菌发酵饲料的主要场所,有"发酵罐"之称,容积因体格大小各异,一般为94.6 L,占总容积的80%左右。瘤胃是由肌肉囊组成,通过蠕动使食团按规律流动。瘤胃虽不能分泌消化液,但有大量的微生物,对食物的分解与营养物质的合成起着极为重要的作用。瘤胃有两个功能。一个是暂时贮存饲料。牛采食时把大量饲料贮存在瘤胃里,休息时再将饲料反刍入口腔内,慢慢咀嚼,嚼碎后的饲料要迅速通过瘤胃进入网胃,以便为再吃饲料提供空间。另一个功能是进行微生物发酵。瘤胃内的微生物群体是反刍家畜能够主要以粗饲料维持生命的根本原因。

网胃:也称蜂巢胃,靠近瘤胃,占总容积的10%左右,功能同瘤胃。还能帮助食团逆呕和排出胃内的发酵气体(嗳气),但当饲料中混入金属异物时,易在网胃底沉积或刺入心包。

瓣胃:也称"百叶肚",位于瘤胃右侧,占总容积的7%左右,其功能是榨干食糜中的水分和吸收少量营养。

皱胃:占总容积的3%左右,产生并容纳胃液和胃酸,是菌体蛋白和过瘤胃蛋白被消化的部位。功能与单胃动物的胃相同,就是分泌消化液,使食糜变湿后经幽门进入小肠,进一步消化,消化后的营养物质通过肠壁被吸收,未被消化的物质经大肠排出体外。

二、特殊消化生理现象

(一)反刍

反刍是反刍动物特有的生理现象。反刍动物将采食的富含粗纤维的草料,在休息时逆呕到口腔,经过重新咀嚼,并混入唾液再吞咽下去的过程叫反刍。通过反刍,粗饲料被二次咀嚼,混入唾液,以增大瘤胃细菌的附着面积。牛一般采食后30～60 min开始反刍,每次反刍持续40～50 min,每天的反刍时间为8 h左右。牛一般在发情时反刍停止。

(二)唾液分泌

牛的唾液分泌量大。据研究,每头牛的唾液分泌量为100～200 L。唾液中含有大量黏蛋白、尿素及碳酸盐、磷酸盐、缓冲盐等,对维持瘤胃内环境,浸泡粗饲料,保持氮素循环起着重要作用。唾液的分泌量和唾液中的各种成分含量受牛采食行为、饲料的物理性状和水分含量、饲粮适口性等因素影响。由于大量唾液才能维持瘤胃内容物的糜状物顺利地随瘤胃蠕动而翻转，使粗糙未嚼细的饲草料位于瘤胃上层，反刍时再返回口腔，嚼细的已充分发酵吸收水分的细碎饲草料沉于胃底，随着反刍运动向后面的第三、第四胃转移。

(三)食道沟及食道沟反射

食道沟始于贲门、延伸至网胃-瓣胃口，是食道的延续，收缩时成一中空管子(或沟)，使食物穿过瘤、网胃，直接进入瓣胃。哺乳期的犊牛食道沟可以通过吸吮乳汁而出现闭合，称食道沟反射，使乳汁直接进入瓣胃和真胃，以防止乳进入瘤胃、网胃而引起细菌发酵及消化道疾病。

(四)瘤胃发酵及嗳气

瘤胃、网胃中寄生着大量的细菌和原虫。这些微生物不断发酵着进入瘤胃中的饲料营养物质，产生挥发性脂肪酸及各种气体(CO_2、CH_4、H_2S、NH_3、CO等)。这些气体不断通过嗳气动作排出体外。当牛采食大量带露水的豆科牧草和富含淀粉的根茎类饲料时，瘤胃发酵作用急剧上升，所产气体来不及嗳出时，会出现“瘤胃臌气”，应及时采取机械放气和灌药止酵，否则会窒息死亡。

第二节 牛的饲料

一、常用饲料

(一)青绿饲料

(1)青绿饲料粗蛋白质含量丰富、消化率高、品质优良、生物学价值高。粗蛋白质含量一般占干物质的10%～20%，叶片中含量较茎秆中多，豆科比禾本科多。粗蛋白质消化率高，如苜蓿的粗蛋白质消化率高达76%，小麦秸秆仅为8%。青绿饲料的粗蛋白质品质较好，所含必需氨基酸较全面；赖氨酸、组氨酸含量较多，而蛋氨酸含量较少，对牛生长、生殖和泌乳都有良好的作用。因青绿饲料中所含氨基酸较全面，所以蛋白质的生物学价值较高，可达80%，而一般籽实饲料只有50%～60%。

(2)维生素含量丰富。青饲料中含有大量的胡萝卜素，每千克为50～80 mg，高于任何其他饲料，豆科青草中的胡萝卜素、B族维生素等含量高于禾本科，秋草维生素含量不如春草高。此外，青饲料还含有丰富的硫胺素、核黄素、烟酸等B族维生素，以及较多的维生素C、维生素E、维生素K等。

(3)各种青绿饲料的钙、磷含量差异较大。按干物质计，青饲料的钙含量0.2%～2.0%，磷0.2%～0.5%。豆科植物的钙含量特别多，青饲料中钙、磷多集中在叶片内,它们占干物质的百分比随着植物的成熟程度而下降。

(4)无氮浸出物含量较多,粗纤维较少。青草的粗纤维含量约占干物质的30%,无氮浸出物含量为40%~50%。良好的牧草中有机物消化率为75%~85%。适口性好,有刺激牛消化腺分泌的作用,因而易被牛消化吸收。青绿饲料可视为奶牛的保健饲料。

(二)粗饲料

粗饲料是粗纤维含量高(平均超过20%)、体积大,营养价值较低的一类饲料。这类饲料来源极广,它包括干草和秸秆秕壳两大类。

1. 秸秆

秸秆是指农作物的茎秆及皮壳,如麦草、稻草、玉米秸、豆秸、豆壳、麦壳等。

秸秆的营养特点:①粗纤维含量高,含量为25%~30%,无氮浸出物难消化,消化率豆秸为36%,稻草为48%,花生壳为12%;②蛋白质含量低,且很难消化,禾本科秸秆、秕壳为3%~5%,大豆秸为21%,稻草为16%;③钙、磷含量低,干甘薯蔓含钙量2%以上,豆科秸秆含钙量1.5%左右,禾本科秸秆0.2%~0.4%,各种秸秆含磷量多为0.1%以下。

秸秆粗纤维含量高,且难于消化,营养价值低,含钾量较多,属碱性饲料,是牛很重要的基础性饲料。为提高秸秆类饲料的利用价值,应做好贮藏和加工调制工作。

2. 青干草

青干草是指经收割、干燥和贮存含85%~90%干物质的禾本科、豆科牧草及谷类作物。优质干草呈绿色、多叶、柔韧、适口性好,粗蛋白质、胡萝卜素、维生素D、维生素E及矿物质较丰富。豆科青干草粗蛋白质含量高达14%~21%,禾本科为8%~11%。各类干草的淀粉价在31.0%~42.6%之间,消化能约9 623 kJ/kg。

青干草对牛有着重要的营养功能,犊牛早期喂干草能促进瘤胃发育并防止贫血;高产奶牛缺乏干草时,酮病与真胃变位的发病率增加,同时乳脂率下降。青干草不同时期营养价值有明显差异。初夏时蛋白质的生物学价值为70%~80%,秋季为60%~65%。青草期营养价值比枯草期高3~6倍,胡萝卜素高15~200倍。不同阶段刈割的青草消化率有很大差异,孕穗到籽实成熟期各种营养物质的消化率都逐渐下降。

(三)青贮饲料

青贮饲料是牛的理想饲料,已成为日粮中不可缺少的部分,在生产中常用的青贮饲料有玉米秸青贮和全株玉米青贮等。

(四)糟渣类饲料

1.豆腐渣

新鲜豆腐渣含水分80%以上,含粗蛋白质3.4%左右,是喂牛的好饲料。由于豆腐渣含水多,容易酸败,饲喂过量易使牛拉稀,而且维生素也较缺乏。因此,最好煮熟再饲喂,并搭配其他饲料。

2.甜菜渣

它是制糖业的副产品。含水分多,营养价值低,但适口性好,是牛的调剂性饲料。用甜菜渣喂奶牛时,喂量不宜过大,以免影响牛奶品质。甜菜渣含有大量游离的有机酸,饲喂过量易使牛拉稀。喂量根据牛的粪便变化情况灵活掌握。

3.酒糟、醋糟、酱油糟

这类饲料粗蛋白质含量相当丰富,占干物质的1/4左右,蛋白质经过发酵能增加细菌蛋白而提高其生物学价值。无氮浸出物含量较低,为干物质的1/3左右。B族维生素的含量没有糠麸多,但含有维生素B_{12}及少量有利于动物生长的未知因素。粗纤维含量高,体积大。酒糟是育肥牛的好饲料,因酒糟含有一些残留酒精,喂量不宜大,否则会引起牛流产或产死胎、弱胎。酱油糟的营养价值较高,但盐分过多,也不宜多喂。

(五)多汁类饲料

1.甜菜

它是奶牛的优良多汁饲料,根据甜菜中干物质含量的不同,可分为饲用甜菜和糖用甜菜两种。饲用甜菜中干物质含量较少,一般只有12%左右,总营养价值不高。糖用甜菜中干物质含量较多,而且富含糖分。甜菜叶中含有大量草酸,不利于饲料中钙的消化吸收,所以需在每100 kg鲜叶中补加125 g磷酸钙,以中和草酸。最好与其他饲草饲料混喂,以防腹泻。

2.胡萝卜

胡萝卜含有较多的糖分和大量的胡萝卜素(每千克含100~200 mg),适口性强,具有调养作用,是维生素的最好来源,对生长和泌乳都具有良好的作用。胡萝卜必须洗净后再喂,以生喂为宜。

3.甘薯

甘薯中干物质含量约30%,主要为淀粉和糖,营养价值较高。红色或黄色的甘薯含有大量胡萝卜素(每千克含60~120 mg),缺乏磷和钙。甘薯味甜美,适口性好,容易消化。禁用黑斑病甘薯喂牛,以防中毒。可将甘薯蔓铡短直接饲喂,喂量根据粪便变化情况进行调整;也可调成青贮饲料,冬春季饲用。

(六)蛋白质饲料

干物质中粗纤维含量在18%以下,粗蛋白质含量为20%以上的饲料。牛禁用动物性饲料,主要是植物性蛋白质饲料、单细胞蛋白质饲料和非蛋白质饲料。

(七)能量饲料

指干物质中粗纤维含量在18%以下,粗蛋白质含量为20%以下的饲料,是牛能量的主要来源。主要包括谷实类及其加工副产品(糠麸类)、块根、块茎类及其他。

二、牛的特种饲料及添加剂

(一)非蛋白氮饲料

牛瘤胃中的微生物可利用非蛋白氮(尿素、缩二脲、铵盐等)合成微生物蛋白,被消化利用。为降低尿素在瘤胃的分解速度,改善尿素氮转化为微生物氮的效率,防止牛尿素中毒,研制出了许多新型非蛋白氮饲料,如糊化淀粉尿素、异丁基二脲、磷酸脲、羟甲基尿素等。

使用尿素时应注意:

(1)尿素的用量应逐渐增加,应有2周以上的适应期。

(2)只能在6月龄以上的牛日粮中使用尿素。奶牛在产乳初期用量应受限制。

(3)尿素不宜单喂,应与其他精料搭配使用。也可调制成尿素溶液喷洒或浸泡粗饲料,或调制成尿素青贮料,或制成尿素颗粒料、尿素精料砖等。

(4)不可与生大豆或含尿酶高的大豆粕同时使用。

(5)尿素应与谷物或青贮料混喂。禁止将尿素溶于水中饮用,喂尿素1 h后再给牛饮水。

(6)尿素的用量一般不超过日粮干物质的1%,或每100 kg体重15~20 g。

(二)油脂

油脂的作用是提供能量,供应必需脂肪酸,促进脂溶性维生素的溶解、吸收。在牛的日粮中添加植物油可使乳脂中共轭亚油酸含量大量增加,如葵花籽油、豆油、玉米油、亚麻籽油、花生油和双低菜籽油等,但高油玉米和青贮秸秆对乳脂中共轭亚油酸含量影响很小。饲喂完整籽实对乳脂中共轭亚油酸含量没有作用,若对全脂籽实进行适当加工(如破碎、烘烤和挤压等),可提高乳脂中共轭亚油酸含量。

(三)微量元素添加剂

牛常需要补充的微量元素有7种,即铁、铜、锰、锌、碘、硒、钴。目前我国常用的微量元素添加剂主要是无机盐类。微量元素氨基酸螯合物稳定性好,具有较高的生物学效价及特殊的生理功能。微量元素氨基酸螯合物能使被毛光亮，并且能治疗肺炎、腹泻。蛋氨酸锌在瘤胃中具有抗降解作用，锌的吸收率同氧化锌。通过尿排泄，在血液中浓度维持时间较长。8个泌乳牛试验研究表明，日粮中添加蛋氨酸锌每天每头产奶量提高1.55 kg，牛奶中体细胞数下降32.1%。中国黄牛的日粮中每天添加500 mg蛋氨酸锌，增重比对照组提高20.7%。另有报道，添加蛋氨酸锌可减少奶牛腐蹄病的发生。

(四)缓冲剂

1.碳酸氢钠

碳酸氢钠主要作用是调节瘤胃酸碱度，增进食欲，提高牛对饲料消化率以满足生产需要，改善乳的品质，提高产奶量。碳酸氢钠添加量占精料混合料的1.5%。添加时可采用每周逐渐增加(0.5%、1%、1.5%)喂量的方法，以免造成初期突然添加使采食量下降。

2.氧化镁

氧化镁的主要作用是维持瘤胃适宜的酸度，增强食欲，增加日粮干物质采食量，有利于粗纤维和糖类消化。氧化镁还能增加奶及血液中含镁量，有助于乳腺吸收大分子脂肪酸，进而增加乳脂，提高乳脂率。用量一般占精料混合料的0.75%～1%或占整个日粮干物质的0.3%～0.5%。碳酸氢钠与氧化镁二者同时使用效果更好，合用比例以(2～3)∶1较好。

3.乙酸钠

乙酸钠的主要作用是在牛体内分解成乙酸根与钠离子，为乳脂合成提供脂肪前体。它还能起缓冲作用，在抑制脂肪酶的同时激活脂肪酸，促进脂肪沉积，并从脂肪库中动员未脂化的脂肪酸供乳腺利用。钠离子可以促进畜体内电解质和酸碱平衡，激活肝脏、肾脏和肠黏膜，并经细胞传递营养。用量为每千克体重饲喂0.5 g，一般产奶牛每天每头300～500 g即可。均匀混合于饲料中饲喂。目前在奶牛生产中双乙酸钠的应用比乙酸钠更普遍，可调节奶牛瘤胃pH值，促使胃蛋白酶原转化为胃蛋白酶，有利于饲料中营养物质的消化吸收；并且还直接参与体内的生化代谢，促进机体的新陈代谢。通常添加量为40～100 g/(头·d)。

(五)饲料药物添加剂

1.莫能菌素钠

又称瘤胃素，瘤胃素的用量，肉牛每千克日粮30 mg或每千克精料混合料40～60 mg。近年来，国内外对莫能菌素钠在奶牛中的应用进行了研究，结果表明，每千克日粮干物质中添加11～22 mg，可降低单位产奶量的饲料消耗，提高产奶效率。

2. 杆菌肽锌

牛每吨饲料 3 月龄以内添加 10～100 g,3～6 月龄 4～40 g。

3. 硫酸黏杆菌素

又称抗敌素。硫酸黏杆菌作为饲料添加剂用量为:每吨饲料不超过 20 g,停药期 7 d。

4. 黄霉素

又名黄磷脂霉素,为畜禽专用抗菌促生长药物。添加量肉牛 30～50 mg/(头·d)。

(六)益生素或直接饲喂微生物(BDFM)添加剂

目前用于生产益生素的菌种主要有乳酸杆菌属、粪链球菌属、芽孢杆菌属和酵母菌属等。牛则偏重于真菌、酵母类,并以曲霉菌效果较好。

(七)酵母培养物

综合国内外研究表明,在泌乳早期的荷斯坦奶牛日粮中,每天每头添加 60 g 酵母培养物,产奶量提高 0.9～1.77 kg/d,显著提高了乳脂和乳糖的含量。

(八)酶制剂

牛使用的酶制剂,目前主要是纤维素降解酶类和瘤胃粗酶制剂。

第三节 牛的饲养标准

一、中国奶牛饲养标准

我国第一版《奶牛饲养标准》1986 年由农业部批准颁布,第 3 版《奶牛营养需要和饲养标准》于 2004 年出版。具体内容参见《中华人民共和国农业行业标准 NY/T 34—2004 奶牛饲养标准》。

二、NRC 奶牛饲养标准

美国 NRC《乳牛营养需要》第 7 版(2001),反映了当今奶牛营养科学最新动态和成果,其中包括小型和大型的后备母牛饲养标准,泌乳牛饲养标准(早期、中期)和干奶牛饲养标准。具体内容参见《美国 NRC(2001)奶牛营养需要》。

三、肉牛饲养标准

参照国外的饲养标准,结合我国的饲养实验,制定出适合我国国情的肉牛饲养标准。肉牛饲养标准是肉牛群体的平均营养需要量,在实际日粮配合时必须根据具体情况(牛群体况、当地饲料来源、环境、设备等)及肉牛对营养物质的实际需求量进行调整。具体内容参见《中华人民共和国农业行业标准 NY/815—2004 肉牛饲养标准》。

第四节 日粮配制技术

一、计算机法

现在最先进的方法是利用计算机软件配合日粮,方法是将奶牛的体重、产奶量、乳脂率以及饲料的种类、营养成分、价格等输入计算机,计算机程序自动将日粮配合计算好,并打印出来。计算机设计饲料配方的方法原理主要有线性规划法、多目标规划法、参数规划法等,其中最常用的是线性规划法,可优化出最低成本饲料配方。配方软件主要包括两个管理系统:原料数据库和营养标准数据库管理系统、优化计算配方系统。现在常用的配方软件如北京资源开发的资源配方师系统、中国农业大学开发的金牧配方师系统等。

二、手工计算法

首先应了解牛的生产量和大致采食量,通过饲养标准确定每天营养成分的需要量,根据当地饲料资源确定饲料种类并查出饲料营养成分,进行合理搭配,配制全价日粮。

配方示例:为体重 550 kg,日产奶 30 kg,乳脂率是 3.5%的奶牛配制日粮。可用饲料为青贮玉米秸、羊草、玉米、麸皮、豆饼、棉籽饼、磷酸氢钙、石粉、食盐等。

(1)根据奶牛饲养标准和饲料营养成分,列出必要的营养需要(表 5-1)和饲料营养成分(表 5-2)。

表 5-1 营养需要量表

项 目	日粮干物质/kg	奶牛能量单位/NND	可消化粗蛋白质DCP/g	钙/g	磷/g
550 kg 体重维持需要	7.04	12.88	341	33	25
日产乳脂率 3.5%30 kg 奶需要	11.70	27.90	1 560	126	84
合 计	18.74	40.78	1 901	159	109

表 5-2　饲料营养成分含量(每千克饲料含量)

饲料	干物质/%	奶牛能量单位/NND	可消化粗蛋白质 DCP/g	钙/g	磷/g
青贮玉米秸	22.7	0.36	8	1.0	0.6
羊草	91.6	1.38	37	3.7	1.8
玉米	88.4	2.76	59	0.8	2.1
麸皮	88.6	1.91	109	1.8	7.8
豆饼	90.6	2.64	366	3.2	5.2
棉籽饼	89.6	2.34	263	2.7	8.1
磷酸氢钙	100			230	160
石粉	100			380	

(2)先确定奶牛粗饲料用量及食入的营养。粗饲料采食量占日粮干物质40%。粗饲料干物质每天为 7.5 kg(18.74×40%=7.5),因此确定每天饲喂青贮玉米秸 20 kg,羊草 3.5 kg,可获得营养物质如表 5-3 所示。

表 5-3　进食粗饲料的营养

饲料种类	数量/kg	干物质/kg	奶牛能量单位	可消化粗蛋白 DCP/g	钙/g	磷/g
青贮玉米秸	20	20×0.227 =4.54	20×0.36 =7.2	20×8 =160	20×1.0 =20	20×0.6 =12
羊草	3.5	3.5×0.916 =3.21	3.5×1.38 =4.83	3.5×37 =129.5	3.5×3.7 =12.95	3.5×1.8 =6.3
合计	23.5	7.75	12.03	289.5	32.95	18.3
与需要比尚缺		10.99	28.75	1 611.5	126.05	90.7

(3)初拟精料混合料配方(表 5-4)。初拟各原料用量(kg):玉米 5.5、麸皮 2.0、豆饼 2.0、棉籽饼 2.0、磷酸氢钙 0.2、石粉 0.1、食盐 0.1、预混料 0.1。

表 5-4 初拟奶牛混合料的营养

精料原料	数量/kg	干物质/kg	奶牛能量单位	可消化粗蛋白质/g	钙/g	磷/g
玉米	5.5	5.5×0.884 =4.86	5.5×2.76 =15.18	5.5×59 =324.5	5.5×0.8 =4.4	5.5×2.1=11.5
麸皮	2	2×0.886 =1.77	2×1.91 =3.82	2×109 =218	2×1.8 =3.6	2×7.8 =15.6
豆饼	2	2×0.906 =1.81	2×2.64 =5.28	2×366 =732	2×3.2 =6.4	2×5.2 =10.4
棉籽饼	2	2×0.896 =1.79	2×2.34 =4.68	2×263 =526	2×2.7 =5.4	2×8.1 =16.2
磷酸氢钙	0.2	0.2			0.2×230 =46	0.2×160 =32
石粉	0.1	0.1			0.1×380 =38	
食盐	0.1	0.1				
预混料	0.1	0.1				
总计	12	10.73	28.96	1 800.5	103.8	85.7
与需要量相比		−0.26	+0.21	+189	−22.25	−5

(4)由表 5-4 可知，与标准相比，能量已基本满足需要，而蛋白偏高。可用玉米代替豆饼，1 kg 玉米代替 1 kg 豆饼则蛋白质减少 307 g(366－59＝307)，需用0.62 kg的玉米代替等量的豆饼(189÷307≈0.62)。此时玉米的用量为 6.12(5.5＋0.62) kg，豆饼的用量改为 1.38(2－0.62) kg。

再看钙和磷，可知钙、磷都不足，由于干物质用量尚缺，所以可适当增加磷酸氢钙和石粉用量。先用磷酸氢钙补磷。

磷酸氢钙用量＝5/0.16(每克磷酸氢钙中含磷量)＝31.25(g)≈0.03(kg)

磷酸氢钙含钙量＝0.03×230＝6.9(g)，尚缺钙量＝22.25－6.9＝15.35(g)用石粉补充。

石粉用量＝15.35/0.38(每克石粉含钙量)＝40.39(g)≈0.04 (kg)

因此磷酸氢钙终用量为0.2＋0.03＝0.23(kg)，石粉终用量为0.1＋0.04＝0.14(kg)。

最后精料混合料用量为玉米6.12 kg、麸皮2 kg、豆饼1.38 kg、棉籽饼2 kg、磷酸氢钙0.23 kg、石粉0.14 kg、食盐0.1 kg、预混料0.1 kg，共计12.07 kg。

(5)体重550 kg，日产奶30 kg，乳脂率3.5%的奶牛日粮组成：羊草3.5 kg、玉米青贮20 kg、混合精料12.07 kg。

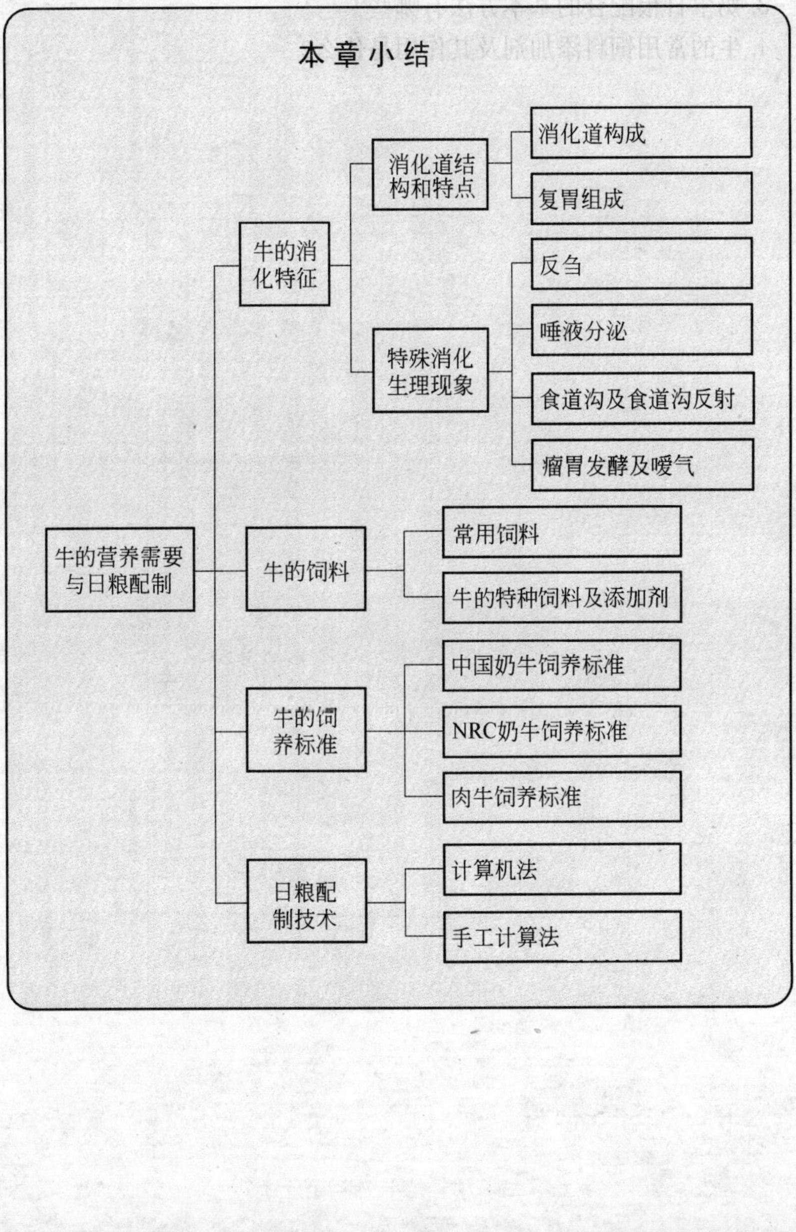

本章小结

- 牛的营养需要与日粮配制
  - 牛的消化特征
    - 消化道结构和特点
      - 消化道构成
      - 复胃组成
    - 特殊消化生理现象
      - 反刍
      - 唾液分泌
      - 食道沟及食道沟反射
      - 瘤胃发酵及嗳气
  - 牛的饲料
    - 常用饲料
    - 牛的特种饲料及添加剂
  - 牛的饲养标准
    - 中国奶牛饲养标准
    - NRC奶牛饲养标准
    - 肉牛饲养标准
  - 日粮配制技术
    - 计算机法
    - 手工计算法

复习思考题

1. 名词解释

NND　RND　瘤胃发酵　食道沟反射　反刍　青贮饲料

2. 犊牛的食道沟反射有什么重要的意义？

3. 奶牛日粮配合的基本方法有哪些？

4. 牛的常用饲料添加剂及其作用是什么？

第六章　奶牛生产技术

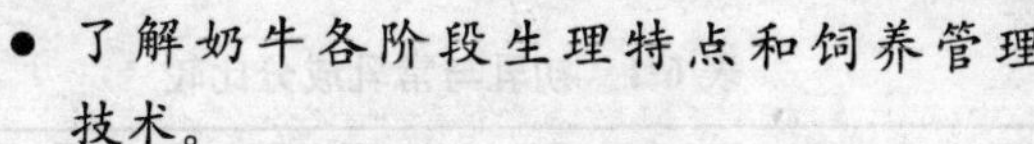

知识目标

- 了解奶牛各阶段生理特点和饲养管理技术。
- 熟悉 TMR 饲喂技术和 DHI 测定体系，掌握挤奶的方法和技巧。
- 熟悉奶牛场生产定额管理、生产管理计划编制的方法和步骤。

技能目标

- 学会奶牛各阶段的饲养管理技术和挤奶技术。
- 学会奶牛生产计划的编制。
- 学会奶牛生产技术工作管理规程的制定。

第一节　后备牛培育

一、犊牛的饲养管理

(一)新生犊牛的护理

1. 清除黏液

犊牛出生后，首先要做的工作是清除口鼻中的黏液，以免影响呼吸。当犊牛已经吸入了黏液，护理人员应将犊牛倒吊起来拍打其胸部，使之吐出黏液。其次是用干净毛巾或清洁干草擦净犊牛体表部位的黏液，以免犊牛受凉，尤其是气温较低时。

2. 正确断脐

一般情况下，在擦净犊牛体躯后，犊牛会自行锉断脐带，如果不能够自行锉断时，可以人工剪断脐带。办法是在距犊牛腹部 10～12 cm 处握紧脐带，手指用力揉搓脐带并挤出脐带中的血液，然后用消毒剪刀剪断脐带，用 5%碘酊浸泡脐带断口消毒，不必包扎。一般情况下，脐带在 1 周左右干燥而脱落。

3. 及早哺足初乳

初乳是母牛产犊后 5～7 d 所产的乳，其中干物质含量，特别是免疫球蛋白、维生素 A 和矿物质含量等均比常乳高。见表 6-1

表 6-1 初乳与常乳成分比较

种类	水分/%	蛋白质/%	白蛋白及球蛋白/%	脂肪/%	乳糖/%	灰分/%	维生素 A/(μg/100 mL)	酸度	相对密度
初乳	63.6	17.8	11.3	5.1	2.19	1.01	319	48.4	1.067
常乳	87.3	3.3	0.7	3.5	4.96	0.84	25	20.0	1.032

初乳具有特殊的生物学特性，是新生犊牛不可缺少的营养品。其特殊作用表现为：

(1)初生犊牛由于胃肠空虚，第四胃及肠壁黏膜不很发达，对细菌的抵抗力很弱。而初乳的特殊功能是能代替肠壁上黏膜的作用。初乳覆在胃肠壁上，可阻止细菌侵入血液中，提高对疾病的抵抗力。

(2)初乳中含有溶菌酶和抗体蛋白质，能杀灭多种病菌。如，γ-球蛋白可以抑制某些病菌的活动。

(3)初乳的酸度较高(45～50°T)，可使胃液变成酸性，能抑制有害细菌的繁殖。

(4)可以促进真胃分泌大量消化酶，使胃肠机能尽早形成。

(5)初乳中含有较多的镁盐，有轻泻作用，能排除胎粪。

这些优势有利于犊牛生后迅速获得各种养分和建立免疫体系，有利于犊牛适应其生后环境，但随着时间的推移与泌乳时间的增加，其免疫球蛋白、维生素 A 含量急剧减少，初乳中的免疫球蛋白被小肠壁吸收的能力随着时间的推移而逐渐减少，生后 36 h 犊牛几乎丧失了这种吸收能力。

因此，犊牛出生后要及早让其吃上初乳，最好是在犊牛出生后 0.5～1 h 哺足初乳，第一次喂量可达 2 kg。一般为 0.75～1.5 kg。之后，可按体重的 1/8～1/6 哺喂。每天分 3 次喂给，每次间隔基本相等。与此同时，注意奶温应控制在 36～38℃，温度低时可以放在热水锅内隔水加热。

(二)哺乳期犊牛的饲养管理

1. 犊牛的饲养

犊牛饲养中最主要的问题是哺育方法和断奶。采用什么样的方法对犊牛进行哺育，何时断奶，怎样断奶是犊牛饲养的核心。

(1)人工哺乳　犊牛出生后 5～7 d 饲喂初乳，初乳期后饲喂常乳，常乳的哺育一般有两种方法：自然哺乳和人工哺乳。乳用犊牛一般采用人工哺乳方法。人工哺乳既可人为地控制犊牛的哺乳量，又可较精确地记录母牛的产奶量，同时可避免母子之间传染病的相互传播。目前，乳用犊牛的人工哺乳方法常采用全乳限量哺育法。一般情况下，初乳期为 5～7 d，饲喂初乳，日喂量为体重的 8%～10%，日喂 3 次。初乳期过后，转为常乳饲喂，日喂量为犊牛体重的 10%左右，日喂 2 次。目前，大多哺乳期为 2 个月左右，哺乳量约 300 kg。比较先进的奶牛场，哺乳期为 45～60 d，哺乳量为 200～250 kg。初乳期过后开始训练犊牛采食固体饲料，根据采食情况逐渐降低犊牛哺乳量，当犊牛精饲料的采食量达到 1～1.5 kg 时即可断奶。

哺喂犊牛时，应注意定时、定量、定温。奶温应在 38～40℃，喂奶速度一定要慢，每次喂奶时间应在 1 min 以上，最好采用带奶嘴的奶桶喂奶，以避免部分乳汁流入瘤网胃，引起消化不良。

(2)独栏圈养　犊牛出生后应及时放入保育栏内，每牛一栏隔离管理，15 日龄出产房后转入犊牛舍犊牛栏中集中管理。户外犊牛栏由轻质板材组装而成，可随意拆装移动。每头犊牛单独一栏，栏与栏之间相隔一定的距离。

(3)植物性饲料的饲喂　犊牛出生后 1 周即可训练采食干草，生后 10 d 左右训练采食精料。训练犊牛采食精饲料时，可用大麦、豆饼等精料磨成细粉，并加入少量鱼粉、骨粉和食盐拌匀。每天 15～25 g，用开水冲成糊粥，混入牛奶中饮喂或抹在犊牛口腔处，教其采食，几天后即可将精料拌成半湿状，放在奶桶内或饲槽里让犊牛自由舔食。少喂多餐，做到卫生、新鲜，喂量逐渐增加，至 1 月龄时每天可采食 1 kg 左右甚至更多。刚开始训练犊牛吃干草时，可在犊牛栏的草架上添加一些优质柔软的干草让犊牛自由舔食，为了让犊牛尽快习惯采食干草，也可在干草上洒些盐水。喂量逐渐增加，但在犊牛没能采食1 kg混合精料以前，干草喂量应适当控制，以免影响混合精料的采食。青贮饲料由于酸度过大，过早饲喂青贮饲料将影响瘤胃微生物区系的正常建立。

同时，青贮饲料蛋白含量低，水分含量较高，过早饲喂也会影响犊牛营养的摄入。所以，犊牛一般从4月龄开始训练采食青贮饲料，但在1岁以内青贮料的喂量不能超过日粮干物质的1/3。

在早期训练采食植物性饲料的情况下，6～8周龄的犊牛前胃发育已达到相当程度，见表6-2，这时即可断奶。为了使犊牛能够适应断奶后的饲养条件，断奶前2周应逐渐增加精、粗饲料的喂量，减少奶量的饲喂。每天喂奶次数可由3次改为2次，而后再改为1次。在临断奶时，还可喂给掺水牛奶，先按1∶1喂给掺温水的牛奶，以后逐渐增加掺水量，最后全部用温水来代替牛奶。

表6-2 不同饲料类型对瘤胃发育（瘤网胃容积）的影响 L

日龄	7	14	21	30	60	90	120
低奶量＋植物性饲料				0.5			
全奶				—			

（4）早期断奶 传统乳用犊牛的培育具有哺乳期长、鲜奶用量大、瘤胃发育晚等缺点。为了解决上述问题，根据犊牛消化系统发育的规律，发明了早期断奶方法，即人为缩短犊牛的哺乳期，减少哺乳量，既降低了犊牛的培育成本，又使犊牛的消化系统尽早得到锻炼，提高了犊牛的培育质量，为以后高生产性能的发挥打下基础，其哺乳时间和哺乳量视奶牛场犊牛的饲养管理水平和早期断奶犊牛饲料条件而定。

目前，国外犊牛早期断奶的哺乳期大多控制在3～6周，以4周居多，也有喂完初乳就进行断奶的报道。英国、美国一般主张哺乳期为4周，日本多为5～6周，哺乳量控制在100 kg以内。犊牛早期断奶成败的关键之一就是代乳品和开食料的配制技术。

代乳品：代乳品是模拟牛奶的特性所制作的商品饲料，用水冲调后可代替部分或全部鲜奶饲喂犊牛，所以又称人工奶粉。代乳品在日本也称为人工乳，代乳品是一种以乳业副产品（如脱脂乳、乳清蛋白浓缩物、干乳清等）为主的粉末状商品饲料。代乳品的蛋白质含量一般要求达20%以上，脂肪应至少达到10%～12%（一般商品代乳品中脂肪含量达18%～20%），碳水化合物主要为乳糖、葡萄糖和右旋糖，粗纤维含量应低于0.25%。此外，代乳品中还应含有一定量的矿物质、维生素以及抗生素，以促进犊牛的生长，提高饲料转化效率。如果犊牛体质弱，则应先使用全奶，然后视犊牛健康状况逐渐用代乳品取代全奶。表6-3为几种商品代乳品的原料配方。

表 6-3　几种商品代乳品的原料配方　%

配方	卡必塔尔	基普	晶石	登科维蒂
脱脂乳粉	78.5	72.5	78.37	75.4
动物性脂肪	20.2	13.0	19.98	10.4
植物性脂肪	—	2.2	0.02	5.5
大豆磷脂	1.0	1.8	1.0	0.3
葡萄糖	—	—	—	2.5
乳糖	—	9	—	—
谷类产品	—	—	0.23	5.4
维生素、矿物质	0.3	1.5	0.4	0.5

开食料：犊牛开食料是根据犊牛消化道及其酶类的发育规律所配制的，能够满足犊牛营养需要，适用于犊牛早期断奶所使用的一种特殊饲料。其特点是营养丰富，易消化，适口性好。它的作用是促使犊牛由以吃奶或代乳品为主向完全采食植物性饲料过渡。开食料中富含维生素及微量元素、矿物质等。此外，开食料一般也含有抗生素如新霉素，驱虫药如拉沙里菌素、莫能菌素以及益生素等。通常，开食料中的谷物成分是经过碾压粗加工形成的粗糙颗粒，以利于促进瘤胃蠕动，还可在开食料中加入5%左右的糖蜜，以改善适口性。见表6-4和表6-5。

表 6-4　犊牛开食料营养指标

营养成分	指标与含量	营养成分	指标与含量
粗蛋白	16%	钙	0.6%
产奶净能	7.6MJ/kg	磷	0.42%
粗脂肪	2%	维生素 A	2 200 IU/kg
		维生素 D	300 IU/kg

早期断奶方法：早期断奶根据不同的情况有不同的方法，主要的不同是哺乳期的长短和哺乳量的多少，根据目前我国奶牛生产水平，采用2个月哺乳期，总哺乳量为255～293 kg的方法较为现实。其具体方法可参照表6-6。青贮、块根饲料、优质干草可任意采食。

表 6-5 不同国家和地区的代乳料配方示例

原料	日本	美国 伊俄诺大学	美国 庆俄华大学	澳大利亚 （自制）	黑龙江粮油公司 1	 2
豆饼	20～30	23	17	20	29	20
亚麻饼/%			15		10	10
玉米/%	40	40	16.5	48	30	25
高粱/%						10
燕麦/%	5～10	25	20	20	20	
小麦麸/%			10		10	10
鱼粉/%	5～10		10	8	10	
糖蜜/%	4	8	5	3		10
苜蓿草粉/%	3		5			5
油脂/%	5～10					
维生素 A/（万 IU/kg）	0.5	0.5	0.5	0.5	0.5	0.5
矿物质/%	2～3	4	1.5	1	3	5

表 6-6 早期断奶实施方案 kg

日龄	喂奶量			喂料量	
	日喂量	日喂次数	总量	日喂量	总量
1～7	4～6	3	28	0	0
8～15	5～6	3	40～48	0.2～0.3	1.42～2.1
16～30	6～5	3	90～75	0.4～0.5	3.2～4.0
31～45	5～4	2	75～60	0.6～0.8	9～12
46～60	4～2	1	60～30	0.9～1.0	13.5～15.0
合计			293～355		27.1～33.1

犊牛从 4～7 日龄开始调教采食开食料和干草，常用的方法有：①在开食料中掺入糖蜜或其他适口性好的饲料；②可将开食料拌湿涂抹其嘴，或置少量开食料于奶桶底部，当犊牛舔食奶桶底部时，即可食入。不管采用何种方法，都应少喂勤添，以保持饲料新鲜；限制犊牛喂奶量，每天喂奶量以不超过其体重的 10%为限。

在哺乳期间供给犊牛充足清洁、新鲜的饮水，45 日龄前每天给饮 30℃水 1～2 L，气候炎热时饮水量加大。饮水对犊牛开食料的采食量影响很大，当犊牛饮水不足或不给犊牛饮水时，开食料的采食量不及正常的饮水的 1/3，日增重减少 41%。

当犊牛连续 3 d 采食 1.0～1.5 kg 开食料时即可断奶。在此之前要适当控制干草的喂量，以免影响开食料的采食量，但要保证日粮中所含的中性洗涤纤维不低于 25%。

缩短哺乳期,减少哺乳量的犊牛,虽然头3个月体重增长较慢,但只要精心饲养,在断奶前调整好采食精料的能力,并在断奶后注意精料和青粗饲料的数量和品质,犊牛在早期受阻的体重在后期可得到补偿,不影响后备牛的配种月龄、繁殖以及投产后的产奶性能。

2. 犊牛的管理

(1)编号、称重、记录 犊牛出生后应称出生重,对犊牛进行编号,对其毛色花片、外貌特征(可对犊牛进行拍照)、出生日期、谱系等情况作详细记录,以便于管理和以后在育种工作中使用。

在奶牛生产中,通常按出生年度序号进行编号,既便于识别,同时又能区分牛只年龄。序号一般于每年元月1日,从001号(0位数的设置可根据牛群规模而定)开始编,在序号之前,冠以年度号。例如,2003年出生的第一头犊牛,即可编号为03001号。

标记的方法有画花片、剪耳号、打耳标、烙号、剪毛及书写等数种,其中塑料耳标法是用不褪色的色笔将牛号写在塑料耳标上,然后用专用的耳标钳将其固定在牛耳朵的中央,标记清晰,目前国内广泛采用。

(2)卫生 犊牛的培育是一项比较细致而又十分重要的工作,与犊牛的生长发育、发病和死亡关系极大。对犊牛的环境、牛舍、牛体以及用具卫生等均有比较严格的管理措施,以确保犊牛的健康生长。

牛栏及牛床均要保持清洁干燥,铺上垫草,做到勤打扫、勤更换垫草。牛栏地面、木栏、墙壁等都应保持清洁、定期消毒。舍内要有适当的通风装置,保持舍内阳光充足,通风良好,空气新鲜,冬暖夏凉。禁忌将犊牛放入阴、冷、湿、脏和忽冷、忽热的牛舍饲养。

饲料要少喂勤添,保证饲料新鲜、卫生。每次喂奶完毕,用干净毛巾将犊牛口、鼻周围残留的乳汁擦干,并继续在颈枷上挟住约15 min后再放开,以防止犊牛之间相互吮吸,造成“舐癖”。“舔癖”的危害很大,常使被舔的犊牛造成脐炎、乳头炎或睾丸炎,以致丧失其种用价值或降低生产性能。同时,有这种舔癖的犊牛,容易舔吃牛毛,久之在瘤胃中形成许多扁圆形的毛球,这些大小不一的毛球往往堵塞食道、贲门或幽门而致犊牛死亡。

喂奶用具(如奶壶和奶桶)每次使用后都要严格进行清洗消毒,程序为冷水冲洗→碱性洗涤剂擦洗→温水漂洗干净→晾干→使用前用85℃以上热水或蒸汽消毒。

(3)保健护理 平时注意观察犊牛,及早发现有异常的犊牛,及时进行适当的处理,提高犊牛的育成率。观察的内容包括:①观察每头犊牛的被毛和眼神;②每天2次观察犊牛的食欲及粪便情况;③检查有无体内、外寄生虫;④注意是否有咳嗽或气喘；⑤留意犊牛体温变化，正常犊牛的体温为38.5～39.2℃，当体温高达40.5℃以上即属异常；⑥检查干草、水、盐以及添加剂的供应情况；⑦检查饲料是否清洁卫生；⑧通过体重测定和体尺测量检查犊牛生长发育情况；⑨发现病犊应及时进行隔离，并要求每天观察4次以上。

犊牛发生轻微下痢，应减少喂乳量，乳中加1～2倍水，可采用$NaHCO_3$∶NaCl∶KCl∶$MgSO_4$＝1∶2∶6∶2的方法治疗。下痢重时，应暂停喂乳1～2次，可喂饮温开水，并口服乳酶生2 g或酵母片5 g。如发生轻度肺炎，可采用每千克体重肌肉注射青霉素1.3万～1.4万IU、链霉素3万～3.5万IU，每天两次治疗。如较严重可采用每千克体重静脉注射磺胺二甲基嘧啶70 mg，维生素C 10 mg，维生素B_1 30～50 mg，5%生理盐水500～1 500 mL，每天2～3次治疗。犊牛下痢和肺炎，对犊牛威胁很大，要认真预防和治疗。

(4)饮水　牛奶中虽含有较多的水分，但犊牛每天饮奶量有限，从奶中获得的水分不能满足正常代谢的需要。从1周龄开始，可用加有适量牛奶的35～37℃温开水诱其饮水，10～15日龄后可直接饮常温开水。1个月后由于采食植物性饲料量增加，饮水量越来越多，这时可在运动场内设置饮水池，任其自由饮用，但水温不宜低于15℃。冬季应喂给30℃左右的温水。

(5)运动　犊牛出生1周后，根据天气状况在运动场做短时间(0.5～1 h)自由活动，以后逐渐延长运动时间，至1月龄后可增至2～3 h。犊牛充足的运动，对促进生长发育、提高新陈代谢、改善血液循环及肺部发育、促使胃肠容积增大，均有良好的作用。据报道，犊牛在阳光照射下，钙的同化作用比不照射的提高20%。

(6)刷拭　刷拭不仅能保持牛体清洁，促进血液循环，又可调教犊牛。因此，每天刷拭1～2次。刷拭时要用软刷，手法要轻，使牛有舒适感。对头部刷拭尽量不要用铁刷乱挠头顶和额部，否则从小养成顶撞人的坏习惯。顶撞人恶癖一经养成很难矫正。

(7)去角　犊牛去角便于成年后管理，减少牛体相互受到伤害。初生后10 d以内去角可以降低对食欲和生长的影响。常用的去角方法有固体苛性钠法和电动去角。

固体苛性钠法：先剪去角基部周围的被毛，在角基部周围涂上一圈凡士林油，然后用氢氧化钠或氢氧化钾棒涂擦犊牛角的基部直至皮肤有微量血丝渗出为止。约15 d后该处便结痂不再长角。利用此法去角，原料来源容易，易于操作，但在操作时要防止操作者被烧伤。此外，还要防止苛性钠流到犊牛眼睛和面部。

电动去角：电动去角是利用高温破坏角基细胞，达到不再长角的目的。先将电动去角器通电升温至480～540℃，然后用充分加热的去角器处理角基，每个角基根部处理5～10 s，适用于3～5周龄的犊牛。

去角后的犊牛要隔离牛群饲养，防止互相舔食。夏秋季节注意发炎、化脓，采取消炎措施。如果去角失败，应及时补去角。

(8)剪除副乳头　乳房上有副乳头对清洗乳房不利，也是发生乳房炎的原因之一。犊牛在哺乳期内应剪除副乳头，适宜的时间是2～6周龄。剪除方法是先将乳房周围部位洗净和消毒，将副乳头轻轻拉向下方，用锐利的消毒剪刀从乳房基部将其剪下，剪除后在伤口上涂以少量消炎药。如果在有蚊蝇的季节，可涂以驱蝇剂。剪除副乳头时，切勿剪错。如果乳头过小，一时还辨认不清，可等到母犊牛年龄较大时再剪除。

(三)断奶期犊牛的饲养管理

在具有良好的饲料条件和精细规范的饲养管理下，一般犊牛在6～8周龄，每天采食相当于其体重1%的犊牛料(1 000～1 500 g)时即可进行断奶，但对于体格过小或体弱的犊牛应适当延期断奶。犊牛断奶后继续饲喂断奶前的犊牛料，质量保持不变。当犊牛每天能采食1.5～1.8 kg犊牛料时(3～4月龄)，可改为育成牛料。一般犊牛断奶后有1～2周日增重较低，且毛色缺乏光泽、消瘦、腹部明显下垂，甚至有些犊牛行动迟缓、不活泼，这是犊牛的前胃机能和微生物区系正在建立、尚未发育完善的缘故。随着犊牛料采食量的增加，上述现象很快就会消失，犊牛日增重可达650 g以上。

犊牛断奶后进行小群饲养，将年龄和体重相近的牛分为一群，每群10～15头。此期也是犊牛消化器官发育速度最快的阶段。据研究，奶牛消化器官的发育主要在4～6月龄以前，以后变化不大。因此，要考虑瘤胃容积的发育，保证日粮中所含的中性洗涤纤维不低于30%，饲养上还要酌情供给优质干草或禾本科与豆科混合干草。同时，日粮中应含有足够的精饲料，一方面满足犊牛的能量需要；另一方面也为犊牛提供瘤胃上皮组织发育所需的乙酸和丁酸。并且日粮要求含有较高比例的蛋白质，长时间蛋白不足，将导致后备牛体格矮小，生产性能降低。日粮一般可按优质干草1.4～1.8 kg进行配制。此阶段的日增重一般要求达到760 g左右。

二、育成牛的饲养管理

(一)育成母牛的饲养

1.7～15月龄牛的饲养

7～15月龄饲养的主要目的，是通过合理的饲养使其按时达到理想的体型、体重标准和性成熟，按时配种受胎，并为其一生的高产打下良好基础。

此期育成牛的瘤胃机能已相当完善，可让育成牛自由采食优质粗饲料如牧草、干草、青贮等，全株玉米青贮由于含有较高能量，要限量饲喂，以防过量采食导致肥胖。精料一般根据粗料的质量进行酌情补充，若为优质粗料，精料的喂量仅需 0.5～1.5 kg 即可；如果粗料质量一般，精料的喂量则需 1.5～2.5 kg，并根据粗料质量确定精料的蛋白质和能量含量，使育成牛的平均日增重达 700～800 g，14～16 月龄体重达 360～380 kg 进行配种。

由于此阶段育成牛生长迅速，抵抗力强，发病率低，容易管理，在生产实践中，有些生产单位往往疏忽这个时期育成牛的饲养，导致育成牛生长发育受阻，体躯狭浅，四肢细高，延迟发情和配种，导致成年时泌乳遗传潜力得不到充分发挥，给生产造成巨大的经济损失。

2. 配种至产犊前育成牛的饲养

育成牛配种后，一般仍按配种前日粮进行饲养。当育成牛怀孕至分娩前 3 个月，由于胚胎的迅速发育以及育成牛自身的生长，需要额外增加 0.5～1.0 kg 的精料，具体日粮配方见表 6-7。如果在这一阶段营养不足，将影响育成牛的体格以及胚胎的发育。但营养过于丰富，将导致过肥，引起难产、产后综合症等。

表 6-7　育成母牛日粮组成 kg

妊娠月	体重	精料量	干草	青贮
4～5	402～426	2.5	2.5	15～17
6～7	450～537	3.0～4.5	3.0～5.5	11～6

在产前 20～30 d，要求将妊娠青年牛移至一个清洁、干燥的环境饲养，以防疾病和乳房炎。此阶段可以用逐渐增加精料喂量，以适应产后高精料的日粮。但食盐和矿物质的喂量应进行控制，以防乳房水肿，并注意在产前两周降低日粮含钙量，以防产后瘫痪。有条件时可饲喂围产期日粮，玉米青贮和苜蓿也要限量饲喂。

(二)育成母牛的管理

1. 分群

按性别和年龄组群，每群 40～50 头。将年龄及体格大小相近的牛编在一起，最好是月龄差异不超过 1.5～2 个月，活重差异不超过 25～30 kg。

2. 运动和刷拭

在育成期饲养管理中，每天都要刷拭牛体。通过刷拭可以保持牛体清洁，促进血液循环,还可起到调教牛的作用,培养其温驯的性情。因此,每天应刷拭1～2次。刷拭时要用软刷,手法要轻,使牛有舒适感。

保证每天有一定时间的户外运动,促进牛的发育和保持健康的体型,为提高其利用年限打下良好基础。对于舍饲培育的育成牛,除暴雨、烈日、狂风、严寒外,可将育成牛终日散放在运动场。场内设有饲槽和饮水池,供牛自由采食青粗饲料和饮水。但要着重注意清除造成流产的隐患,如防止滑倒,上下槽不急赶等。

3.乳房按摩

从妊娠第五至第六个月开始到分娩前15 d为止,每天用温水清洗并按摩乳房一次,每次3～5 min,以促进乳腺发育,并为以后挤奶打下良好基础。

4.称重、测量体高和体况评分

育成母牛的性成熟与体重关系极大,一般育成牛体重达到成年母牛体重的40%～50%时进入性成熟,体重达成年母牛体重的60%～70%时可进行配种。当育成牛生产缓慢时(日增重不足350 g),性成熟会延迟至18～20月龄,影响投产时间,造成不必要的经济损失。因此,通过称重、测量体高可监视育成母牛的生长发育状况,及时调整饲养方案。此外,在生产实践中,还经常用体况评分来评价后备母牛的饲养和管理措施的好坏,因为体况评分能够较好地反映体内脂肪的沉积情况。见表6-8和表6-9。

表6-8　后备母牛较理想的体重和胸围

项目	月龄												
	初生	2	4	6	8	10	12	14	16	18	20	22	24
体重/kg	41	72	122	173	221	270	315	347	392	419	446	495	540
胸围/cm	79	94	107	125	140	150	158	163	168	175	180	185	191

表6-9　后备母牛各阶段的理想体高和体况

项目	月龄							
	3	6	9	12	15	18	21	24
体高/cm	92	104～105	112～113	118～120	124～126	129～132	134～137	138～141
体况评分	2.2	2.3	2.4	2.8	2.9	3.2	3.4	3.5

在妊娠期间饲喂高能量日粮以促进育成母牛快速生长是比较理想的,因为这一措施保证了胎儿的营养良好,以及产第一胎时育成母牛发育充分。但是,要注意防止肥胖。过于肥胖的育成母牛容易难产,而且产后代谢紊乱,发病率高,体况评分是帮助调整妊娠母牛饲喂水平的一个理想指标。

5.适时配种

育成母牛达 16～18 月龄，体重达 350～380 kg 时进行配种。一般南方为 360 kg，北方为 380 kg。

第二节 成年泌乳母牛的饲养管理

一、一般饲养管理技术

(一)注意日粮的类型及质量

泌乳母牛的日粮中应该含有高质量的青绿多汁饲料、豆科干草，其所供给的干物质应占日粮干物质的 60%左右。在有条件的地区，夏季泌乳母牛最好采用舍饲和放牧相结合的管理办法。放牧对机体有良好作用，可以保证有充足的运动和日照，促进新陈代谢，改善繁殖机能，提高产奶量。牧草中含有营养丰富的粗蛋白质、必需氨基酸、维生素、酶和各种微量元素。青绿饲料中的叶绿素可以活化动物的造血功能。如果缺少放牧条件或青草供给不足，舍饲泌乳母牛必须补充优质的青贮、半干青贮、干草和精料。粗饲料给量按干物质计算要达到母牛活重的 1%～1.5%，而精饲料的给量取决于产奶量的高低，一般为每千克牛奶 100～300 g。

泌乳母牛的日粮必须是由多种适口性良好的饲料配合而成的全价饲料。由于奶牛是一种高产动物，每天从机体中排出大量的营养物质，因此，日粮组成必须多样化，且适口性好。日粮最好要由 2 种以上的粗料(干草、秸秆、青贮)、2～3 种多汁饲料(青贮和根茎)和 4～5 种以上的精饲料组成。为了增加适口性可以添加甜菜渣、糖蜜、淀粉，这在使用非蛋白氮饲料的配合日粮时尤为重要。

为了发挥各种不同饲料的营养互补作用，提高母牛的采食量，可以按不同泌乳阶段的营养需要，将所计算出的各种饲料用全日粮混合机调制成全价日粮，进行散放饲养。在配合全价日粮时，泌乳母牛营养水平的最低成分为：泌乳净能为 5.016～6.688 MJ/kg，粗蛋白质 12%～14%，粗脂肪 15%～20%，钙 0.5%～0.7%，磷 0.4%～0.5%，盐 1%，钙、磷比以 1.5∶1 为宜，最高不要超过 2∶1。

饲料日粮要有一定的容积和营养浓度。饲料干物质采食量的高低对维持泌乳母牛的高产、稳产和体质健康关系很大。因此，在配合日粮时，既要满足动物对饲粮干物质的需要，也不能超出动物采食量所允许的最大范围。也就是说，日粮必须达到一定的能量浓度。

高产牛的日粮中应有较多的精饲料。年产乳 3 000 kg 的母牛，日粮中精饲料的比例为 15%～20%；年产乳 3 000～4 000 kg 的母牛 20%～25%；年产乳

4 000～5 000 kg 的母牛 25%～35%；年产乳 5 000～6 000 kg 的母牛 40%～50%。当粗饲料的品质优良时，可以取下限，品质不良时必须取上限。

饲粮应有适当的轻泻作用。要提高泌乳母牛对于各种饲料的采食量，就必须适当缩短食糜在消化道中的停留时间。轻泻饲料主要有麸皮、糖蜜和一些青草、根茎类饲料。

为了预防瘤胃酸中毒和酮病的发生，日粮中可加入 2%碳酸氢钠混合在精饲料中饲喂。

(二)饲喂方法

1. 定时定量，少给勤添

由于长时间所养成的条件反射作用，牛在采食以前消化腺即已开始分泌，这对保持消化道的内环境，提高饲料营养物质的消化率极为重要。如果饲喂过早或过晚，都会打乱牛消化腺的活动，影响饲料消化和吸收，所以要定时定量。少给勤添可以保持瘤胃内环境的恒定，使食糜均匀通过消化道，从而提高饲料的消化率和吸收率。

2. 饲料要相对稳定，更换饲料要逐步进行

为了保持高产奶牛有正常的生理机能，防止代谢紊乱，选用的饲料要全年保持相对稳定。冬季和夏季日粮变化不宜过于悬殊，青粗饲料要做到青中有干，干中有青，青干搭配。

3. 饲料清筛，防止异物

喂牛的精、粗饲料在饲喂前要清除饲料中的铁钉、铁片、铁丝、石块和玻璃等微小锐利杂物，以免造成网胃-心包创伤。此外，还应保持饲料的新鲜和清洁，切忌使用霉烂、冰冻、毒物污染的饲料喂牛。

4. 饲喂次数及顺序

在商品生产的奶牛场，对于泌乳期产量 3 000～4 000 kg 的母牛，可以实行 2 次饲喂制度，产量 4 500 kg 以上的母牛实行 3 次饲喂制度。而国外绝大多数实行 2 次饲喂、2 次挤奶的日程。试验表明，每天饲喂 3 次比 2 次可以提高日粮营养物质的消化率 3.6%，但却大大地增加了劳动力的消耗。从对产奶量的影响来看，由于挤奶间隔时间过长，特别当乳房内乳汁的充满度达其容积的 80%～90%时，乳的分泌就会变慢或者完全停止。但是产奶量不同的牛，停止的时间也不一样。中等产奶量的成牛母牛在高峰泌乳期间挤奶后 12～14 h 乳汁分泌停止，而初胎母牛经过 10～12 h 乳汁分泌停止。乳房发育很好的高产母牛，奶的正常分泌时间持续较长。

在牛的饲喂顺序上，一般是先粗后精、先干后湿、先喂后饮的方法。

(三)饮水

水对奶牛极为重要。奶牛饮水量较大,牛奶中含水87%以上。据报道,日产奶50 kg左右的高产牛,每天需水100～140 kg,低产牛需水60～75 kg,干奶牛需水35～55 kg。饮水不足,既影响产奶量,又影响奶牛反刍消化、吸收和健康。给予良好的饮水条件,不仅有利健康,而且还能提高产乳量4%～10%。要求在奶牛的运动场设饮水槽,让其自由饮水。对高产奶牛还要全年坚持饮混合料水,即在水中少量掺入糖渣、精料、豆饼、食盐等。冬季要饮温水。

(四)放置盐槽

牛奶中含有各种矿物质和微量元素,加上土壤和饲料中某些元素的含量变化很大,因此奶牛经常出现"异食癖"。为了预防这种现象,可以在运动场中放置配合有各种矿物质元素的盐槽,也可吊挂一些"舔砖",让牛自由舔食。

(五)运动和刷拭

奶牛在舍饲期间,当产量平稳以后,每天要有适当的运动。如运动不足牛体易肥,会降低其产乳量和繁殖力。另外,运动不足易使母牛降低对外界环境的适应能力,并且由于光照不足和缺少运动而使母牛患骨质疏松症和肢蹄病。所以,每天应坚持2～3 h的驱赶或逍遥运动。

经常刷拭,对保持牛体清洁卫生、调节体温、促进皮肤新陈代谢和保证牛奶卫生均有重要意义。因此,每天应坚持刷拭2～3次。夏季以洗刷为主,用水冲洗牛体,既助于皮肤卫生,又有防暑降温作用,有利于产奶量的提高。

(六)乳房按摩及挤奶

挤奶是饲养奶牛的一项重要的技术工作。在正常的饲养和管理条件下,正确而熟练的挤奶技术不仅能够充分发挥奶牛潜力,使母牛高产稳产,获得量多质优的牛奶,而且可以预防乳房炎的发生。充分的乳房按摩能帮助奶牛充分排乳,可以提高产奶量。同时,可以减少乳房中乳的残留,有效地防止了乳房炎的发生。对已患有乳房炎的牛进行热敷按摩,能有效地缓解症状,促进病情好转。

(七)护蹄

防止牛蹄疾病,应使牛床干燥,勤换垫草,运动场应干燥不泥泞,并对牛洗蹄(硫酸铜溶液等)和修蹄,对奶牛要经常放牧,锻炼肢蹄。

(八)创造良好的空气环境

0～21℃对荷斯坦牛无大影响,一般以6～8℃为宜,高温高湿、低温低湿都影响奶牛热调节,影响产奶量,30℃以上影响更大。所以7～8月份要防暑降温,冬季要防寒保温。

二、阶段饲养法

成母牛根据其不同生理状况可分为干乳期、围产期、泌乳盛期、泌乳中期和泌乳后期等5个阶段。由于这5个阶段的生理特性差异很大,因此应实行阶段饲养。

(一)干乳期的饲养管理

1.干乳的意义

(1)恢复体质　母牛在泌乳期营养多为负平衡,机体营养消耗多。干奶能补偿营养消耗,同时也可蓄积大量营养物质,有利于母牛蓄积体力和体质恢复,以供下一次产奶需要。

(2)促使乳腺机能恢复　奶牛在一个泌乳期产奶所分泌的干物质为体重的3.64～4.16倍。泌乳中,乳腺组织部分损伤、萎缩,干奶能使乳腺休整、恢复和新腺泡的形成和增殖,特别是乳腺上皮细胞得以充分休息和再生,为下一个泌乳期正常分泌做必要的准备。同时此期为治疗某些在泌乳期不便处理的疾病如隐性乳房炎或调整代谢紊乱提供时机。

(3)有利于胎儿发育　胎儿一半以上的生长是在怀孕期的最后2个月,需要较多的营养供应,干奶能使母体内有足够的营养物质供胎儿正常生长发育和增重,获得健壮的犊牛。

(4)干乳期加强营养可以提高初乳的营养浓度,使初乳中的钙、磷、维生素含量增多。

2.干乳期的长短

干乳期一般为60 d,过早干乳,会减少母牛的产乳量,对生产不利;干乳太晚,则使胎儿发育受到影响,也影响到初乳的品质。干乳期短,加上饲养管理不善,母牛初乳中胡萝卜素含量会差3～4倍。正常情况下以60 d为宜,这时牛初乳品质最好。

初胎或早配母牛、体弱及老年牛、高产母牛(6 000～7 000 kg)以及饲养条件差的牛,需要较长时间的干乳期,一般为60～75 d。体质健壮、产乳量较低、营养状况较好的牛,干乳期可缩短为30～35 d。

早产或死胎的情况下,缺少或缩短干乳期,同样会降低下一泌乳期的产乳量。早产时的泌乳量仅仅是正常产的80%。

3.干乳的方法

(1)逐渐干奶法　逐渐干乳法是用1～2周的时间将泌乳活动停下来。在预定停奶前10～20 d开始变更饲料组成,逐渐减少精料和多汁饲料的饲喂量,增加干草喂量,控制饮水量,停止按摩,减少挤奶次数,采取隔班、隔日挤奶,人为降低牛乳的分泌量;由正常每天3次挤奶改为2～1次,由原来的每天挤奶改为隔1～5 d,每次挤奶必须完全挤净,当产乳量降至4～5 kg时,停止挤奶。这样母牛就会逐渐干乳。

该方法适用于高产奶牛或过去停奶困难及患过乳房炎的母牛。

(2)快速干乳法　从进行干乳日起,在4～6 d内使泌乳停止的方法。开始干奶的前1天,将日粮中全部多汁饲料和精料减去,只喂干草;控制饮水,每天饮2～3次;停止乳房按摩;减少挤奶次数,从停奶第1天起,先挤2次,以后每天挤1次或隔日挤1次,第6天挤奶后不再挤。

该方法适用于低产或中产奶牛。

(3)最后一次挤奶　在干乳前的最后一次挤奶时,加强乳房按摩,彻底挤净乳汁,然后每个乳头用消毒液浸泡一次,进行彻底消毒,并分别用乳导管向每个乳头注入干乳药剂或抗生素油。

抗生素油的配方:青霉素40万IU、链霉素100万IU、磺胺粉2 g混入40 mL灭菌过的植物油(花生油、豆油)中,充分混匀后即可使用,每个乳头空注10 mL。

(4)干乳的注意事项　干乳时无论用什么方法,在停奶后的3～4 d内,母牛的乳房都会因积聚乳汁较多而膨胀。所以在此期间不要触摸乳房和挤奶。控制多汁饲料和精料的给量,减少饮水量,密切注意乳房的变化和母牛的表现。正常情况下,经几天乳房内积聚的乳汁可自行被吸收而使乳房萎缩。这时应逐渐增加精料量和饮水量,保证营养需要。如果乳房中乳汁积聚过多,乳房过于胀满,出现硬块或红、肿、热、痛炎症反应,干奶牛因此而不安,说明干乳失败,应及时重新干乳。为防止产后乳房炎的发生,停奶时可向乳房内注入抗生素等药物。

4.干乳期的饲养

母牛干乳期饲养任务是:①保证胎儿正常发育。②保持最佳的体况,给母牛积蓄必要营养物质,在干乳期间,使体重增加50～80 kg,为下一个泌乳期产更多的奶创造条件。③控制和避免消化代谢疾病:通过对干奶期及围产期的正确饲养,尽可能控制和避免乳热症、皱胃移位、胎衣滞留和酮病等的发生。

干乳期的饲养可分为两个阶段进行。

(1)干乳前期饲养　干乳期一般为2个月,前45 d为干乳前期。此期饲养原则是在满足母牛营养需要的前提下尽快干乳,使乳房恢复松软正常。保持中等营养状况,被毛光亮,不肥不瘦。

干乳后5～7 d,乳房还没变软,每天给予的饲料可仍和干乳过程的饲料一样,干乳1周以后,乳房内乳汁被吸收,乳房变软,且已干瘪时,就要逐渐增喂精料和多汁饲料。再经5～7 d要达到干乳母牛的饲养标准,既要照顾到营养价值的全面性，又不能把牛喂得过肥，达到中上等体况。因此，一方面要给予适当的运动，另一方面，要加强卫生管理和注意乳房变化。

(2)干乳后期饲养 预产期前 15 d 进入产房阶段的饲养，称干乳后期饲养，也称围产前期的饲养，可参照围产前期的饲养原则。

5. 干乳期的管理

(1)做好保胎工作，防止流产、难产及胎衣滞留，为此要保持饲料新鲜和质量，绝对不能喂冰冻的块根饲料、腐败霉烂饲料和有毒饲料，冬季不可饮冷水，水温不得低于 10℃。

(2)坚持适当运动，但必须与其他牛群分开，以免互相顶撞造成流产。冬季在舍外运动场逍遥运动 2～3 h，产前停止活动。

(3)加强皮肤刷拭，保持皮肤清洁。

(4)按摩乳房，促进乳腺发育，一般干乳10 d 后开始按摩，每天 1 次，但产前出现乳房水肿的牛就要停止按摩。

(5)围产前期，产房要昼夜设专人值班。

根据预产期做好产房、产间清洗消毒及产前准备工作。分娩牛提前 15 d 进入产房，临产前 1～6 h 进入产间。

(二)围产后期的饲养管理

围产后期，也称产房期，它是指母牛分娩至产后 15 d，此期为母牛身体恢复期。此时奶牛的生理特点是气血亏损，消化机能弱，抗病力差，生殖器官处于恢复阶段，乳腺活动机能旺盛，乳房有水肿状态。必须加强饲养管理，使其恢复体质、子宫复原和乳房消肿，防止产后瘫痪症或其他疾病，为此，应增加采食量，防止过度减重。要供应优质的粗饲料和精饲料，在产后 6～15 d，每天约加精料 0.5 kg，以提高日粮营养水平。此期精饲料按每 100 kg 体重 1 kg 供给，日粮中粗饲料与精料之比按干物质计为 54∶46。

产后 0.5～1 h 便可挤奶。头几天内日挤奶 4～5 次，每次不要将乳汁全部挤净，目的是增加乳房内压，减少乳的形成和防止血钙下降，防止瘫痪症。为尽快消除水肿，每次挤奶时坚持用 50～60℃ 温水洗擦乳房和温敷，并认真进行 15～30 min 的乳房按摩。乳房水肿消除后，在正常泌乳状态下每天挤奶 2～3 次。

在饲养上，要注意观察母牛的食欲、乳房及粪便状态。饲喂的准则是既要尽量多喂粗饲料维持奶牛的食欲和健康，又要及时补给精料尽可能少降解体内的营养，为夺取高产创造条件。加料要积极稳妥，密切注意母牛的消化机能。泌乳量高、食欲旺盛、生产潜力大的多加；反之则少加。

母牛产后 1 周内应充分供给温水(36～38℃)，不宜喂冷水，以免引起肠炎等疾病。

(三)泌乳盛期的饲养管理

泌乳盛期是指母牛产后 16～100 d。这一时期总的趋势是迅速达到产奶高峰时期，又称升乳期。这阶段的生理特点是体质基本恢复，乳房水肿消失，乳腺机能和循环系统机能正常，子宫恶露基本排除，代谢强度增强，加之一些泌乳激素的作用，乳腺活动机能旺盛，产奶量不断上升，一些对产奶有不良影响的外界因素起不到干扰作用。这一阶段进行科学饲养管理能使母牛产乳高峰更高，持续时间更长，更好地发挥泌乳潜力。

此期又可分：①升乳初期，产后 15 d 至泌乳高峰前，此期要最大限度地增加采食量，提高日粮浓度和干物质水平。②泌乳高峰期，母牛出现最高采食水平，体重趋于稳定，为保证泌乳量较高、持续时间较长，能量供给量应稍高于需要量。

泌乳盛期能量与氮的代谢易出现负平衡，尤其泌乳高峰期。如靠体内蓄积的营养来满足泌乳需要，由于大量泌乳使体重下降，泌乳盛期过后往往出现产奶量突然下降，不仅影响产奶还拖延配种时间，易出现屡配不孕及酮血病。

1. 引导饲养法

这种方法是在一定时期内采用高能量高蛋白质日粮喂牛，以促进大量产乳，“引导”泌乳牛早期达到高产。具体方法是：从母牛干乳期最后 2 周开始，每头牛喂给 1.8 kg 的精料，以后每天增喂 0.45 kg，直到 100 kg 体重吃到 1.0～1.5 kg 的精料为止，不再增加喂料量(如 500 kg 体重的牛，每天精料最多吃到 5.5～8.0 kg，在 14 d 内共喂料 60～70 kg)。母牛产犊后 5 d 开始，继续按每天 0.45 kg 增加料，直至泌乳高峰达到自由采食，泌乳高峰后再按产奶量、含脂率、体重调整精料喂给量。引导饲养法有下列优点：可使母牛瘤胃微生物在产犊前得到调整，以适应精料日粮；可使高产母牛产前体内储备足够的营养物质，以备产乳高峰期应用；促进干乳母牛对精料的食欲和适应性。可使多数母牛出现新的产乳高峰，增产趋势可持续整个泌乳期。

应当指出，不是所有母牛对引导饲养法都有良好的适应性，生产实践中奶牛引导饲养法应因牛而宜，区别对待。据上海市牛奶公司叶兆云等报道，初产后 16～100 d 的泌乳盛期奶牛采用引导饲养法，符合泌乳盛期的生理机制，料增加多少，奶就增加多少。只要牛只食欲旺盛，身体健康基本恢复，在不影响其健康的前提下，渐进加料，给量可达体重 1.5%～2.3%；一般每头母牛平均 6～7 kg/d，高产牛每头最高可达 15 kg/d，同时提高干物质采食量，优质干草不少于体重 0.5%，精粗料比例达 65∶35。区别对待目的是解决高产牛不多吃、低产牛不少吃的拴系混群大锅饭的弊端，其次可提高饲料利用率，充分发挥泌奶牛的潜力。在饲养方面有如下几点改革：

(1)混合精料与副料饲喂改为分成4次饲喂。将精料分成基础料、副料、粥料、营养料4道料分开发,前3道料按牛头数基本上均匀分发,后一道营养料按高产牛、体弱牛、泌乳盛期牛分发,其他牛不供应。

(2)高产牛的混合精料改变明显高于一般牛只。春冬季泌乳牛日产25 kg以上,夏秋两季日产22.5 kg以上,供应营养料每头1～5 kg/d。假如一般牛每头平均精料6～7 kg/d,则高产牛平均每头9～12 kg/d。

(3)混合精料数量平均分配改为不均匀分配。

2.短期优饲法

短期优饲法是在泌乳盛期增加营养供给量,以促进母牛泌乳能力的提高,具体方法是:在母牛产后15～20 d开始,根据产乳量除按饲养标准满足维持需要和泌乳实际需要外,再多给1～1.5 kg混合料,作为提高产乳量的"预付"饲料,加料后母牛产乳量继续提高,食欲、消化良好;隔一周再调整一次。

在整个泌乳盛期,精料的供给量随着产乳量的增加而增加,直至产乳量不再增加为止,日粮组成按干物质计算,精料最大供给量可达到60%,以后随着产乳量下降,而逐渐降低饲料标准,改变日粮结构,减少精料比例,增喂多汁饲料和青干草,使母牛泌乳量平稳下降,在整个泌乳期可获得较高的产量。此法适于一般产乳量的奶牛。

3.更替饲养法

这种方法的具体做法是:定期改变日粮中各类饲料的比例,增加干草和多汁料喂量、交错增减精料喂量,以刺激母牛食欲,增加采食量,从而达到提高饲料转化率和提高产乳量的目的。通常的做法是,每隔7～10 d改变1次日粮组成,主要是调节精料与饲草的比例,日粮总的营养浓度不变。

在泌乳盛期为了使母牛吃足饲料,应延长采食时间,增加饲喂次数,还要按摩乳房,供给充足的饮水,经常保持牛舍清洁卫生。应观察牛的消化机能及乳房情况是否正常,认真做到合理投料,防止发生各阶段乳房炎和肠道疾病。

奶牛产犊后40～50 d,其生殖道基本康复、净化,随之出现产后第一次发情,此时要详细做好发情日期、发情征候以及分泌物净化情况的记录工作,在随后的1～2个性周期即可抓紧配种。产后60 d尚未发情的奶牛,应及时进行健康、营养和生殖道系统的检查,发现问题,尽早采取措施。

(四)泌乳中期的饲养管理

泌乳中期是指产后101～200 d,此期产奶量逐渐平稳下降。产奶高峰过后,每天产奶量开始渐降,每月下降奶量为上月奶量的4%～6%,中低产奶牛下降达9%～10%。这时饲料应有充足的干草与青贮饲料,高峰以后每天精料喂量就可按牛的体重和奶量调整。泌乳中期精料供给量标准为6～7 kg。体重消失过多的,可多喂一些。精料喂量每隔10 d可调整一次。

此期的饲养管理工作重点是:

(1)每月产奶量下降的幅度控制在5%～7%以内;

(2)奶牛一般自产犊后8～10周应开始增重,日增重幅度在0.25～0.5 kg;

(3)饲料供应上,应根据产奶量、体况定量供应精料,粗饲料的供应则为自由采食;

(4)充足的饮水和加强运动,并保证正确的挤奶方法及进行正常的乳房按摩。

(五)泌乳后期的饲养管理

泌乳后期是指分娩后201 d至停乳。该时期是奶产量下降时期,为能提高全泌乳期总产奶量,不要提早停奶,一般产前2个月停奶。泌乳后期是饲料转化为体脂效率最高的时期,根据美国农业部资料为75%,而到干乳期转化为体脂的效率才58%,当体脂转为牛乳的效率为82%时,则泌乳早期体脂用于泌乳的效率为0.75×0.82=0.62,而干乳储脂转为牛奶的效率则为0.58×0.82=0.48,二者相差很大。所以在后期喂得好一些以增加体重,这样是经济合算的,使奶牛在干奶前1个月体况达3.5分。

从管理上讲,泌乳后期牛奶量已少,应与早期的高产牛分群,以便于饲养,否则一个槽喂养,结果低产牛吃了高产牛的料,影响了高产牛产奶。

三、全混合日粮(TMR)饲喂技术

全混合日粮(TMR)是以散栏(放)牛舍饲养方式为基础研究开发的新技术,近年来在美国、加拿大、日本、中国等部分奶牛场迅速推广应用。所谓“TMR”就是根据牛群营养需要的粗蛋白、能量、粗纤维、矿物质和维生素等,把揉切短的粗料、精料和各种预混料添加剂进行充分混合,将水分调整为45%左右而得的营养较平衡的日粮。

(一)全混合日粮饲养技术要点

1.合理分群

全混合日粮饲养方式的奶牛场,要定期对个体牛的产奶量、乳成分、体况及牛奶质量进行检测,并将营养需要相似的奶牛分为一群。对于大多数奶牛场可将母牛分为三群,即高产牛群、中低产牛群和干奶牛群。

2.经常检测日粮及其原料的营养含量

测定原料的营养成分是科学配制全混合日粮的基础。即使同一原料(如青贮、干草等)因产地、收割期及调制方法不同,其干物质含量和营养成分也有较大差异，所以应根据实测结果配制相应的全混合日粮。还必须经常检测全混合日粮的水分含量和奶牛实际的干物质采食量，以保证奶牛能食入足量的营养物质。一般全混合日粮水分含量以35%～45%为宜，过湿或过干的日粮均会影响奶牛干物质的采食量。据研究，全混合日粮中水分含量超过50%时，水分每增加1%，干物质采食量按体重0.02%下降。

3.科学配制日粮

在配合日粮时，除考虑奶牛产奶量和体况需要外，还应保证绝大多数牛在泌乳中期和后期摄取额外的营养物质，以补偿泌乳早期体重的损失，使初产牛或二胎牛在泌乳期有所增重。

4.日粮的营养需要平衡和均匀

配制全混合日粮是以营养浓度为基础，这就要求各原料组分必须计量准确，充分混合，并且防止精粗饲料组分在混合、运输或饲喂过程中分离。在国外为了使用全混合日粮，专门配备性能先进的饲料搅拌喂料车，它集饲料的混合和分发为一体，全混合日粮的饲喂过程由电脑进行控制。同时，为了保证日粮混合质量，还应制定科学的投料顺序和混合时间，投料顺序一般为：干草→精料（包括添加剂）→青贮料；混合时间：转轴式全混合日粮混合机通常在投料完毕后再搅拌5～6 min，如若日粮无15 cm以上粗料则搅拌2～3 min即可。

5.控制分料速度

采用混合喂料车投料，要控制车速（20 km/h）和放料速度，以保证全混合日粮投料均匀。同时，每天投料2次以上，每次投料时饲槽要有3%～5%的剩料，以防牛只采食不足，影响产奶量。

6.检查饲养效果

注意观察奶牛的采食量、产奶量、体况和繁殖状况，根据出现的问题及时调整日粮配方和饲喂工艺，并淘汰难孕牛和低产牛，以提高饲养效果。

（二）使用全混合日粮的注意事项

TMR饲养技术主要适用于大型奶牛场，需要饲料计量和配合机械设备，投资较大。为使所有原料均匀混合，长草等需要切割，切割机也要投资和运转。要经常调查、分析饲料原料营养成分的变化，特别要注意各种原料的水分变化。饲养体制转变应有一定的过渡期；饲槽中应经常保持有饲料；注意奶牛日采食量及体重的变化；保证TMR的营养平衡；应用TMR饲养技术，必须把牛群分成若干组，如高产组、中产组、低产组、干奶组、围产期组、青年牛组、育成牛组、犊牛组。

四、高温季节奶牛的饲养管理

牛的天性是怕热不怕冷。根据我国的气候情况以及牛只本身的耐寒性能，冷应激对牛只的影响不是一个突出问题，而且防冷应激的措施也比防止热应激容易和简便。而热应激对奶牛的影响非常突出。高温时影响最大的问题是牛采食量下降。热应激对奶牛的健康、产奶量、乳脂率、繁殖率以及犊牛的出生重均会产生较大的影响。

(一)高温季节奶牛的饲养

1. 保证供水

让牛随时可饮到清洁充足的凉水(最好是井水)。冷水与尿液之间存在温差，牛饮冷水可传导散热，减少热负担，增进食欲。

2. 提高日粮精料比例，减少粗料喂量

纤维对于维持瘤胃的正常功能是不可缺少的，但由于纤维适口性差，同时在消化和代谢过程中产生较多的热(热增耗高)，因此，夏季奶牛日粮要控制粗料喂量，提高精料比例。但应注意日粮精料最大比例一般不宜超过60%，中性洗涤纤维不低于28%～30%，以免影响乳脂率及出现营养代谢紊乱。

3. 在日粮中添加脂肪，提高能量水平

在高温条件下，气温每升高1℃，高产奶牛的维持能量需要增加3%，因此，在炎热季节奶牛需要的能量比冬季还多(冬季每降低1℃维持能量仅需增加1.2%)。同时，据以色列报道，在热应激时，泌乳牛的采食量减少40%。因此，夏季奶牛日粮的能量水平成为制约产奶量的最主要因素。

据研究，在热应激采食量减少情况下，添加脂肪有很好的饲养效果。这与脂肪的“热增耗”低，有利于夏季的热平衡有关。油料籽实如整粒棉籽、牛羊脂肪以及脂肪酸钙都是很好的脂肪来源。整粒棉籽每头每天喂量限制在2.3～3.0 kg，其原因除了涉及棉酚的毒力以外，也由于环丙烷脂肪酸的作用，同时，饲喂全棉籽时，乳蛋白约减少0.1%，牛奶中长链脂肪酸的比例增加，添喂棉籽的日粮必须提高日粮干物质的含钙量(提高10%)。

4. 提高日粮蛋白质水平

Hassan 等试验表明，在气温波动于17.8～32.8℃条件下，将奶牛日粮蛋白质水平从14.3%提高到20.8%，采食量增加11.3%，产奶量提高6%。但要注意不过量，否则过量的蛋白质被脱氨基供能，增加“热增耗”，加剧热应激。一般高产奶牛日粮的过瘤胃蛋白含量由28%～30%提高到35%～38%。

5. 添加蛋氨酸

在夏季奶牛日粮中添加蛋氨酸有较好的饲养效果。Wanderley 等报道，在日粮蛋白和过瘤胃蛋白进食量相同(18.5%和43%)情况下，日粮赖氨酸与蛋氨酸的比例由1.6∶1提高到3.0∶1，夏季产奶量提高11%。

6. 使用瘤胃缓冲剂

在夏季高精料、低粗料的奶牛日粮中添加缓冲剂，有较好的饲养效果。如可在全混合日粮干物质中添加0.75%～1.5%的碳酸氢钠或0.35%～0.4%的氧化镁等。

7. 注意补充钠、钾、镁

在炎热月份，奶牛出汗较多，钠、钾、镁损失较大，应进行补充。美国佛罗里达州的研究已证实，奶牛夏季采用0.4%～0.5%钠、1.5%钾和0.3%～0.35%镁的日粮，有助于缓解热应激，提高产奶量。另据报道，给处于炎热季节的奶牛补充三价铬可降低直肠温度及血清皮质醇对其代谢的影响，改善泌乳性能；添加烟酸可以缓解热应激。

8. 提高维生素A添加量

由于奶牛在热应激期间所消耗的维生素A量增加，所以在夏季应补给较平时高1倍的维生素A，并尽可能多喂青绿多汁饲料，如胡萝卜、冬瓜、南瓜、瓜皮等。

9. 采用全混合日粮

将干草、玉米青贮等粗料与精料混合，采用全混合日粮，以确保营养平衡、全价。

10. 调整饲喂时间

由于采食后的2～3 h为热能生产的高峰阶段，因此，建议夏季夜间喂料量应占日粮的60%以上，尤其粗料宜安排在20:00～5:00进行。同时，还可通过增加饲喂次数，延长饲喂时间，调制粥料等饲养措施来增进食欲，提高采食量。

11. 调整作息时间

采用夜间放养运动，但应注意放出时间，要待地热散发之后（如18:00），才能将奶牛放出，以免牛只受本身热量和地热的双重影响而导致突然中暑。

此外，夏季，蚊蝇和其他昆虫对牛只的骚扰极大，并大量吮吸牛体血液和传播疾病，对牛群的健康和产奶量均有较大影响。应积极采取措施予以消灭。首先应尽可能消除蚊蝇的滋生，消除奶牛场内的任何积水和丛生的野草，阴井和水沟要定期喷洒敌百虫等有效而无害于奶牛的杀虫药物，运动场周围的牛粪要尽可能清除干净，因为牛粪是牛蝇的主要滋生处。其次，可在奶牛舍和运动场周围放置一些灭虫灯。最好定时在蚊蝇集中的地方喷洒氯菊酯溶液或其他高效无毒的杀虫剂，但绝不可使用如敌敌畏等剧毒药物，并应注意不要把任何药物喷洒在牛身和饲料上。

（二）高温季节奶牛的管理

具体内容见第八章的第四节养牛场的环境管理。

第三节 挤奶技术

一、乳房结构和乳汁分泌

(一)乳房结构

乳房的外形呈扁球状,附着于奶牛的后躯腹下。乳房内有一条中悬韧带,它沿着乳房中部向下延伸至乳房底部,将乳房分为左右两半,每一半边乳房的中部又各被结缔组织隔开,分为前后两个乳区。因此乳房被分为前后左右4个各不相通的乳区。故当一个乳区发生病情时并不影响其他乳区产奶。4个乳区产奶可能稍有差别。

乳房内部由乳腺腺体、结缔组织、血管、淋巴、神经及导管所组成。在每一乳区的最下方各有一个乳头,乳头内部是一空腔,称为乳头乳池。乳头乳池上方连接一乳腺池,在每一乳腺池上方各有一组乳腺。乳腺的最小组成单位是乳腺泡,多个乳腺泡构成乳腺小叶,各乳腺小叶之间都有小输乳管相连,多个输乳管汇合形成更大的输乳管,最后汇入乳腺乳池,整个乳腺系统如一串葡萄。结缔组织的作用是支持固定乳腺乳房的位置和形状。每个乳腺腺体皆包围在肌肉之中,中间穿插许多毛细血管与淋巴。乳腺的表面都有一层上皮细胞,乳汁就由此产生和分泌。

(二)泌乳

泌乳是指乳腺组织的分泌细胞,从血液摄取营养物质生成乳汁后,分泌进入腺泡腔内的生理过程。

1.泌乳的启动

泌乳的启动与奶牛体内催乳素、生长激素和肾上腺皮质激素的协调作用有关,而催乳素在奶牛泌乳启动中起了主要作用。

催乳素在妊娠期间被胎盘和卵巢分泌的雌激素和孕酮所抑制,在妊娠末期或临分娩时,由于孕酮含量的显著降低,结果催乳素迅速释放,对乳的生成产生强烈的促进作用,于是启动泌乳。

2.泌乳的维持

奶牛自开始泌乳至停止泌乳的持续时间,依牛种或品种的不同,其长短有差异,但均能维持一段较长时间,在奶牛可达10个月或更长,而且一个泌乳期中产奶量也呈规律性变化:一般在产后20～60 d达到高峰期,维持一段时间后再逐渐下降,直至干奶。泌乳的维持既需要依赖内源性激素的作用,也要有充足的营养、合适的环境以及科学的管理(包括合理的挤奶方法和次数)作保障。

关于激素对维持泌乳的作用已有大量研究,而垂体功能的完整对维持泌乳十分重要。在奶牛的泌乳试验中发现,仅用催乳素或促肾上腺皮质激素均不足以维持泌乳,当与生长激素配合使用时,可获得最佳效果。

3. 排乳

排乳即指乳腺中的乳汁排出体外的过程。乳汁生成后,由腺泡上皮细胞分泌到腺泡中,当腺泡腔和细小乳导管充盈时,依靠腺泡周围的肌上皮细胞和导管系统的平滑肌反射性收缩,将乳汁周期性地转移到乳导管和乳池内。在哺乳或挤奶时,通过神经和激素调节作用,使乳汁从乳导管和乳池中排出。

排乳是一个复杂的生理过程,它受神经和内分泌的调节。当乳房受到犊牛吮乳、按摩、挤奶等刺激时,乳头皮肤末梢神经感受器将冲动传至垂体后叶,引起神经垂体释放催产素进入血液,经 20～60 s,催产素即可经血液循环到达乳房,并使腺泡和细小乳导管周围的肌上皮细胞收缩,乳房内压上升而迫使乳汁通过各级乳导管流入乳池。

由于血液中催产素的浓度在维持 6～8 min 后急剧下降,因此,每次挤奶速度要快,在做完挤奶准备工作后立即进行挤奶,这一环节的拖延将使产奶量下降。虽然可能有第二次排乳反射,但其效果通常较第一次弱。

在挤奶时如发生疼痛、兴奋、恐惧、异常环境条件或突然更换挤奶员等均会抑制排乳反射,这时,肾上腺髓质释放肾上腺素。肾上腺素能引起乳房的血管和毛细管收缩,使乳房的血流量减少,从而导致流入乳房的催产素不足。此外,肾上腺素还有抑制肌上皮细胞收缩的作用。因此,在挤奶时若发生排乳抑制,会严重影响产奶量。

二、挤奶技术

(一)手工挤奶

手工挤奶有压榨法(拳握法)和滑下法两种。压榨法是先用拇指和食指压紧乳头基部,然后用中指、无名指及小指顺序压榨乳头把奶挤出。用这种方法挤奶,牛不会感到痛苦,能保持乳头干燥和卫生,不变形、不损伤,挤奶速度快,省力且方便,是手工挤奶的最好方法。滑下法是用拇指和食指夹紧乳头基部,由上而下滑动把奶挤出。此法适于乳头过短的母牛,但易造成乳头变形和乳头黏膜损伤,易造成牛奶污染。因此,在正常情况下不宜使用。

挤奶时挤奶人员在牛体右侧后 1/3 处,与牛体纵轴呈 50°～60°的夹角坐在小板凳上,两腿夹紧奶桶,左膝在牛右后肢飞节前侧附近,两脚向侧方开张,即可开始挤奶。挤奶时可以先挤两个后乳头,再挤前两个乳头(直线挤奶);可以先挤右侧两乳头,再挤左侧两乳头(一侧挤奶);可以先挤前右、后左乳头,再挤前左、后右乳头(交叉挤奶)；也可以按乳房每个乳头单独进行挤奶(单乳头挤奶)。一般来说，交叉挤奶效果较好，但直线挤奶最为普遍。挤奶速度要随泌乳特性慢-快-慢进行，每分钟挤 80～100 次，每分钟挤出奶量 1.0～1.5 kg，每次挤奶需要 5～8 min。开始挤奶时注意力要集中，以防牛体骚动造成奶桶打翻和伤人事故。挤出的乳柱射向乳桶能溅起很多的泡沫，并有似急雨点鼓的冲击声，这个阶段大约持续 1.5 min 之后，排乳速度减退，挤奶速度也跟着变慢。当挤出奶量急骤减少时，就换另一个乳区如上述进行，直到挤出奶量也急骤减少后，用热水对整个乳房再次进行热敷按摩，使乳房各大小乳导管中的剩奶流向乳池。然后进行收奶操作直至完全挤净。

挤完奶后马上用消毒液浸泡乳头，因为在挤奶后需 15～20 min，乳头括约肌才能完全闭合，浸乳头是降低乳房炎发病率的有效措施之一。

(二)机器挤奶

1. 挤奶系统

包括真空泵、管道、真空调节器、脉动器和挤奶杯等。

2. 挤奶机的类型

有提桶式、移动式(手推车式)、管道式和挤奶厅(台)等类型。

3. 挤奶机使用时的注意事项

(1)对于初次使用机器挤奶的初产母牛，要经过一个训练过程，首先使之习惯挤奶，然后才能使用机器挤奶。

(2)进行挤奶前，应检查真空泵的工作情况和导管接头是否密封良好。

(3)接通电源时，注意转子的旋转方向必须与泵体上的箭头指向相符，否则不能产生真空。

(4)针阀油杯中应经常注满机油，按每分钟两滴油的供油速度调节供油量，真空泵开始工作时可从油杯玻璃视孔中观察滴油情况，要严防因缺油而损坏机件。

(5)挤奶时一般需要真空度为 46.66～50.66 kPa。挤奶前应做好调节，工作中要注意真空度的变化，必要时随时进行调节。

(6)挤奶完毕，停止使用真空泵。关闭动力机油门或切断电源前，必须提前用手将真空调节器外罩向下按，使大气通入泵体，避免转子反向旋转。

(7)贮气箱下面设有放油开关，泵在使用完毕后，必须打开放油开关，但使用前要关闭。

(三)挤奶次数与间隔

奶是在两次挤奶之间形成的，其形成在挤奶后 1 h 内最快，以后逐渐减慢。在挤奶时，增加挤奶次数，致使乳房内压减小甚至排空，则有利于奶的形成。因乳房中积存的奶不仅不能成为下次挤奶量的积存量，并且对乳的分泌来说是一种阻碍，既影响泌乳速度和挤奶量，使牛奶在挤奶过程中成分不均匀，还容易造成乳房炎。因此每次挤奶要将乳完全挤净，挤奶间隔应尽量均衡并且不影响日常工作，如 3 次挤奶中可采用白天 2 次挤奶间隔 7 h，另一次间隔 10 h，如 2 次挤奶以早晚各一次较为理想。而且一旦建立起来的挤奶时间次序不可轻易改变，无规律的挤奶对生产是十分不利的。

一般来说，挤奶次数增加会增加商品奶量，但是挤奶次数的增加也会带来工作量的增加。一般奶牛日挤奶 3 次，但日产奶 10～15 kg 以下的奶牛日挤奶 2 次即可。

三、挤奶设备的清洗和消毒

管道污物包括脂肪、蛋白质、乳糖、矿物质、乳膜、乳垢等。为了洗净管道污物，根据污物的性质，应用“酸-碱”交替方式洗涤挤奶设备，即通过碱性洗涤剂除去挤奶设备和管理中残留的蛋白质和脂肪，残余的乳垢使用酸性洗涤剂进行洗净。其洗涤程序如下。

(一)预冲洗

挤奶结束后，即刻用温水冲洗挤奶杯组和管道，以除去所有残留的奶，如冲洗时间过晚(在挤奶后 30～60 min)，则附着在管道表面的乳成分极易干固，以致难以用水洗净。

预冲洗的水温以 35～45℃为宜(符合饮用水卫生标准)。水温不宜过高，否则，易使蛋白质变性，黏成一块；而水温过低，脂肪凝固，不易洗净。预清洗时间为 3～5 min，以冲洗后水变清为止。

(二)碱洗

常用的碱性洗涤剂的有效成分主要为氢氧化钠、碳酸钠和磷酸钠等。

1. 洗涤时间

每次挤奶完毕经预冲洗后立即进行循环碱洗，时间为 8～10 min，对于连续挤奶的挤奶台，每天至少碱洗 2 次。

2. 洗涤温度

在管道循环洗涤时，开始水温要求达 70～90℃，清洗循环后水温应不低于 40℃。提高洗涤温度，有利于降低污物与管道表面之间的结合力，增大可溶性物质的溶解度，加快化学反应速度，同时，温度较高，洗涤液的黏度降低，搅动作用增大。据报道，在 40～80℃范围内，温度每上升 10℃，洗涤时间可缩短 1/2。

3. 洗涤剂浓度

碱性洗涤剂的浓度与水的 pH 值、硬度以及碱洗时间、温度有关，按厂商提供的浓度要求进行配制。

4. 流速

管道式挤奶机洗涤液的流速要求在 1.5 m/s 以上，一般可采用清洗喷射器，使管道内的洗涤液产生浪涌作用，达到所要求的洗涤流速。

(三)酸洗

挤奶设备或管道内的乳垢、乳石等含钙量多的污物附着时，必须用酸性洗涤剂进行洗涤，酸洗可根据需要每周进行 1～7 次。常用的酸性洗涤剂的有效成分主要有磷酸或有机酸(乙酸、柠檬酸等)。

(1)洗涤温度为 35～45℃。

(2)洗涤时间为循环酸洗 3～5 min。

(3)洗涤剂浓度应按厂商提供的浓度要求进行配制。

(四)水洗

用温水漂洗，一方面洗去设备和管道中残留的洗涤剂，另一方面有助于设备和管道的迅速干燥。

(五)消毒

在每次挤奶之前，用含有效氯浓度为 200 mg/kg(食品级)的自来水进行清洗、消毒，以最大限度减少设备和管道中的细菌数量。

第四节 奶牛场牛群改良计划(DHI)

一、DHI 简介

DHI 为英文 dairy herd improvement(奶牛场牛群改良计划)的缩写，也称牛奶记录体系，简称 DHI。DHI 作为奶牛场饲养管理的有效工具，在国外奶牛业已应用了 50 多年，世界上奶牛业发达国家如加拿大、美国、荷兰、日本、瑞典等都有类似的专门组织，负责 DHI 测定，为奶户提供有偿服务。DHI 业已成为世界奶牛业发展的方向。

我国 DHI 系统创立于 1994 年，由中国-加拿大奶牛综合育种项目与我国有关组织在上海、西安、杭州等地建立了牛奶监测中心实验室。

(一)组织形式

可根据不同的实际情况组织进行。具体操作就是购置乳成分测定仪、体细胞测定仪、电脑等仪器设备建立一个中心实验室。按规范的采样办法对每月固定时间采来的奶样进行测试分析，测试后形成书面的产奶记录报告。报告内容多达 20 多项，主要有产奶量记录、奶成分含量、每毫升体细胞数量等内容。

中国奶协已经成立了全国 DHI 协作委员会，制定了 DHI 技术认可标准、实验室验收标准及采样标准等。

(二)测试对象和间隔

测试对象为具有一定规模(20 头以上成母牛)愿意运用这一先进科技来管理牛群并提高效益的牧场，国内所有奶牛场均可参加。采样对象是所有泌乳牛(不含 15 d 之内新产牛，但包括手工挤奶的患乳房炎牛)，测试间隔 1 月 1 次(21～35 d/次)，参加测试后不应间断，否则影响数据准确性。

(三)工作程序

1. 取样方法

对参加 DHI 的每头牛每月采集奶样一次。每次采样总量为 40 mL。每天 3 次挤奶者早、中、晚采样比例为 4 : 3 : 3，两次挤奶的比例为 6 : 4。

2. 注意事项

(1)确保每头奶牛编号的唯一性，奶牛号与样品号对应一致。

(2)采样前先加入防腐剂(进口颗粒或重铬酸钾饱和液)，备好其他必需用具。

(3)所取奶样应具有代表性，即充分混合奶样。

(4)每次取样完毕后，把样品箱放在阴凉干燥处，在样品箱外贴上标签，标明场名、采样时间、采样人和送达地。

(5)要求在采样前对采样员进行培训，按要求进行采样，保证数据准确可靠。

(6)在一般情况下，加防腐剂的奶样在常温下可保存 5～7 d。加防腐剂的奶样应防止误食。

3. 收集资料

新加入 DHI 系统的奶牛场，应事先填报表给测试中心。以后牛场每月只需把繁殖报表、产奶量报表交付测试中心。产奶量单、牛号顺序与样品箱中的样品号顺序保持一致。

4. 测定产奶量

按要求定期测定产奶量，所有测试工具都应定期进行校正。

5. 奶样分析

测试内容有乳蛋白率、乳脂率、乳糖率、干物质及体细胞数等。

6. 数据处理及形成报告

计算机室将奶牛场的基础资料输入计算机，建立牛群档案，并与测试结果一起经过牛群管理软件和其他有关软件进行数据加工处理形成 DHI 报告。另外，还可根据奶牛场的需要提供 305 d 产奶量排名报告、不同牛群生产性能比较报告、体细胞数超过设定数的单列报告、典型牛只产奶曲线报告、DHI 报告分析与咨询。

二、DHI 提供的信息

DHI 提供了 20 多项数据信息，包括序号、牛号、分娩日期、DMI(泌乳天数)、胎次、HTM(牛群产奶量)、HTACM(校正奶产量)、Prev. M(上次奶产量)、F%(乳脂率)、P%(乳蛋白率)、F/P(乳脂/蛋白比例)、SCC(体细胞计数)、Mloss(牛奶损失)、LSCC(线形体细胞计数)、PreSCC(前次体细胞计数)、LTDM(累计奶产量)、LTDF(累计乳脂量)、LTDP(累计蛋白量)、PeakM(峰值奶量)、PeakD(峰值日)、305 M(305 d 奶量)、Reproseat(繁殖状况)、Duedate(预产期)。

三、DHI 的分析应用

每份 DHI 报告可以提供牛群群体水平和个体水平两个方面的信息。

(一)群体水平

即牛群的整体水平，主要包括以下几个方面：

(1)较理想的牛群泌乳天数为 150～170 d，如果牛群为全年均衡产犊，也就使得全年的产奶量均衡，DIM(泌乳天数)就应处于 150～170 d，这一指标可以显示牛群繁殖性能及产犊间隔。

(2)牛群平均理想胎次为 3～3.5 胎，是根据奶牛泌乳生理特点、胎次泌乳量的效益率和健康管理的水平提出来的，可以作为衡量一个奶牛场管理水平的依据。

(3)上次(月)乳量，指上次(月)测乳日的乳量，可说明该牛生产性能是否稳定。

(4)乳脂率和乳蛋白率可以提示营养状况。

(5)体细胞数与是牛群乳腺健康水平的标志。

(6)体细胞数与泌乳天数，这两项结合使用，可以确定与乳房健康相关的问题在什么地方发生。

(7)体细胞数与奶量损失，即牛奶中体细胞数与产奶量损失密切相关。

(8)前次 SCC 与本次 SCC 比较，提供了管理变化和治疗效果的指示。

(9)与峰值奶量有关的分析应用，增加峰值奶量是重要的指标。峰值奶量每提高 1 kg，相当于一个胎次奶产量一胎牛提高 400 kg，二胎牛提高 270 kg，三胎以上提高 256 kg。限制峰值奶量的因素有奶牛膘情、后备牛的饲养、干奶牛和围产期饲养管理、泌乳早期提供营养不足(体重减少情况)、乳房炎发病及遗传等。

(10)305 d 产奶量，该指标是衡量一个奶牛场生产经营状况的指标。

(二)个体水平

一个奶牛场管理的好坏，应当从每头牛的情况着手管理。DHI 报告为实现对每头奶牛的管理提供了非常实用的信息。

对照检查每头牛前后两次测定的奶产量，可分析出其产奶量升降是否正常，如果异常应及时查找原因并采取补救措施；个体牛的SCC直接反映了牛只乳房的健康状况，对比前后两次SCC可发现防治措施是否有效。

第五节　奶牛场的生产经营管理

一、人力资源管理

(一)奶牛场从业员工管理

1.奶牛场生产经营所需要的工作岗位

奶牛场生产经营所需要的员工种类及数量依奶牛场规模、饲养方式、机械化程度、人员的熟练程度而定，规模化的奶牛场员工一般包括：

管理人员：场长、生产主管、文秘等。

技术人员：畜牧、兽医、人工授精、统计等。

财务人员：会计、出纳。

生产人员：饲养员、挤奶员、饲料加工调制人员、机械维修工、清粪工、清洁消毒工等；如果有饲料基地还包括从事农业生产的人员。

后勤人员：司机、保管、采购、保安等。

所需要不同岗位的员工大部分是通过招聘的方式满足，招聘挤奶员工时要求核对是否有健康证明，其他员工根据岗位特点有不同要求，聘用从业人员要符合国家法规条例，签订劳动合同，约定雇佣双方的义务，并相应安排3～6个月的试用期。

2.员工岗位培训

奶牛场生产技术性强，新聘用员工上岗前必须经过岗位培训。饲养员和挤奶员在上岗前要由指定的专人进行培训，包括理论学习、实际操作、安全教育等，通过考核合格后，方可上岗。此外，在岗人员(包括技术员)也要进行定期培训，以便更新知识，适应不断发展的科学技术要求。

3.从业员工管理

员工管理不仅仅是雇佣和解雇，还包括员工的管理、福利以及处理员工之间的关系等。良好的员工关系对增加产奶量、提高奶质量和牛群质量有重要的意义。

奶牛场首先应尽可能给员工提供舒适、安全的工作环境和条件，并提供条件好的卫生系统和淋浴设备，员工的工作服要定期统一清洗、消毒。

在牛场内，优美整洁的环境利于保持工人的工作热情。如果通风差，牛舍内的空气污秽，不仅影响奶牛生产，也直接关系员工的身体健康。

注意安全管理和教育，牛舍及其设施方面的任何不足都将给安全带来隐患，同时草库、草垛、牛舍内要注意防火。

所有的工作岗位都应有书面的岗位职责和规章制度，明确该岗位的要求和特点，以及不遵守规章制度所应承担的责任。公正对待所有员工，并且奖惩分明。

在不影响生产前提下应尽量给员工安排连续的休息时间，保证员工的利益，以调动他们的工作热情和生产积极性。

4. 从业员工劳动报酬

员工的报酬应随着岗位和工作业绩的不同而异。一个好的员工应得到与其专业技能和责任大小相称的薪水。奖金一般可作为整个报酬的一个组成部分，根据工作岗位以及对工作的胜任程度，按年度或半年，或按月发放。奖金是员工额外努力工作的一个反映，既可与规定的工作业绩挂钩，也可由管理者直接决定，后一种类型的奖金通常在年底或在春节前发放，作为对全年工作一直出色的员工的认可。

(二)奶牛场从业员工岗位职责

奶牛场的所有工作岗位都应制定相应的岗位职责，主要工作人员的岗位职责有：

1. 奶牛场场长(经理)主要职责

(1)制定牛场的基本管理制度，参与并协助债权人决定牛场的经营计划、市场定位及长远发展计划，审查生产基本建设和投资计划，制定牛场的年度预算方案、决算方案、利润分配方案以及弥补亏损方案。

(2)按照本场的自然资源、生产条件以及市场需求，组织畜牧技术人员制定全场各项规章制度、技术操作规程、生产年度计划，掌握生产进度，提出增产措施和育种方案。

(3)负责全场员工的任免、调动、升级、奖惩，决定牛场员工的工资和奖励分配。

(4)负责召集员工会议，向员工和上级主管汇报工作，并自觉接受员工和上级主管的监督和检查。

(5)订立合同，对外签订经济合同，负责向债权人提供牛场经营情况和财务状况。

(6)遵守国家法律、法规和政策，依法纳税，服从国家有关机关的监督管理。

(7)负责检查全场各项规章制度、技术操作规程、生产计划的执行情况，对于违反规章、规程和不符合技术要求的事项有权制止和纠正。

(8)负责制定本场消毒防疫检疫制度和制定免疫程序，并行使总监督，对于生产中重大事故，要负责做出结论，并承担应负的责任。在发生传染病时，负责根据有关规定封锁或扑杀病牛。

(9)组织技术经验交流、技术培训和科学试验工作。

2. 畜牧技术人员主要的职责

(1)根据奶牛场生产任务和饲料条件，拟定奶牛生产计划。

(2)制定各类牛只更新淘汰、产犊和出售以及牛群周转计划。

(3)按照各项畜牧技术规程，拟定奶牛的饲料配方和饲喂定额。

(4)制定育种和选种选配方案，组织力量进行牛只体况评分和体型线性评定。

(5)负责牛场的日常畜牧技术操作和牛群生产管理，对生产中出现的畜牧技术事故，要及时报告，并组织相关技术人员及时处理。

(6)配合场长(经理)制定、督促、检查各种生产操作规程和岗位责任制贯彻执行情况。

(7)总结本场的畜牧技术经验，传授科技知识，填写牛群档案和各项技术记录，并进行统计整理。

3. 人工授精员的职责

(1)每年末制定翌年的逐月配种繁殖计划，每月末制定下月的逐日配种计划，同时参与制定选配计划。

(2)负责牛只发情鉴定、人工授精(胚胎移植)、妊娠诊断、生殖道疾病和不孕症的防治，以及奶牛进出产房的管理等。经常注意液氮存量，做好奶牛精液(胚胎)的保管和采购工作。

(3)及时填写发情记录、配种记录、妊娠检查记录、流产记录、产犊记录、生殖道疾病治疗记录、繁殖卡片等。按时整理、分析各种繁殖技术资料，并及时、如实上报。

(4)普及奶牛繁殖知识，掌握科技信息，推广先进技术和经验。

4. 兽医的职责

(1)负责牛群卫生保健、疾病监控和治疗，贯彻防疫制度，制定药械购置计划；每天巡视牛群，发现问题及时处理，填写病历和有关报表。

(2)认真细致地进行疾病诊治，充分利用化验室提供的科学数据。遇疑难病例及时汇报。组织力量检修牛蹄，监测乳房炎，检查蹄浴情况。

(3)普及奶牛卫生保健知识，提高员工素质，开展科研工作，推广应用先进技术。

(4)兽医应配合畜牧技术人员，共同搞好牛群饲养管理，减少发病率。

5. 饲养员的职责

(1)按照各类牛饲料定额，定时、定量顺序饲喂，少喂勤添，让牛吃饱、吃好。

(2)熟悉牛只情况，做到高产牛、头胎牛、体况瘦的牛多喂；低产牛、肥胖牛少喂；围产期牛及病牛细心饲喂，不同情况区别对待。

(3)细心观察牛只食欲、精神和粪便情况，发现异常及时汇报，并协助配种员做好牛只发情鉴定。

(4)节约饲料,减少浪费,并根据实际情况,对饲料的配方、定额、采食情况及饲料质量及时向技术人员提出意见和建议。

(5)每次饲喂前应做好饲槽的清洗卫生工作,以保证饲料新鲜,提高牛只采食量。

(6)负责牛体、牛舍清洁卫生,经常刷拭牛体,做好后备牛调教工作。

(7)保管、使用喂料车和工具,节约水电,并做好交接班工作。

6. 挤奶员的职责

(1)熟悉所管的牛只,遵守操作规程,定时按顺序进行挤奶。不得擅自提前或滞后挤奶或提早结束挤奶。

(2)挤奶前应检查挤奶器、挤奶桶、纱布等有关用具是否清洁、齐全,真空泵压力和脉动频率是否符合要求,脉动器声音是否正常等。

(3)做好挤奶卫生工作,并按挤奶操作要求,热敷按摩乳房,检查乳房并挤掉第一二把奶,发现乳房异常及时报告兽医,做好乳头药浴,及时更换药液。

(4)含有抗生素的奶以及乳腺炎的奶应单独存放,另做处理,不得混入正常奶中。

(5)挤奶机器要定期清洗及维护。

7. 清洁工的职责

(1)负责牛舍内外清洁工作,做到"三勤",即勤走、勤看、勤扫;注意观察牛只的排泄及分泌物,发现异常及时汇报。

(2)牛粪以及被污染的垫草要及时清除,以保持牛体和牛床清洁。

(3)牛床以及粪尿沟内不准堆积牛粪和污水,及时清除运动场粪尿,以保持清洁、干燥。

二、生产定额管理

定额是编制生产计划的基础,是组织计划实施的前提,同时也是管理的基础,为了增强管理的科学性,提高经营管理水平,取得经营的预期效果,应当在管理的全过程搞好定额工作,充分发挥定额管理的作用。此外,定额是检查计划执行情况的依据,定额是正确考核职工的贡献大小、给予劳动报酬分配的依据;对于提高劳动生产率、搞好经济核算也是不可缺少的有效手段。

奶牛场计划中的定额种类很多,有劳动定额、人员配备定额、饲料储备定额、机械设备定额、物资储备定额、产品定额、财务定额等。

(一)制定奶牛生产定额

奶牛生产中制定科学、合理的生产定额至关重要。如果生产定额不能正确反映牛场的技术和管理水平,它就会失去意义。定额偏低,用以制定的计划,不仅是保守的,而且会造成人力、物力及财力的浪费;定额偏高,制定的计划是脱离实际的,也是不能实现的，且影响员工的生产积极性。奶牛场主要生产定额的制定包括：

1. 人员配备定额

(1)牛场人员组成　奶牛场人员由管理人员、技术人员、生产人员、后勤及服务人员等组成。包括场长、畜牧人员、兽医人员、人工授精员、统计员、会计、出纳、饲养员、挤奶员、饲料加工人员、奶处理人员、锅炉工、夜班工、司机、维修工、仓库管理、食堂及服务人员等。

(2)人员配备定额　某规模为 600 头的奶牛场，其中成母牛 350 头，拴系式饲养，管道式机械挤奶，平均单产 7 500 kg，其人员配备为：管理 4 人(其中场长 1 人、生产主管 1 人、会计 1 人、出纳 1 人)；技术人员 5 人(其中人工授精员 2 人、统计 1 人、兽医 2 人)；直接生产人员 45 人(其中饲养员 17 人、挤奶员 10 人、清洁工 5 人、接产员 2 人、轮休 2 人、饲料加工及运送 5 人、夜班 2 人、奶库及原料奶管理 2 人)；间接生产人员 7 人(其中机修 3 人、仓库管理及锅炉工 1 人、保安 1 人、绿化 1 人、司机 1 人)。

另一规模为 800 头的奶牛场，其中成母牛 500 头，散放式饲养，挤奶厅机械挤奶，传统饲喂方式，平均单产 7 800 kg，其人员配备为：管理 4 人(其中场长 1 人、生产主管 1 人、会计 1 人、出纳 1 人)；技术人员 6 人(其中人工授精员 3 人、统计 1 人、兽医 2 人)；直接生产人员 48 人(其中饲养员 21 人、挤奶员 9 人、清洁工 6 人、接产员 2 人、轮休 2 人、饲料加工及运送 5 人、夜班 2 人、原料奶管理 1 人)；间接生产人员 7 人(其中机修 2 人、仓库管理及锅炉工 2 人、保安 1 人、绿化 1 人、司机 1 人)。

每个奶牛场均应根据各自的实际情况，合理制定定额，配备人员，提高劳动生产效率。

(3)定员计算方法　牛场对牛应该实行分群、分舍、分组管理，定群、定舍、定员。分群是按牛的年龄和饲养管理特点，分为成年母牛群、育成牛群和犊牛群等；分舍是根据牛舍床位，分舍饲养；分组是根据牛群头数和牛舍床位，分成若干组。然后根据人均饲养定额配备人员。其他人员则根据全年任务、工作需要和定额配备人员。

2. 劳动定额

劳动定额是在一定生产技术和组织条件下，为生产一定的合格产品或完成一定的工作量所规定的必要劳动消耗量，是计算产量、成本、劳动生产率等各项经济指标和编制生产、成本和劳动等项计划的基础依据。奶牛场应根据不同的劳动作业、每个人的劳动能力和技术熟练程度，机械化、自动化水平以及其他设备条件，规定适宜的劳动定额。

(1)配种　定额 200～250 头，人工授精。按配种计划适时配种，保证受胎率在96%以上,受胎母牛平均使用冻精不超过3.5粒(支)。

(2)兽医　定额200～250头,手工操作。检疫,治疗,接产,医药和器械的购买、保管,修蹄,牛舍消毒等。

(3)挤奶工　负责挤奶、清扫卫生、护理奶牛乳房以及协助观察母牛发情等工作,每天3次挤奶。手工挤奶每人可管理10头泌乳牛;管道式机械挤奶时,每人可管理30～40头;挤奶厅机械挤奶时,每人可管理60～80头。

(4)饲养工　负责饲喂、饲槽、牛床的清洁卫生,牛体刷拭以及观察牛只的食欲。成母牛每人可管理50～60头;犊牛2月龄断奶,哺乳量300 kg,成活率不低于95%,日增重700～750 g,每人可管理35～40头;育成牛,日增重700～800 g,14～16月龄体重达360～380 kg,每人可管理60～70头。

(5)清洁工　负责拾运运动场粪尿以及周围环境的卫生。每人可管理各类牛120～150头。

(6)围产期奶牛　每人定额18～20头,负责围产期母牛的饲养、清洁卫生、接产以及挤奶工作。

(7)饲料加工供应　定额120～150头,手工和机械操作相结合。饲料称重入库、加工粉碎、清除异物、配制混合、按需要供应各牛舍等。

3.饲料消耗定额

饲料消耗定额是生产单位重量牛奶或增重所规定的饲料消耗标准,是确定饲料需要量、合理利用饲料、节约饲料和实行经济核算的重要依据。

(1)饲料消耗定额的制定方法　奶牛维持和生产产品,需要从饲料中摄取营养物质。由于奶牛品种、性别和年龄、生长发育阶段及体重不同,其营养需要量亦不同。因此,在制定不同类别奶牛的饲料消耗定额时,首先应查找其饲养标准中对各种营养成分的需要量,参照不同饲料的营养价值确定日粮的配给量;再以日粮的配给量为基础,计算不同饲料在日粮中的占有量;最后再根据占有量和牛的年饲养头数,即可计算出年饲料的消耗定额。由于各种饲料在实际饲喂时都有一定的损耗,尚需要加上一定损耗量。

(2)饲料消耗定额　一般情况下,奶牛每头每天平均需4 kg优质干草,鲜玉米(秸)青贮25 kg;育成牛每头每天平均需干草3 kg,玉米青贮20 kg。成母牛精饲料除按2.5～3.5 kg奶给1 kg精饲料外,每头每天还需加基础料2 kg;怀孕青年母牛平均每头每天2.5～3 kg精料;育成牛为2.5 kg;犊牛为1.5 kg。

4.成本定额

成本定额通常指生产单位奶量或增重所消耗的生产资料和所付的劳动报酬的总和,其包括各龄母牛群的饲养日成本和牛奶单位成本。

牛群饲养日成本等于牛群饲养费用除以牛群饲养头日数。牛群饲养费定额,即构成饲养日成本各项费用定额之和。牛群和产品的成本项目包括工资和福利费、饲料费、燃料费和动力费、医药费、牛群摊销、固定资产折旧费、固定资产修理费、低值易耗品费、其他直接费用、共同生产费、企业管理费等。这些费用定额的制定，可参照历年的实际费用、当年的生产条件和计划来确定。

(二)定额的修订与管理定额

1.定额的修订

修订定额，对于搞好计划也是很重要的内容。定额是在一定条件下制定的，反映一定时期的技术水平和管理水平。由于生产的客观条件在不断发展变化，因此，在每年编制计划前，必须对定额进行一次全面的收集、调查、整理、分析，对不符合新情况、新条件的定额进行修订；并补充齐全的定额和制定新定额标准，使计划编制有可靠的依据。

2.管理定额

合理的劳动组织是提高工作人员劳动生产率和奶牛产奶量的重要保证。牛场应根据具体情况，确定工作人员的管理定额，使具体工作落实到人，专人专职，有利于工作人员明确自己的工作对象和工作量与工作性质，也有利于饲养人员了解和熟悉自己所管牛只的个体特性、生活习惯、生理机能和生产能力等。以便在了解牛只情况的基础上，对不同牛只进行针对性饲养管理，以达到有计划地提高每头牛的生产能力。

奶牛场的人员定额应根据具体条件而有所区别。一般根据牛群大小，饲养队伍可分成小组，如种公牛组、成母牛组、育成牛和犊牛组、乳品处理组等。挤奶员(饲养员)管理奶牛定额系按挤奶方法、设备条件和牛奶产量而定。机械化程度高可定额高些，机械化程度低可低些，并经实施一段时间后，再行调整、固定。目的是使工作人员既不感工作量太大难以完成，又能在力所能及的范围内将工作干好，同时还有时间学习科学技术。在制定岗位责任时，必须向每个工作人员明确工作范围和职责以及工作人员之间的关系，特别是大型奶牛场，必须更加严格地规定职权系统、责任范围，必须要让所有人员都清楚了解。小型牛场应该规定得灵活一些，可以根据实际情况，随时扩大或缩小工作量和职责范围。如一般人工挤奶时，一人饲养及挤奶可管理年产奶 6 000～7 000 kg 的奶牛 7～8 头；7 000～7 500 kg的奶牛 6 头；管道式机械挤奶时，可增加 1.5～2 倍。

三、生产计划编制

为了提高效益，减少浪费，各奶牛场均应有生产计划。制定生产计划，首先要考虑完成生产任务，力争超额并提前完成生产指标和提高产品质量。奶牛场生产计划主要包括配种产犊计划、牛群周转计划、产奶计划和饲料供应计划等。

(一)配种产犊计划

配种和产犊是奶牛生产的重要环节,奶牛没有产犊也就没有产奶。配种产犊计划是奶牛场年度生产计划的重要组成部分,是完成奶牛场繁殖、育种和产奶任务的重要措施和基本保证。同时,配种产犊计划又是制定牛群周转计划、牛群产奶计划和饲料供应计划的重要依据。

1.编制计划的必备资料

(1)上年度经产、初产、初配母牛最后一次实际配种日期和产后未配种的经产、初产母牛的产犊日期。查出各月份配种妊娠牛的头数,即上年度母牛分娩、配种记录。

(2)上年度的育成母牛出生日期、月龄及发育等情况,即前年和上年度所生的育成母牛的出生日期记录。

(3)本牛场配种产犊类型及历年的牛群配种繁殖成绩。

(4)计划年度内预计淘汰的成母牛和育成母牛的头数和时间。

(5)上年度繁殖母牛的年龄、胎次、营养、健康、繁殖性能等情况。

(6)当地气候特点、饲料供应、鲜奶销售情况及本场牛舍建筑设备情况,特别是产房与犊牛培育设施等方面的条件等。

2.确定与编制计划有关的规定与原则

(1)经产、初产母牛产犊后的配种时期。

(2)育成母牛的初配年龄和其他有关规定。

(3)牛只淘汰原则和标准(如凡年龄超过10产,305 d产奶量低于4 500 kg,患有严重乳房疾病、生殖疾病而又屡治无效者均加以淘汰)。

(4)牛群的情期受胎率、配种受胎率、情期发情率、流产死胎率与犊牛成活率等。

3.编制计划的方法与步骤

(1)编制计划的步骤 假设该场各类牛的情期发情率为100%,流产死胎率为0,并且本年度没有淘汰母牛。其编制方法及步骤如下:

①将2006年各月受胎的成母牛和初孕牛头数分别填入“上年度受胎母牛数”栏相应项目中。

②根据受胎月份减3为分娩月份,则2006年4～12月份受胎的成母年和初孕牛将分别在本年度1～9月份产犊,则分别填入“本年度产犊母牛数”栏相应项目中。

③2006年11、12月份分娩的成母牛及10、11、12月份分娩的初产牛,应分别在本年度1、2月份及1、2、3月份配种,并分别填入“本年度配种母牛数”栏的相应项目内。

④2005 年 8 月至 2006 年 7 月份所生的育成母牛，到 2007 年 1～12 月份年龄陆续达到 16 月龄，须进行配种，分别填入“本年度配种母牛数”栏的相应项目中。

⑤2006 年底配种未受胎的 20 头母牛，安排在本年度 1 月份配种，填入“本年度配种母牛数”栏“复配牛”项目内。

⑥将资料中提供的 2007 年度各月估计情期受胎率的数值分别填入“本年度估计情期受胎率”栏的相应项目中。

⑦累加本年度 1 月份配种母牛总头数(即“成母牛＋初产牛＋初配牛＋复配牛”之和)，填入该月“合计”中，则 1 月份的估计情期受胎率乘以该月“成母牛＋初产牛＋复配牛”之和，得数 29，即为该月这三类牛配种受胎头数。同法，计算出该月初配牛的配种受胎头数为 2，分别填入“本年度妊娠母牛数”栏 1 月份项目内和“本年度计划产犊母牛数”栏 10 月份项目内。

⑧本年度 1～10 月份产犊的成母牛和本年度 1～9 月份产犊的初孕牛，将分别在本年度 3～12 月和 4～12 月份配种，则分别填入“本年度配种母牛数”栏相应项目中。

⑨年度 1 月份配种总头数减去该月受胎总头数得数 27，即 58×(1－53%)＝27，填入 2 月份“复配牛”栏内。

⑩按上述第⑧和第⑩步骤，计算出本年度 11、12 月份产犊的母牛头数及本年度 2～12 月份复配母牛头数，分别填入相应栏内。

⑪编制出成母牛和初孕牛 1～12 月份的妊娠头数，分别填入各月相应的栏目中。即完成了 2007 年全群配种产犊计划编制工作(表 6-10)。

表 6-10　某奶牛场 2007 年度配种产犊计划表　　头

项目	月份	1	2	3	4	5	6	7	8	9	10	11	12
上年度受胎母牛数	成母牛	25	29	24	30	26	29	23	22	23	25	24	29
	初孕牛	5	3	2	0	3	1	5	6	0	2	3	2
	合计	30	32	26	30	29	30	28	28	23	27	27	31
本年度计划产犊母牛数	成母牛	30	26	29	23	22	23	25	24	29	29	28	30
	初产牛	0	3	1	5	6	0	2	3	2	2	4	5
	合计	30	29	30	28	28	23	27	27	31	31	32	35
本年度配种母牛数	成母牛	29	24	30	26	29	23	22	23	25	24	29	29
	初产牛	5	3	2	0	3	1	5	6	0	2	3	2
	初配牛	4	7	9	8	10	13	6	5	3	2	0	1
	复配牛	20	27	29	34	35	34	27	23	23	22	22	26
	合计	58	61	70	68	77	71	60	57	51	50	54	58
本年度估计情期受胎率/%		53	52	50	49	55	62	62	60	59	57	52	45

续表 6-10

项目	月份	1	2	3	4	5	6	7	8	9	10	11	12
本年度妊娠母牛数	成母牛	29	28	30	30	37	36	33	31	28	27	28	26
	初孕牛	2	4	5	4	6	8	4	3	2	1	0	1
	合计	31	32	35	34	43	44	37	34	30	28	28	27

(2)资料计算的方法　某奶牛场 2006 年 1～12 月份受胎的成母牛和初孕牛头数分别为 25、29、24、30、26、29、23、22、23、25、24、29 和 5、3、2、0、3、1、5、6、0、2、3、2；2006 年 11、12 月份分娩的成母牛头数为 29、24；10、11、12 月份分娩的初产牛头数为 5、3、2；2005 年 8 月份至 2006 年 7 月份各月所生育成母牛的头数分别为 4、7、9、8、10、13、6、5、3、2、0、1；2006 年底配种未孕母牛 20 头。该牛场为常年配种产犊，规定经产母牛分娩 2 个月后配种（如 1 月份分娩，3 月份配种），初产牛分娩 3 个月后配种，育成牛满 16 月龄配种；2007 年 1～12 月份估计情期受胎率分别为 52%、52%、50%、49%、55%、62%、62%、60%、59%、57%、52%和 45%（一般是以本场近几年各月份情期受胎率的平均值来确定计划年度相应月份情期受胎率的估计值）。

(二)牛群周转计划

牛群在一年中，由于犊牛的出生、后备牛的生长发育和转群、各类牛的淘汰和死亡以及牛只的买进、卖出等，致使牛群结构不断发生变化。在一定时期内，牛群结构的这种增减变化称为牛群周转。牛群周转计划是牛场的再生产计划，是指导全场生产、编制饲料供应计划、牛群产奶计划、劳动力需要计划和各项基本建设计划的重要依据。

1. 编制计划必备的资料

(1)上年度年末各类奶牛的实有头数、年龄、胎次、生产性能及健康状况。

(2)计划年度内牛群配种产犊计划。

(3)计划年度淘汰、出售或购进的牛只数量及计划年度末各类牛要达到的头数和生产水平。

(4)历年本场牛群繁殖成绩，犊牛、育成牛的成活率，成母牛死亡率及淘汰标准。

(5)明确牛场的生产方向、经营方针和生产任务。

(6)了解牛场的基建及设备条件、劳动力配备及饲料供应情况。

2. 确定与编制计划有关的规定与原则

一般来说，母牛可供繁殖使用 10 年左右。成年母牛的正常淘汰率为 10%，外加低产牛、疾病牛淘汰率 5%，年淘汰率在 15%左右。所以，一般奶牛场的牛群组成比例为：成年牛 58%～65%，18 月龄以上青年母牛 16%～18%，12～18 月龄育成母牛

6%～7%，6～12月龄育成牛7%～8%，犊牛8%～9%。牛群结构是通过严格合理选留后备牛和淘汰劣等牛达到的，一般后备牛经6月龄、12月龄、配种前、18月龄等多次选择，每次按一定的淘汰率如10%选留，有计划培育和创造优良牛群。

成年母牛群的内部结构，一般为一、二产母牛占成年母牛群的35%～40%，三至五产母牛占40%～45%，六产以上母牛占15%～20%，牛群平均胎次为3.5～4.0胎(年末成母牛总胎数与年末成母牛总头数之比)。常年均衡供应鲜奶的奶牛场，成年母牛群中产乳牛和干乳牛也有一定的比例关系，通常全年保持80%左右处于产乳，20%左右处于干乳。

3.编制方法与步骤

以某奶牛场为例：某奶牛场计划经常拥有各类奶牛1 000头，其牛群结构比例为成母牛占63%，育成牛24%，犊牛13%。已知计划年初有犊牛130头，育成牛310头，成母牛500头，另知上年7～12月份各月所生犊牛头数及本年度配种产犊计划，试编制本年度牛群周转计划。

①将年初各类牛的头数分别填入表6-11“期初”栏中。计算各类牛年末应达到的比例头数，分别填入12月份“期末”栏内。

②按本年度配种产犊计划，把各月将要出生的母犊头数(计划产犊头数×50%×成活率)相应填入犊牛栏的“繁殖”项目中。

③年满6月龄的母犊应转入育成牛群中，则查出上年7～12月份各月份所生母犊头数，分别填入母犊“转出”栏的1～6月份项目中(一般这6个月母犊头数之和，等于期初母犊的头数)。而本年度1～6月份所生母犊头数对应地填入育成牛“转出”栏7～12月份项目中。

④将各月转出的母牛犊数对应地填入育成牛“转入”栏中。

⑤根据本年度配种产犊计划，查出各月份分娩的育成牛数，对应地填入育成牛“转出”及成母牛“转入”栏中。

⑥合计母犊“繁殖”与“转出”总数。要想使年末牛只数达128头，期初头数与“增加”头数之和等于“减少”头数与期末头数之和。则通过计算：(130＋220)－(200＋128)＝22，表明本年度母犊可出售或淘汰22头。为此，可根据母犊生长育情况及该场饲养管理条件等，适当安排出售和淘汰时间。最后汇总各月份期初与期末头数，“母犊”一栏的周转计划即编制完成。

⑦同法，合计育成母牛“转入”与“转出”栏总头数，根据年末要求达到的头数，确定全年应出售和淘汰的头数。在确定出售、淘汰月份分布时，应根据市场对鲜奶和种牛的需要及本场饲养管理条件等情况确定。汇总各月份期初及期末头数，即完成该场本年度牛群周转计划。

表 6-11 某奶牛场牛群周转计划表

头

月份	犊牛								育成牛								成牛							
	期初	增加		减少				期末	期初	增加		减少				期末	期初	增加		减少				期末
		繁殖	购入	转出	出售	淘汰	死亡			转入	购入	转出	出售	淘汰	死亡			转入	购入	转出	出售	淘汰	死亡	
1	130	20		20				130	310	20		15				315	500	15					5	510
2	130	20		20				130	315	20		15	2			318	510	15						525
3	130	20		15				135	318	15		10	10	5		308	525	10						535
4	135	20		15	2			138	308	15		10	15	5		293	535	10			10			535
5	138	15		10				143	293	10		20	5		2	286	535	20			10			545
6	143	15		10			3	145	286	10		20	5			271	545	20						565
7	145	20		20		2	2	141	271	20		10		3		278	565	10						575
8	141	20		20		5	2	134	278	20		10		2	2	284	575	10						585
9	134	20		20		3	2	129	284	20		15		2		287	585	15						600
10	129	20		20			1	128	287	20		15	5	5	1	281	600	15						615
11	128	15		15				128	281	15		15	15	5		261	615	15				5		625
12	128	15		15				128	261	15		15	15	3	1	242	625	15			5	5		630
合计		220		200	2	10	10			200		170	72	30	6			170			25	10	5	

(三)饲料供应计划

饲料供应计划应在牛群周转计划(明确每个时期各类牛的饲养头数)和各类牛群饲料定额等资料基础上进行编制。按全年各类牛群的年饲养头日数(即全年平均饲养头数×全年饲养日数)分别乘以各种饲料的日消耗定额,即为各类牛群的饲料需要量。然后把各类牛群需要该种饲料总数相加,再增加5%～10%的损耗量。

奶牛主要饲料的全年需要量,可按下式进行估算:

混合精饲料:　成母牛基础料量＝年平均饲养头数×2 kg×365

产奶料量＝全群全年总产奶量/(2.5～3.5)kg

育成牛需要量＝年平均饲养头数×(2.5～3)kg×365

犊牛需要量＝年平均饲养头数×1.5 kg×365

玉米青贮:　成母牛需要量＝年平均饲养头数×20kg×365

育成牛需要量＝年平均饲养头数×15 kg×365

干草:　成母牛需要量＝年平均饲养头数×5kg×365

育成牛需要量＝年平均饲养头数×3 kg×365

犊牛需要量＝年平均饲养头数×1.5 kg×365

矿物质饲料:一般按混合精料量的3%～5%供应。

(四)产奶计划

产奶计划是制定牛奶供应计划、饲料计划、联产计酬以及进行财务管理的主要依据。奶牛场每年都要根据市场需求和本场情况,制定每头牛和全群牛的产奶计划。

编制牛群产奶计划,必须具备下列资料:

(1)计划年初泌乳母牛的头数和去年母牛产犊时间;

(2)计划年成母牛和育成牛分娩的头数和时间;

(3)每头母牛的泌乳曲线;

(4)奶牛胎次产奶规律。

由于影响奶牛产量的因素较多,牛群产奶量的高低,不仅取决于泌乳母牛的头数,而且决定于各个体的品种、遗传基础、年龄和饲养管理条件,同时与母牛的产犊时间、泌乳月份也有关系。因此,制定产奶计划时,应考虑以下情况:

①泌乳月:母牛现处于第几泌乳月,前几个月及本月的平均日产奶量。在正常饲养管理条件下,大多数母牛分娩后的奶量迅速上升,到第2～3个月达最高,以后逐渐下降,每月降5%～7%,到泌乳末期逐月下降10%～20%。但有的母牛在分娩后2个月内泌乳量迅速上升,以后便迅速下降,而有的母牛在整个泌乳期内能保持均衡泌乳。因此,编制产奶计划时,必须考虑每头母牛的个体特性。

②年龄和胎次:荷斯坦牛通常第二胎产奶量比第一胎高10%～12%;第三胎

又比第二胎高 8%～10%；第四胎比第三胎高 5%～8%；第五胎比第四胎高 3%～5%；第六胎以后奶量逐渐下降。荷斯坦牛 1～6 胎的产奶系数分别为 0.77、0.87、0.94、0.98、1.0、1.0。

③干奶期饲养管理情况以及预产期。

④母牛体重、体况以及健康状况。

⑤产犊季节，尤其南方夏季高温高湿对奶牛产奶量的影响。

⑥考虑本年度饲料情况和饲养管理上有哪些改进措施。

例如：9903 号母牛上胎次（3 胎）产奶量为 7 000 kg，其 1～10 泌乳月的产奶比率分别为 14.4%、14.8%、13.8%、12.6%、11.4%、10.1%、8.3%、6.2%、5.1%及 3.3%。则该牛在计划年度产奶量估计为：7 000 kg×0.98（第四胎产奶系数）/0.94（第三胎产奶系数）＝7 298 kg，第一泌乳月产奶量为 7 298 kg×14.4%＝1 051 kg，第二泌乳月产奶量为 7 298 kg×14.8%＝1 080 kg，其余各月依次为 1 007 kg、920 kg、832 kg、737 kg、606 kg、452 kg、372 kg、241 kg。若该牛在计划年的 3 月份以前产犊，泌乳期产奶量在计划年度内完成；如若其于上年度 11 月份初产犊，则在计划年度 1 月份为其第三泌乳月的产奶量，其余类推。如若母牛不在月初或月末产犊，则需计算月平均日产奶量，然后乘以当月产奶天数。将全场计划年度所有泌乳牛的产奶量汇总，即为年产奶计划。

若本奶牛场无统计数字或泌乳牛曲线资料，在拟定个体牛各月产奶计划时，可参考表 6-12 和母牛的健康、产奶性能、产奶季节、计划年度饲料供应等情况拟定计划日产奶量，据此拟定各月、全年、全群产奶计划。

表 6-12 奶牛各泌乳月平均日产奶量分布表 kg

305 d	泌乳月									
产奶量	1	2	3	4	5	6	7	8	9	10
4 500	18	20	19	17	16	15	14	12	10	9
4 800	19	21	20	19	17	16	14	13	11	9
5 100	20	23	21	20	18	17	15	14	12	10
5 400	21	24	22	21	19	18	16	15	13	11
5 700	22	25	24	22	20	19	17	15	14	12
6 000	24	27	25	23	21	20	18	16	14	12
6 600	27	29	27	25	23	22	20	18	16	14
6 900	28	30	28	26	24	23	21	19	17	16
7 200	29	31	29	27	25	24	22	20	18	16
7 500	30	32	30	28	26	25	23	21	19	17
7 800	31	33	31	29	27	26	24	22	20	18
8 100	32	34	32	30	28	27	25	23	21	19

续表 6-12

305 天产奶量	泌乳月									
	1	2	3	4	5	6	7	8	9	10
8 400	33	35	33	31	29	28	26	24	22	20
8 700	34	36	34	32	30	29	27	25	23	21
9 000	35	37	35	33	31	30	28	26	24	22

四、技术工作管理

为了有计划地开展各项工作，对全年的技术工作必须统筹兼顾，全面安排。现以某奶牛场的全年技术工作安排为例，供参考。

1.1 月份

(1)调查牛群的年龄、怀孕月份、胎次分布、体况及健康状况等，摸清底细，以便安排和指导全年生产。

(2)1 月份是全年最冷时期，要做好防寒保暖工作，以防犊牛呼吸道疾病。牛舍要勤换垫草、勤清除粪便，保持清洁干燥，防止寒风和贼风侵袭。尽可能饮温水、喂粥料等，特别是对围产期牛、高产牛和犊牛的护理要精心、细致。

2.2 月份

(1)安排好春节期间的生产，避免劳力、饲料脱节及人为灾害；

(2)继续搞好防寒越冬，积极开展春季防疫、检疫工作；

(3)检查配种工作及存在问题。

3.3 月份

(1)防疫、检疫结束后，牛舍、运动场进行春季大消毒，并抓住时机搞好植树造林、美化环境；

(2)进行春季牛群修蹄工作；

(3)落实青贮玉米播种工作。

4.4 月份

(1)做好牛群炭疽芽孢疫苗的注射；

(2)进行上半年布鲁氏菌病和结核病的防疫、检疫工作；

(3)预防过量饲喂青草而导致牛腹泻；

(4)检查青贮玉米播种的数量和质量。

5.5 月份

(1)对不孕牛进行复查，并采取相应技术措施；

(2)露天干草要垛好，以防雨淋，霉烂变质；

(3)地沟、低湿处喷洒杀虫剂，以消灭蚊蝇的滋生；

(4)加强牛奶的初步处理，以防酸败；

(5)检查、维修青贮机械及青贮池(塔)。

6.6月份

(1)天气逐渐炎热，做好防暑降温准备，逐步变换饲料，增加青绿饲料；

(2)组织青贮工作临时班子，做好青贮的准备工作；

(3)加强监督挤奶器械、管道系统的清洗消毒工作，严把产品质量关。

7.7月份

(1)检查上半年生产任务完成情况及存在问题；

(2)搞好玉米青贮工作；

(3)进行防暑降温，以缓解奶牛热应激；

(4)继续加强督促挤奶和贮奶系统的清洗消毒，严把产品质量关。

8.8月份

(1)做好饲料青贮的收尾工作，对全场进行卫生消毒；

(2)进行不孕牛的普查及治疗工作；

(3)对工人进行技术培训。

9.9月份

(1)整理产房、做好产犊高峰季节的准备工作；

(2)收贮青干草；

(3)检查玉米青贮窖的防漏水、漏气情况。

10.10月份

(1)进行牛群普查鉴定工作；

(2)做好秋季牛群修蹄工作；

(3)进行下半年布鲁氏菌病和结核病的防疫、检疫工作；

(4)对牛群进行驱虫，成母牛在干乳期进行。

11.11月份

(1)做好块根、块茎饲料以及其他饲料的青贮工作；

(2)总结年度配种工作；

(3)做好冬季防寒保暖的准备工作；

12.12月份

(1)填报年度生产统计报表，总结全年工作，研究布置下年度生产计划；

(2)做好防寒保温安全越冬工作；

(3)调整牛群结构，淘汰老弱病残牛。

本章小结

- 奶牛生产技术
  - 后备牛培育
    - 犊牛的饲养管理
      - 新生犊牛的护理
      - 犊牛的饲养管理
    - 育成牛的饲养管理
      - 育成母牛的饲养
      - 育成母牛的管理
  - 成年泌乳母牛的饲养管理
    - 一般饲养管理技术
    - 阶段饲养法
    - 全混合日粮(TMR)饲喂技术
    - 高温季节奶牛的饲养管理
  - 挤奶技术
    - 乳房结构和乳汁分泌
    - 挤奶技术
    - 挤奶设备的清洗和消毒
  - 奶牛场牛群改良计划(DHI)
    - DHI 简介
    - DHI 提供的信息
    - DHI 的分析应用
  - 奶牛场的生产经营管理
    - 人力资源管理
    - 生产定额管理
    - 生产计划编制
    - 技术工作管理

复习思考题

1. 简述哺乳期犊牛的饲养管理方法。犊牛如何进行早期断奶?
2. 后备牛培育意义及饲养管理主要措施有哪些?
3. 简述奶牛干奶的意义与方法。干奶牛饲养管理要点有哪些?
4. 简述奶牛围产期的饲养管理要点。
5. 奶牛泌乳早期的生理特点及饲养目标是什么?
6. 什么叫奶牛全混合日粮饲养技术? 如何评价?
7. 奶牛挤奶有哪些方法? 各自的优缺点是什么?
8. 奶牛场生产定额种类和奶牛场从业员工种类有哪些?
9. 什么是 DHI? DHI 有何实际意义?

第七章 肉牛生产技术

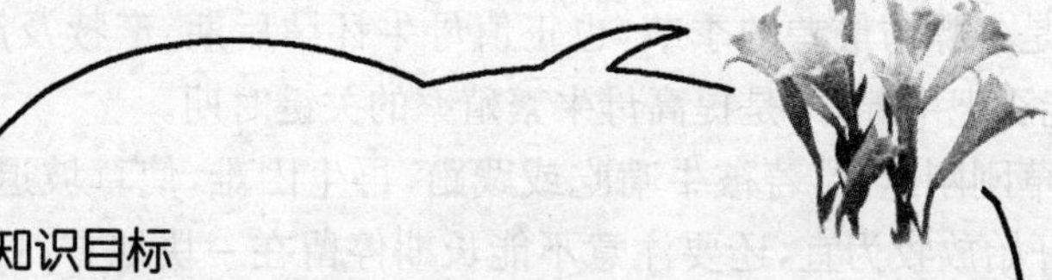

知识目标

- 掌握繁殖母牛和犊牛的饲养管理方式和特点。
- 掌握肉牛的肥育技术，如架子牛的选择、育肥及高档牛肉的生产模式。

技能目标

- 掌握架子牛的选择。
- 学会肉牛育肥技术。
- 掌握提高肉牛肥育效果的有效技术措施。

第一节 繁殖母牛-犊牛生产体系建设

繁殖母牛的主要任务是每年繁殖一胎，其后代的优良母牛一般用于优秀母牛群的维持和扩大需要，剩余的母牛和公牛一般作为架子牛育肥。对繁殖母牛的要求是遗传力稳定、繁殖能力强和具有高产奶量。遗传力稳定指后代无遗传缺陷，并具有优良的性状；繁殖能力强指产犊间隔稳定，可利用繁殖期长；高产奶量是提高犊牛成活率和奠定高产性能的基础。

一、繁殖母牛的饲养方式

肉用繁殖母牛的饲养方式主要有放牧、舍饲两种方式。

(一)放牧

省饲料,省人力和设备,成本低。由于牛行走觅食,运动量很大,使牛得到充分的锻炼从而增强了体质,对提高牛的繁殖率有好处。但放牧行走所消耗的营养物质多,使饲喂效果降低。另外,由于牛的践踏和挑食,牧草采食率一般不到50%,同时还受季节、气候干扰。

1. 春季放牧饲养

春季正是牛膘情最差的季节,也正值母牛怀孕后期、产犊及产后开始发情的季节,此时能否把牛养好,是提高母牛繁殖率的关键时期。

春天牧草刚刚返青,若被牛啃吃或践踏,再生困难,使草坡退化,应待草长到10 cm以上开始放牧为宜,还要注意不能长期停留在一块地方。开始先在阳坡放牧,每天2～3 h,经过7～8 d的过渡后慢慢增加到全天放牧,以避免由于枯草饲养突然转为青草饲养,使牛拉稀、水泻或瘤胃臌胀,造成损失,而且前半个月到1个月,在出牧前或回圈后要补饲干草或秸秆,以避免消化失调和缺镁痉挛症。开始放牧时,还需控制牛群的行走速度,以免"跑青"。对于怀孕最后3个月的母牛、泌乳前3个月的母牛以及瘦弱的母牛,应补些配合料。

早春夜间气温偏低,应让牛在舍内或圈内过夜,以减少营养物质的消耗,增进牛的健康。临产和产后半个月的母牛均不要放牧。

2. 夏季放牧饲养

夏季牧草生长最茂盛,营养价值也高,是牛复膘和增膘的好季节。此时应逐渐到远离村庄的草坡放牧。可在放牧地建立临时牛圈,减少回村行走所消耗的营养。牛厌热喜凉,气温超过30℃就会使牛食欲、消化能力和对疾病的抵抗能力下降。所以,在炎热时,白天可把牛放牧在阴坡,早晚放牧在向阳坡,或者夜间放牧。晴天中午前后,把牛赶在树阴处、树林里,以免中暑。把靠近村庄、河谷草地的牧草刈割晒制干草或制作青贮,为越冬备好优良饲草。夏初正是放牧牛的配种季节,注意牛发情适时配种。

3. 秋季放牧饲养

秋季气温逐渐降低,日照由长变短,这些变化使牛的食欲猛增,要充分利用这个时期的特点抓好秋膘以利过冬。这时放牧应从阴坡转到向阳坡,并逐渐靠近村庄。若当年牛犊已有4～5月龄了,应该断奶并单独组群。最好在9月份中旬断奶,利用尚有青草的1个多月,使犊牛习惯采食植物性饲草料,在入冬之前提高其独立生存的能力。

4. 冬季放牧饲养

北方冬季气温较低,风大,且枯草营养价值低,必然增加采食饲草行走路程,使在野外维持需要加大。放牧牛难满足营养需要，通过降低体重来维持生命，出现掉膘。因此，最好不要放牧。可利用农副产品、树叶、野干草、青贮、氨化秸秆喂牛，改放牧为舍饲，以便能生产较健壮和较大的犊牛，产犊后能及时发情，有利于提高繁殖成活率和增进经济效益。

冬季必须放牧，也要在较暖的阳坡、平地和谷地放牧。要晚些出牧，早些回圈，晚间补喂些秸秆和干草。遇严寒、大风和下雪天，应停牧舍饲。冬季牛长期吃不到青草，胡萝卜素和维生素 A 缺乏，对孕牛的健康不利。每头牛每天喂 0.5～1 kg 胡萝卜或 0.5 kg 苜蓿干草，或 2 kg 优质干草，也可按每头牛每天在日粮中加入 1 万～2 万 IU 维生素 A，哺犊母牛还得增加 0.5～1 倍。枯草和秸秆缺乏能量和蛋白质。所以，应补喂些含蛋白质和能量较多的饲料。牛的补料量应根据不同生理状况和健康状况区别对待。放牧回来不能马上补饲，待休息 3～5 h 后才补给。还要避免补料过多，使部分母牛肥胖而繁殖率下降。

5.放牧饲养注意事项

放牧地距离牛圈最远不超过 3 km，在放牧地应准备临时牛圈。建圈要避开水道、悬崖边、悬崖下、低洼地、坡顶和雷击区，以免雷雨天发生意外；圈内有 3%～5%坡度，以便于排水，减少雨天泥泞，让牛能卧下休息。

冬、春季节则还应把牛圈选在背风向阳之地。放牧地与水源距离要近些。若无溪、河、泉水时，可砌坑塘积集雨水供牛饮用。每天饮水应不少于 3 次。雨雪天放牧要避开陡坡，出牧和回圈都不宜把牛驱赶过急。到新的放牧地之前要了解放牧地情况，并清除狼毒、醉马草、蕨菜、梓树苗等毒草。除冬天之外，放牧时还应随身带蛇药、外伤药、套管针和抑制瘤胃发酵药。为了长远利益，可组织有计划地轮牧、人工播种牧草和采取封山育草等措施，来维持和提高牧坡产草数量和质量。还要注意防止牛误食塑料薄膜及牛不能消化的食物，以免危及牛的生命。防止牛吃喷施过硝酸铵或农药未过 1 周的牧草或野草，以免中毒。放牧的牛要补喂食盐，并根据当地缺乏矿物元素的情况选用合适的矿物添加剂与盐一起补充。切莫集中补饲，每月 3～4 次，最好拌在料中每天定量补充。不补料的牛群可选用舔砖或舔液来补充，牛每天每 100 kg 体重补充 10 g。有临产征兆的牛或产后半月内的牛，应该舍饲。不要采取犊牛留圈而单独放牧母牛的方法，以免造成母牛泌乳量减少，影响犊牛的正常生长发育，并会影响母牛健康及产后正常发情、受配和受胎。

执行春、秋两次防疫注射和驱虫。

(二)舍饲

舍饲能够做到根据肉牛的生理特点，科学、合理地调节草料种类和数量，执行饲养方案，使牛群生长发育均匀，便于创造适宜的环境，消除恶劣的自然因素对牛不利的影响；还可以减少牛行走的营养消耗，并且割草饲喂与直接放牧相比减少草地40%以上的损耗；舍饲也易于实现机械化，效率较高。但投资大，费工费时，以及牛缺乏运动而使体质下降，使发病率和难产率提高。

按舍饲方式分为拴系式饲养和散放式饲养。

1. 拴系饲养

上槽栓在饲槽喂养，下槽饮水之后在户外休息。这种方式由于严重缺乏运动，影响牛的体质和繁殖力等；或者在下槽后放在运动场，自由饮水，使每头牛有10 m^2 以上的运动空间，日喂2～3次，每天饲喂时间不少于6～7 h。按牛的不同状况喂给定量的配合料、块根、块茎和糟渣类饲料等，其他青绿饲草、青贮和各种粗料不限量。

舍饲的牛槽常用通槽。通槽饲喂可利用相邻牛互相抢食的特点而增加采食量，但在饲喂精料时会使胆小、老弱病残牛吃不到应有的量，造成生长发育不均匀。可通过合理定槽而解决，使老弱病残牛等集中在一起。在精料占日粮10%以下时，采用先粗后精，多次少量拌入粗料中引诱牛多吃粗料；精料较多时，采用先精后粗，以免下槽时剩料过多而浪费。粗料采取少喂勤添方式。

2. 散放式饲养

母牛散养在圈内，圈内背风处设简单牛棚。牛圈栏杆设带顶棚的草架、饲槽和水槽，经常保持充足的粗料和饮水，让牛自由采食。每天集中补料、矿物质和其他辅料1～2次。这种方式省人工，便于实行机械化。由于牛的竟食和采食时间充足、饮水方便等，使牛获得最大的干物质采食量。但老弱病残、临产母牛和胆小的牛均会吃不到应有的份额而影响牛群的质量，这种影响在冬春枯草期会更明显，应根据情况及时调整牛群。

3. 舍饲注意事项

发霉、腐败变质和冰冻草料不可喂牛。应该把多种粗料混合饲喂，以获得营养性和适口性的互补，增加饲喂效果。秸秆类粗料可氨化来提高其粗蛋白质含量和营养价值。注意补充维生素A和蛋白质等营养。

从干草或秸秆日粮转为青草日粮时，应采取逐日增加青草喂量，经7 d左右才全部改为青草的办法，避免牛臌胀、拉稀、消化失调等疾病。青草营养丰富，但注意堆放厚度不超过15 cm，以免发热腐败。多余青草晾为干草，备过冬使用。不得喂施硝酸铵或农药未过7 d的田间野草，这种草可晒干后留到冬春饲喂，以免中毒。注意清除塑料膜、铁钉、金属丝、石头、玻璃和毒草等杂物。每采食1 kg粗料需饮水4～5 kg，才能保证采食和消化正常。冬天饮水温度不得低于5℃。拴系饲养时,缰绳不得过长,以免缰绳缠绕造成事故。

二、繁殖母牛的饲养管理

肉用繁殖母牛饲养管理的好坏,不仅影响繁殖率,而且直接影响犊牛的质量,所以母牛的饲养管理应该引起足够的重视。

(一)妊娠母牛的饲养管理

孕期母牛的营养需要和胎儿生长有直接关系。胎儿增重主要在妊娠的最后3个月,此期的增重占犊牛初生重的70%~80%,需要从母体吸收大量营养。若胚胎期胎儿生长发育不良,出生后就难以补偿,增重速度减慢,饲养成本增加。同时,母牛体内需蓄积一定养分,以保证产后泌乳量。妊娠前6个月胚胎生长发育较慢,不必为母牛增加营养。对怀孕母牛保持中上等膘情即可。一般在母牛分娩前,至少要增重45~70 kg,才足以保证产犊后的正常泌乳与发情。

以放牧为主的肉牛业,青草季节应尽量延长放牧时间,一般可不补饲。枯草季节,根据牧草质量和牛的营养需要确定补饲草料的种类和数量;特别是在怀孕最后的2~3个月,这时正值枯草期,应进行重点补饲。需要重点指出的是,牛由于长期吃不到青草,维生素A缺乏,可用胡萝卜或维生素A添加剂来补充,冬天每头每天喂0.5~1 kg胡萝卜,另外,应补足蛋白质、能量饲料和矿物质的需要。精料补饲量每头每天0.8~1.1 kg。精料参考配方:玉米50%,糠麸类10%,油饼类30%,高粱7%,石灰石粉2%,食盐1%,另每100 kg添加维生素A 100万IU。

舍饲情况下,按以青粗饲料为主适当搭配精饲料的原则,参照饲养标准配合日粮。粗料如以玉米秸为主,由于蛋白质含量低,要搭配1/3~1/2优质豆科牧草,再补饲饼粕类,也可用尿素代替部分饲料蛋白。粗料若以麦秸为主,肉牛很难维持其最低需要,必须搭配豆科牧草,另外,补加混合精料1 kg左右,其中玉米270 g,大麦250 g,饼类200 g,麸皮250 g,石粉10~20 g,食盐10 g。每头牛每天添加1 200~1 600 IU维生素A。怀孕牛禁喂棉籽饼、菜籽饼、酒糟等饲料。不能喂冰冻、发霉饲料。饮水温度要求不低于10℃。饲喂顺序:在精料和多汁饲料较少(占日粮干物质10%以下)的情况下,可采用先粗后精的顺序饲喂,即先喂粗料,待牛吃半饱后,在粗料中拌入部分精料或多汁料碎块,引诱牛多采食,最后把余下的精料全部投饲,吃净后下槽。若精料量较多,可按先精后粗的顺序饲喂。

怀孕后期应做好保胎工作,无论放牧或舍饲,都要防止挤撞、猛跑。临产前注意观察,保证安全分娩。在饲料条件较好时,应避免过肥和运动不足。充足的运动可增强母牛体质,促进胎儿生长发育,并可防止难产。纯种肉用牛难产率较高,尤其初产母牛较高,须做好助产工作。

(二)泌乳母牛的饲养管理

1.分娩前后的护理

临近产期的母牛应停止放牧,停止使役,给予营养丰富、品质优良、易于消化的饲料。产前半个月,最好将母牛移入产房,由专人饲养和看护,观察临产征兆,估计分娩时间,准备接产工作。母牛的分娩征兆包括以下几个方面:在分娩前乳房发育迅速,体积增加,腺体充实,乳头膨胀;阴唇在分娩前一周开始逐渐松弛、肿大充血,阴唇表面皱纹逐渐展平;在分娩前 1～2 d 阴门有透明黏液流出;分娩前 1～2 周骨盆韧带开始软化,产前 12～36 h 荐坐韧带后缘变得非常松软,尾根两侧凹陷;临产前母牛表现不安,常回顾腹部,后躯摇摆,排粪尿次数增多,每次排出量少,食欲减少或停止。上述征兆是母牛分娩前的一般表现,由于饲养管理、品种、胎次和个体之间的差异,往往表现不完全一致,必须根据母牛的具体情况和表现,全面观察,综合判断,才能作出正确估计。

在正常分娩过程中,母牛可以将胎儿顺利产出,不需人工助产。但是对初产母牛、胎位异常及分娩过程较长的体弱母牛要及时进行助产,以缩短分娩过程并保证胎儿的成活。

分娩时母牛体内损失大量水分,分娩后应立即给母牛饮温麸皮汤。一般用温水 10 kg,加麸皮 0.5 kg,食盐 50 g。搅拌均匀喂给。有条件的加 250 g 红糖效果更好。

母牛产后易发生胎衣不下、食滞、乳房炎和产褥热等症,要经常观察,发现病牛,及时医治。

2.泌乳牛的饲养管理

人们把母牛分娩前一个月和产后 70 d 称做母牛饲养的关键 100 d,精饲料主要补在这 100 d,这 100 d 饲养的好坏,对母牛的分娩、泌乳、产后发情、配种受胎,犊牛的初生重和断奶重,犊牛的健康和正常发育都十分重要。带犊泌乳母牛的采食量及营养需要,是母牛各生理阶段最高的和最关键的。热能需要量增加 50%,蛋白质需要量加倍,钙、磷需要量增加 3 倍,维生素 A 需要量增加 50%。母牛的日粮中如果缺乏这些物质,可能会使犊牛生长停滞,患下痢、肺炎和佝偻病等。严重时还可损害母牛的健康。为了使母牛获得充足的营养,应给以品质优良的青草和干草。豆科牧草是母牛蛋白质和钙质的良好来源。为了使母牛获得足量的维生素,可多喂青绿饲料,冬季可加喂青贮料、胡萝卜和大麦芽等。

母牛分娩后的最初几天,体力尚未恢复,消化机能很弱,必须给予容易消化的日粮，粗料应以优质干草为主，精料最好用小麦麸，每天 0.5～1 kg，逐渐增加，并加入其他饲料，3～4 d 后就可转为正常日粮。母牛产后恶露没有排净之前，不可喂过多精料，以免影响生殖器官的复原和产后发情。

母牛从产后 15 d 即可开始使役，开始可干轻活，以后逐渐增加。一般母牛在产后 30 d 可进入正常使役，但为了保证母牛的正常泌乳，使役一般不可过重。

（三）空怀母牛的饲养管理

空怀母牛的饲养管理主要是围绕提高受配率、受胎率，充分利用粗饲料，降低饲养成本而进行的。繁殖母牛在配种前应具有中上等膘情，过瘦过肥往往影响繁殖。在日常饲养管理工作中，倘若喂给过多的精料而又运动不足，易使牛过肥，造成不发情。在肉用母牛的饲养管理中，这是最常出现的，必须加以注意。但在饲料缺乏、母牛瘦弱的情况下，也会造成母牛不发情而影响繁殖。这种情况在干旱歉收的年景或草畜比例失调的地区容易出现。实践证明，如果母牛前一个泌乳期内给以足够的平衡日粮，同时劳役较轻，管理周到，能提高母牛的受胎率。瘦弱母牛配种前 1～2 个月加强饲养，适当补饲精料，也能提高受胎率。

母牛发情，应及时予以配种，防止漏配和失配。初配母牛，发情不明显，应加强观察和管理。经产母牛产犊后 3 周要注意其发情情况，对发情不正常或不发情者，要及时采取措施。一般母牛产后 1～3 个情期，发情排卵比较正常，随着时间的推移，犊牛体重增大，消耗增多，如果不能及时补饲，往往母牛膘情下降，发情排卵受到影响，因此，产后多次错过发情期，则情期受胎率会越来越低。如果出现此种情况，应及时进行直肠检查，对症处理。

母牛出现空怀，应根据不同情况加以处理。造成母牛空怀的原因有先天和后天两个方面。先天不孕一般是由于母牛生殖器官发育异常，如子宫颈位置不正、阴道狭窄、幼稚病、异性孪生的母犊和两性畸形等。先天性不孕的情况较少，在育种工作中淘汰那些隐性基因的携带者，就能加以解决。后天性不孕主要是由于营养缺乏、饲养管理及使役不当及生殖器官疾病所致。成年母牛因饲养管理不当造成不孕，在恢复正常营养水平后，大多能够自愈。在犊牛时期由于营养不良致生长发育受阻，影响生殖器官正常发育而造成不孕，则很难用饲养方法补救。若育成母牛长期营养不足，则往往导致初情期推迟，初产时出现难产或死胎，并且影响以后的繁殖力。

运动和日光浴对增强牛群体质、提高牛的生殖机能有密切关系，牛舍内通风不良、空气污浊、有害气体量超标、夏季闷热、冬季寒冷、过度潮湿等恶劣环境极易危害牛体健康，敏感的个体，很快停止发情，因此，改善饲养管理条件十分重要。

三、犊牛和育成牛的饲养管理

(一)犊牛的饲养管理

一般把6月龄以内的牛称为犊牛。30日龄以内的犊牛,主要以母乳为营养来源。因此,应把母牛养好。犊牛15～20日龄开始学吃草料;到4月龄时,消化能力已接近成年,即使不喂奶,也能正常生长发育。提前补草料,控制犊牛吃奶量和吃奶次数,会迫使犊牛多吃草料,促进瘤胃发育,还可提前断奶。

犊牛的饲养管理方法如下:

1. 随母哺乳

即犊牛出生后一直跟随母牛哺乳、采食和放牧。优点是犊牛可以直接采食鲜奶,有效预防消化道疾病,并可节约人力物力。随母哺乳的犊牛成活率高,疾病少,成本低。缺点是母牛产奶量无法统计,母牛疾病容易传染犊牛,并可能造成犊牛的哺乳量不一致。

犊牛出生后,应诱导母牛舔犊牛被毛上的黏液,以此建立母子关系,有利于母牛子宫收缩,排出胎衣。若不愿舔犊牛,可在犊牛背上撒上麸皮或米糠诱导母牛舔犊牛。气温低于0℃时,可同时用清洁的干草或干布擦干黏液。

犊牛出生后应立即断脐,断脐部位选在距离犊牛腹部10～12 cm处。先用两手大拇指和食指配合卡紧剪断的部位用力揉搓该部位1～2 min,然后用消毒的剪子在揉搓部位的远端剪断。随即把断头浸入5%的碘酒中1 min,然后把犊牛称重记录,扶到母牛处哺乳,并应尽快吃到初乳。初乳是母牛产犊后5～7 d内所分泌的乳。如果犊牛出生时母牛已死亡,应尽快把母牛的初乳挤出来,水浴加热到40℃,喂给犊牛;也可用同时产犊的母牛代哺乳。如果没有这些条件,可在每千克常乳中加70～80 mg土霉素、3个鲜鸡蛋、4 mL鱼肝油配成人工初乳代替,日喂100 mL蓖麻油,促使胎便排出,第三天开始,只喂常乳加半量土霉素,直至犊牛开始反刍时停喂土霉素,但其效果远不如吃上1次初乳。

7日龄以内的犊牛适应环境的能力较差,通常不要到户外活动,室温不要低于0℃,并应干燥明亮,无穿堂风,若室温较低可用火墙暖炕或暖气加温,忌直接用煤火取暖。7日龄以后天气暖和时可随母牛到户外活动,15日龄后可随母牛放牧或随犊牛群户外活动。

一般我国非良种黄牛日增重为400～500 g,最低日增重不低于250 g。良种牛、改良牛和我国地方良种牛日增重应达到600 g,最低日增重不低于350 g。如日增重低于此值,以后改善饲养条件也难以恢复应有的体重。若母乳严重不足,应对60日龄内犊牛补饲,降低母牛的泌乳负担,促使其早日发情配种,对犊牛则可促进消化器官的发育，尽快补偿早期生长发育的不足。犊牛 90 日龄以后可减少与母牛的接触，每天相处 4～6 h，给予自由采食粗料和定额精料。

犊牛 3 周龄内最易患病。例如，脐带炎(多见夏天和气候炎热地区)、感冒、肺炎(多见寒冷地区)和消化器官病。可通过精心饲养来预防，发现病牛及早治疗。

2. 人工哺乳

适用于奶牛业淘汰公犊和失去母亲的其他犊牛，也有一些牛场为了利于母牛产奶量提高，哺乳卫生而采用。把母牛的乳挤下后根据需要量人工给犊牛饲喂，需要注意哺乳温度。一些牛场为了节约哺乳成本，可根据情况在犊牛吃完初乳后，采用代乳粉和代乳料替代部分或者全部牛乳对犊牛进行哺乳。

(二)育成牛的饲养管理

4～6 月龄断奶到 2.5 岁的牛称为育成牛。进入育成期后，公牛与母牛在饲养管理上有所不同，必须按不同年龄生长特点和所需的营养物质进行正确饲养。

1. 6～12 月龄

为母牛性成熟期，在此时期，母牛的性器官和第二性征发育很快，体躯向高度和长度两个方向急剧生长。同时，其前胃已相当发达，容积扩大 1 倍左右。因此，在饲养管理上要求供给足够的营养物质；所喂饲料必须具有一定的容积，才能刺激其前胃的生长。所以，对这时期的育成牛，除给予优良的牧草、干草、青贮料和多汁饲料外，还必须适当补充一些混合精料。从 9～10 月龄开始，可掺喂一些秸秆和谷糠类粗饲料，其比例占粗料总量的 30%～40%。

2. 13～18 月龄

育成牛消化器官更加增大，为了促进其消化器官的生长发育，其日粮应以粗饲料和多汁饲料为主，其比例约占日粮总量的 75%，其余 25%为配(混)合饲料，以补充能量和蛋白质的不足。在育成牛阶段精心饲养挑选出来生长发育好、性情温驯、节省草料而又日增重较快的小母牛，在 15～18 月龄如果达到成年体重 70%，就可以适时配种。

3. 19～24 月龄

这时母牛已配种受胎，生长缓慢下来，体躯显著向宽、深发展，如饲养过丰，在体内容易蓄积过多脂肪，导致牛体过肥，造成不孕。但如果饲养过于贫乏，又会使牛体生长受阻，成为体躯狭浅、四肢细高、产奶量不高的母牛。因此，在此期间，应以优质干草、青草、青贮料和少量(氨化)麦秸作为基本饲料，精料可以喂甚至不喂。但到妊娠后期，由于体内胎儿生长迅速，则须补充精料，日定额为 2～3 kg。

育成牛在管理上应首先与母牛分开，可以栓系饲养，也可围栏饲养。每天应至少刷拭 1～2 次，每次 5 min。同时要加强运动，促进其肌肉组织和内脏器官，尤其是心、肺等呼吸和循环系统的发育，使其具备高产母牛的特征。配种受胎5～6个月后，母牛乳房组织处于高度发育阶段，为了促进其乳腺组织的发育，养成母牛温顺的性格，分娩后容易接受挤奶。一般早晚可按摩2次，每次按摩时用热毛巾擦拭乳房，产前1～2个月停止按摩。

第二节　肉牛的肥育技术

肉牛在出售供屠宰前的一定时期内，主要应用易消化的谷物饲料催肥，以提高产量和改善肉品质的方法可称之为肉牛的肥育。幼龄牛和成年牛均可进行肥育，但前者主要是肌肉增长，而后者则主要为脂肪的沉积。肉牛肥育可分为犊牛肥育、周岁牛肥育和1.5～2.0岁架子牛肥育。其中以架子牛育肥最为普遍。

一、肉牛的标准与架子牛的选择

(一)肉牛的标准

在肉牛的生产中，目前国内的肉牛主要是杂交改良牛和我国几个地方良种黄牛品种，这些牛通过科学饲养，特别是后期集中3～5个月催肥，使其具有良好的肉用性能，18～27月龄体重450 kg以上，生产高档牛肉的优质肉牛体重要求达到500～600 kg。

(二)架子牛的选择

在我国的肉牛业生产中，架子牛通常指未经肥育或不够屠宰体况的牛，这些牛常需从农场或农户选购至育肥场进行肥育。

选择架子牛时要注意选择健壮、早熟、早肥、不挑食、饲料报酬高的牛。具体操作时考虑品种、年龄、体重、性别和体质外貌等。

1.品种、年龄

在我国目前最好选择夏洛来牛、利木赞牛、皮埃蒙特牛、西门塔尔牛等肉用或肉乳兼用公牛与本地黄牛母牛杂交的后代，也可利用我国地方黄牛良种，如晋南黄牛、秦川牛、南阳黄牛和鲁西黄牛等。年龄最好选择1.5～2岁。

2.性别

如果选择已去势的架子牛，则早去势为好，3～6月龄去势的牛可以减少应激，加速头、颈及四肢骨骼的雌化，提高出肉率和肉的品质，但公牛的生长速度和饲料转化率优于阉牛，且胴体瘦肉多，脂肪少。不宜选购年龄过大(超过2.0～2.5岁)的架子公牛。

3. 体质外貌

在选择架子牛时，首先应看体重，一般情况下1.5～2岁的牛，体重应在300 kg以上，体高和胸围最好大于其所处月龄发育平均值。另有一些性状不能用尺度衡量，但也很重要，如毛色、角的状态、蹄、背和腰弱、肋骨开张程度、肩甲等。一般的架子牛有如下规律：

四肢与躯体较长的架子牛有生长发育潜力，若幼牛体型已趋匀称，则将来发育不一定好。

十字部略高于体高，后肢飞节高的牛发育能力强；

皮肤松弛柔软、被毛柔软密致的牛肉质良好；

发育虽好，但性情暴躁，神经质的牛不能认为是健康牛，这样的牛难以管理。

二、育肥牛饲养管理的一般技术

(一)饲喂技术

1. 饲喂时间

牛在黎明和黄昏前后，是每天采食最紧张的时刻，尤其在黄昏采草频率最大。因此，无论舍饲还是放牧，早晚两头是喂牛的最佳时间。

多数牛的反刍时间在黑夜进行，特别是天刚黑时，反刍活动最为活跃。因此，在夜间应尽量减少干扰，使其充分消化粗饲料。

2. 饲喂次数

肉牛的饲喂可采用自由采食或定时定量饲喂两种方法。我国肉牛专家蒋洪茂等的研究表明，犊牛、架子牛自由采食的饲喂效果均优于定时定量饲喂；定时定量饲喂时，无论是增重还是饲料报酬，每天饲喂一次的效果均最理想。目前，我国肉牛企业多采用每天饲喂2次的方法。

自由采食牛可根据其自身的营养需求采食到足够的饲料，达到最高增重，并能有效节约劳动力，一个劳动力可管理100～150头牛，同时也便于大群管理，适合机械化、电子化管理。而采用定时定量饲喂时，牛不能根据自身要求采食饲料。因此，限制了牛的生长发育速度。但饲料浪费少，粗饲料利用量高，并便于观察牛只采食、健康状况。

3. 饲喂顺序

随着饲喂机械化程度越来越高，应逐渐推广全混合日粮(TMR)喂牛，提高牛的采食量和饲料利用率。

不具备条件的牛场，可采用分开饲喂的方法。为保持牛的旺盛食欲，促其多采食，应遵循“先干后湿，先粗后精，先喂后饮”的饲喂顺序，坚持少喂勤添、循环上料，同时要认真观察牛的食欲、消化等方面的变化，及时做出调整。

4. 饲料更换

在育肥牛的饲养过程中，随着牛体重的增加，各种饲料的比例也会有调整，在饲料更换时应采取逐渐更换的办法，应该有 3～5 d 的过渡期。在饲料更换期间，饲养管理人员要勤观察，发现异常，应及时采取措施。

5. 饮水

育肥牛采用自由饮水法最为适宜。在每个牛栏内装有能让牛随意饮到水的装置，位置最好设在牛栏粪尿沟的一侧或上方。冬季北方天冷，只能定时饮水，但每天至少 3 次。

6. 新引进牛只的饲养

对新引进牛只饲养，重点是解除运输应激，使其尽快适应新的环境。

(1)及时补水　牛经过长距离、长时间的运输，胃肠食物少，体内缺水严重。因此对牛补水是首要的工作。补水方法是：第一次补水，饮水量限制在 15～20 kg，切忌暴饮，每头牛补人工盐 100 g；间隔 3～4 h 后，第二次饮水，此时可自由饮水，水中掺些麸皮效果会更好。

(2)日粮逐渐过渡到育肥日粮　开始时，只限量饲喂一些优质干草，每头牛 4～5 kg，加强观察，检查是否有厌食、下痢等症状。第二天起，随着食欲的增加，逐渐增加干草喂量，添加青贮、块根类饲料和精饲料，经 5～6 d 后，可逐渐过渡到育肥日粮。

(3)给牛创造舒适的环境　牛舍要干净、干燥，不要立即拴系，宜自由采食。围栏内要铺垫草，保持环境安静，让牛尽快消除倦躁情绪。

7. 育肥期的分阶段饲养

生产中常把育肥期分成两个阶段，即生长肥育阶段和成熟育肥阶段。具体饲喂方法是：

(1)生长肥育期　饲喂富含蛋白质、矿物质、维生素的优质粗料、青贮饲料，保持良好生长发育的同时，使消化器官得到锻炼。因为该阶段的重点是促进架子牛的骨骼、内脏、肌肉的生长，所以，此阶段精饲料喂量要限制，喂量为架子牛活重的 1.5%～1.6%。该阶段日增重不宜追求过高，每头日增重 0.7～0.8 kg为宜。

(2)成熟肥育期　架子牛经生长肥育期的饲养，骨骼已发育完好，肌肉也有相当程度的生长。因此，此期的饲养任务主要是改善牛肉品质，增加肌肉纤维间脂肪的沉积量。因此，肉牛日粮中粗饲料的比例不宜超过 30%～40%，日采食量达到牛活重的 2.1%～2.2%，在屠宰前 100 d 左右，日粮中增加大麦粉或饲喂啤酒糟,进一步改善牛肉品质。肉牛生产过程中,最后脂肪的沉积程度,根据牛肉生产的需要来确定。高档牛肉生产,需要有足够的脂肪沉积。

(二)管理技术

1. 合理分群

育肥前应根据育肥牛的品种、体重大小、性别、年龄、体质强弱及膘情情况合理分群。采用圈群散养时,一群牛头数15～20头为宜。牛群过大易发生争斗,过小不利于劳动生产力的提高,临近夜晚时分群易成功,同时要有人不定时地观察,防止争斗。

2. 及时编号

编号对生产管理、称重统计和防疫治疗工作都具有重要意义。编号可在犊牛出生时进行,也可在育肥前进行。采用易地育肥时,应在牛购进场后立即编号,并换缰绳。编号方法多采用耳标法。

3. 定期称重

增重是肉牛生产性能高低的重要指标。为合理分群和及时了解育肥效果,要进行肥育前称重、肥育期称重及出栏称重。肥育期最好每月称重1次,既不影响育肥效果,又可及时挑选出生长速度慢甚至不长的牛,随时处理。称重一般是在早晨饲喂前空腹时进行,每次称重的时间和顺序应基本相同。由于实际称重较繁琐,所以生产中多采用估测法估测体重。

4. 限制运动

到肥育中、后期,每次喂完后,将牛拴系在短木桩或休息栏内,缰绳系短,长度以牛能卧下为宜,缰绳长度一般不超过80 cm,以减少牛的活动消耗,提高育肥效果。此期牛在运动场的目的,主要是接受阳光和呼吸新鲜空气。

5. 每天刷拭牛体

随着肉牛肥育程度加大,其活动量越来越小。坚持每天上下午刷拭牛体各1次,每次5～10 min,以增加血液循环,提高代谢效率。

6. 定期驱虫

寄生虫病的发生具有地方性、季节性流行特征,且具有自然疫源性。因此,加强预防尤为重要。肉牛转入育肥期之前,应做一次全面的体内外驱虫和防疫注射;育肥过程中及放牧饲养的牛都应定期驱虫。外购牛经检查健康后方可转入生产牛舍。下面提供预防肉牛寄生虫病的用药程序,仅供参考。

3月,丙硫咪唑口服,驱杀体内由越冬幼虫发育而成的线虫、吸虫及绦虫成虫。

5月,氨丙啉或磺胺喹啉口服,预防夏季球虫病发生。

6月,定期(可每周1次)用敌杀死等溶液喷雾进行环境消毒,以驱杀蚊蝇。

7月，丙硫咪唑口服，防治夏季线虫、吸虫及绦虫感染。

10月，阿维菌素口服或注服，预防当年10月至次年3月间牛的疥癣、虱等体外寄生虫病的发生，同时可杀灭体内当年繁殖的幼虫、成虫。

寄生虫病的治疗，要采取“标本兼治，扶正祛邪”的原则，采用特效药物驱虫和对症治疗。使用驱虫、杀虫药物要剂量准确、对症。在进行大规模、大面积驱虫工作之前，必须先小群试验，取得经验并肯定其药效和安全性后，再开展全群的驱虫工作。

7. 加强防疫、消毒工作

每年春秋检疫后对牛舍内外及用具进行消毒；每出栏一批牛，都要对牛舍进行一次彻底清扫消毒；严格防疫卫生管理，谢绝参观；结合当地疫病流行情况，进行免疫接种。

8. 适时去势

现在，国际上育肥牛场普遍采用不去势公牛育肥。2岁前的公牛宜采取公牛肥育，生长快、瘦肉率高，饲料报酬高；2岁以上的公牛及高档牛肉的生产，宜去势后肥育，否则不便管理，会使肉脂有膻味，影响胴体品质。如需要去势，去势时间最好在育肥开始前进行。无论有血去势还是无血去势，愈合恢复的时间大约在半个月，这期间牛的生长缓慢，而且只有正常恢复状况的牛只，方可进入育肥期。

9. 适时出栏

判断肉牛最佳结束期，适时出栏，对提高养殖经济效益及保证牛肉品质都具有极其重要的意义。判断肉牛是否达到最佳肥育结束期，一般有以下几种方法：

(1)从肉牛采食量来判断　在正常肥育期，肉牛的饲料采食量有规律可循，即：①绝对日采食量随着肥育期的增加而下降，如下降量达正常量的1/3或更少；②按活重计算，日采食量(以干物质为基础)为活重的1.5%或更少，这时认为已达到肥育的最佳结束期。

(2)用肥育度指数来判断　利用活牛体重和体高的比例关系来判断，指数越大，肥育度越好。但也不是无止境的，据日本的研究认为，阉牛的肥育指数以526为最佳。

(3)从肉牛体型外貌来判断　利用肉牛各个部位脂肪沉积程度进行判断，主要部位有胸垂部脂肪的厚度，腹肋部脂肪的厚度，腰部脂肪的厚度，坐骨部脂肪的厚度，下肷部内侧、阴囊部脂肪的厚度。

三、肉牛的肥育方法

肉牛的肥育有持续肥育和后期集中肥育两种方法。

(一)持续肥育法

持续肥育法是指犊牛断奶后,立即转入肥育阶段进行肥育,一直到出栏体重(12～18 月龄,体重 400～500 kg)。广泛用于美国、加拿大和英国。使用这种方法,日粮中的精料大约可占总营养物质的50%以上。既可采用放牧加补饲的肥育方式,也可以采用舍饲栓系肥育方式。持续肥育由于在饲料利用率较高的生长阶段保持较高的增重,加上饲养期短,故总效率高。

1.放牧加补饲持续肥育法

在牧草条件较好的牧区,犊牛断奶后,以放牧为主,根据草场情况,适当补充精料或干草,使其在 18 月龄体重达 400 kg。要实现这一目标,随母牛哺乳阶段,犊牛平均日增重达到 0.9～1 kg,冬季日增重保持 0.4～0.6 kg,第二个夏季日增重在 0.9 kg。在枯草季节,对杂交牛每天每头补喂精料 1～2 kg。放牧时应做到合理分群,每群 50 头左右,分群轮牧。在我国,1 头体重 120～150 kg 牛需 1.5～2 hm^2 草场,放牧肥育时间从出生年 5～11 月,放牧时要注意牛的休息和补盐。夏季防暑,狠抓秋膘。

2.放牧-舍饲-放牧持续肥育法

此种肥育方法适应于 9～11 月出生的秋犊。犊牛出生后随母牛哺乳或人工哺乳,哺乳期日增重 0.6 kg,断奶时体重达到 70 kg。断奶后以喂养粗饲料为主,进行冬季舍饲,自由采食青贮料或干草,日喂精料不超过 2 kg,平均日增重0.9 kg,到 6 月龄体重达到 180 kg。然后在优良牧草地放牧(此时正值 4～10 月份),要求平均日增重保持0.8 kg。到12 月份可达到325 kg。转入舍饲,自由采食青贮或青干草,日喂精料 2～5 kg,平均日增重 0.9 kg,体重达到 490 kg。

3.舍饲持续肥育法

采取舍饲持续肥育法首先制定生产计划,然后按阶段进行饲养。犊牛断奶后即进行持续肥育,犊牛的饲养取决于培育的强度和屠宰时的月龄。强度培育和制定肥育生产计划,需要提供较高的饲养水平,以使肥育牛的平均日增重在 1 kg 以上。制定肥育生产计划,要考虑市场需求、饲养成本、牛场条件、品种、培育强度及屠宰上市的月龄等(表 7-1)。按阶段饲养就是按肉牛的生理特点、生长发育规律及营养需要特征将整个肥育期分成 2～3 个阶段,分别采取相应的饲养管理措施。

表 7-1 培育肉牛时所采用的生产计划 kg

肉牛屠宰重	在下列月龄之内应该达到的活重			
	3	6	12	18
在12～15月龄时进行强度肥育				
350～360	90	170	330	—
400～420	100	180	360	—
在15～18月龄时肥育作为肉用				
400～420	90	160	260	400
430～450	100	180	300	450
春季出生,养至18～20月龄作为肉用				
400～420	90	150	240	380
430～450	100	180	270	410

(二)后期集中肥育

对2岁左右未经肥育的或不够屠宰体况的牛,在较短时间内集中较多精料饲喂,让其增膘的方法称为后期集中肥育。这种方法对改良牛肉品质,提高肥育牛经济效益有较明显的作用。后期集中肥育有放牧加补饲法、秸秆加精料类型的舍饲肥育、青贮料日粮类型舍饲肥育及酒糟日粮类型舍饲肥育等方法。

1. 放牧加补饲肥育

此方法简单易行,以充分利用当地资源为主,投入少,效益高。我国牧区、山区可采用此法。对6月龄末断奶的犊牛,7～12月龄半放牧半舍饲,每天补饲玉米0.5 g,生长素20 g,人工盐25 g,补饲时间在晚8点以后;13～15月龄放牧;16～18月龄经驱虫后,进行强度肥育,整天放牧,每天补喂精料1.5 kg,尿素50 g,生长素40 g,人工盐25 g,另外适当补饲青草。

一般青草期肥育牛日粮按干物质计算,料草比为1∶(3.5～4.0),饲料总量为体重的2.5%,青饲料种类应在2种以上,混合精料应含有能量、蛋白质饲料和钙、磷、食盐等。每千克混合精料的养分含量为:干物质894 g、增重净能1.089 MJ、粗蛋白质164 g、钙12 g、磷9 g。强度肥育前期,每头牛每天喂混合精料2 kg,后期喂3 kg,精料日喂2次,粗料补饲3次,可自由采食。我国北方省份11月份以后,进入枯草季节,继续放牧达不到肥育的目的,应转入舍内进行全舍饲肥育。

2. 处理后的秸秆+精料

农区有大量作物秸秆,是廉价的饲料资源。秸秆经过化学、生物处理后可提高其营养价值,改善适口性及消化率。秸秆氨化技术在我国农区推广范围最大,效果较好。经氨化处理的秸秆粗蛋白可提高1～2倍,有机物消化率可提高20%～30%,采食量可提高15%～20%。以氨化秸秆为主加适量的精料进行肉牛肥育,各地都进行了大量研究和推广。以氨化秸秆+精料肥育肉牛效果见表7-2。

表7-2　氨化麦秸秆+精料肥育肉牛效果　kg

试牛品种	头数	日头均精料喂量	头均日增重	日头均消耗精料/头均日增重
本地黄牛	16	0.5	0.43	1.16
秦川牛	12	0.75	0.55	1.4
本地黄牛	12	1.0	0.66	1.5
利杂一代	12	1.0	0.74	1.35
杂交牛	16	1.5	0.644	2.33
晋南牛	10	2.0	0.695	2.91
鲁西牛	12	3.2	1.09	2.99

可见氨化麦秸加少量精料即能获得较好的肥育效果。且随精料量的增加,氨化麦秸采食量逐渐下降,日增重逐渐增加。

3.青贮饲料+精料

在广大农区,可作青贮用的原料易得,有资料显示,我国有可供青贮用的农作物副产品10亿t以上,用于青贮的只有很少部分。若能提高到20%,则每年可节省饲料粮3 000万t,青贮玉米是肥育肉牛的优质饲料。试验证实完熟后的玉米秸,在尚未成枯秸之前保存,仍为肉牛饲养的优质精料,加喂一定量粗料进行肉牛肥育仍能获得较好的增重效果。

方案1:以青贮玉米秸为主要粗饲料进行肉牛后期集中肥育,架子牛选择夏黄杂一代公牛,年龄2岁,其日粮组成(DM)青贮玉米秸55.56%、酒糟10.66%、精料33.78%、日粮粗蛋白质含量10.39%,精料中另加专用饲料添加剂,试牛平均日增重1.37 kg。

方案2:在以玉米青贮为主要粗饲料进行架子牛肥育,任牛自由采食青贮玉米秸秆,每天每头喂占体重1.6%的精料,精料的组成是玉米43.9%、棉籽饼25.7%、麸皮29.2%、骨粉1.2%,另加食盐。

方案3:李玉仁等用青贮玉米秸秆育肥鲁西黄牛,选择1.2～2岁,体重342.5 kg的阉牛,日头均饲喂5 kg精料(组成为每100 kg含玉米53.03 kg、棉籽饼16.1 kg、麸皮28.41 kg、骨粉1.51 kg、食盐0.95 kg),青贮玉米秸自由采食,日增重平均1.36 kg。

4. 糟渣类饲料+精料

糟渣类饲料包括酿酒、制粉、制糖的副产品，其大多是提取了原料中的碳水化合物后剩下的多水分的残渣物质。这些糟渣类下脚料，除了水分含量较高(70%～90%)之外，粗纤维、粗蛋白、粗脂肪等的含量都较高，而无氮浸出物含量低，其粗蛋白质占干物质的20%～40%。属于蛋白质饲料范畴，虽然粗纤维含量较高(多在10%～20%之间)，但其各种物质的消化率与原料相似，故按干物质计算，其能量价值与糠麸类相似。下面推荐两种方案：

第一种方案：随着啤酒生产量的增大，啤酒糟的生产量增加，利用其育肥肉牛效果很好，表7-3是蒋洪茂(1995)的试验配方。

表7-3 啤酒糟育肥肉牛配方(干物质基础) %

饲料	前期	中期	后期
玉米	13	30	47.5
大麦	10	10	15
麸皮	10	10	5
棉籽饼	10	8	6
啤酒糟	25	20	10
粗料	30	20	15
食盐	0.5	0.5	0.5
矿物质添加剂	1.5	1.0	1.0

第二种方案：河北省三河县“养牛大王”李福成白酒糟育肥牛方案。日粮配方见表7-4。

表7-4 酒糟育肥牛日粮组成 %

饲料种类	前期(20～30 d)	中期(40～60 d)	后期(20～30 d)
玉米	25	44	59.5
麦麸	4.5	8.5	7
棉籽饼	10	9	3.5
骨粉	0.3	0.3	—
贝壳粉	0.2	0.2	—
白酒糟	49	28	21
玉米秸粉	11	10	9

育肥牛精饲料给量为每天每头每 100 kg 体重 1～1.5 kg。此外，在肉牛饲料中添加莫能菌素 30 mg/ kg，日粮中添加 0.5%的碳酸氢钠，每天每头喂 2 万 IU维生素 A 及 50 g 食盐。饲喂酒糟时保证优质新鲜。如在育肥过程中出现湿疹、膝部的球关节红肿与腹部膨胀等症状，应暂停喂酒糟，适当调整饲料，以调整其消化机能。

四、高档牛肉生产技术

(一)小白牛肉生产

小白牛肉是指犊牛出生后完全用全乳、脱脂乳或代用乳饲喂，哺乳期 3 个月，体重 100 kg 左右时屠宰，其肉质细致软嫩，味道鲜美，肉呈全白色稍带粉色，营养价值比较高，蛋白质含量比一般牛肉高 63%，脂肪却低 95%，人体所需的氨基酸和维生素含量丰富。其价格高出一般牛肉的 8～10 倍。进行“小白牛肉”生产，应选择优良的肉用牛、兼用牛、乳用牛或高代杂交牛所生公犊，并要求身体健壮，消化吸收机能强，生长发育快，初生重 38～45 kg。小白牛肉生产，要求犊牛在 100 d 的培育期内靠全乳来供给其营养，因此，成本较高。近年来采用代乳料或人工乳喂养，但人工乳或代乳料要求尽量模拟全牛乳的营养成分，特别是氨基酸的组成、热量的供给等都要求适应犊牛的消化生理特点和要求。同时也要考虑原料来源的稳定性及适合于工业喷雾干燥法的生产以及喂养、运输、贮存容易方便等问题。用全乳来培育犊牛生产“小白牛肉”的饲养方案见表 7-5。

表 7-5 全乳培育犊牛生产“小白牛肉”的饲养方案 kg

日 龄	期末达到体重	平均日给乳量	日 增 重	需要总乳量
1～30	64.0	6.40	0.80	192.0
31～45	76.0	8.30	0.80	133.0
45～100	103.0	9.50	0.93	513.0

(二)小牛肉生产

小牛肉是指犊牛出生后 6～8 个月内，在特殊饲养条件下育肥至 250～300 kg 时屠宰。小牛肉风味独特，价格昂贵。在我国现有条件下，进行小牛肉生产，最好选择荷斯坦公牛，利用其前期生长发育速度快、便于组织生产等特点。也可选用西门塔尔牛三代以上杂种公犊育肥。犊牛初生重大于 35 kg。具体方案见表 7-6，犊牛肥育期配合料配方见表 7-7。

表 7-6 生产"小牛肉"犊牛的饲养方案 kg

周 龄	体 重	日增重	喂全乳量	喂配合料量
0～4	40～59	0.6～0.8	5～7	—
5～7	60～79	0.9～1.0	7～7.9	0.1
8～10	80～99	0.9～1.1	8	0.4
11～13	100～124	1.0～1.2	9	0.6
14～16	125～149	1.1～1.3	10	0.9
17～21	150～199	1.2～1.4	10	1.3
22～27	200～150	1.1～1.3	9	2.0

表 7-7 犊牛育肥期配合饲料配方

玉米/%	豆饼/%	大麦/%	鱼粉/%	油脂/%	骨粉/%	食盐/%	维生素 A/(×10^4 IU)	土霉素/mg
60	12	13	3	10	1.5	0.5	100～200	2 200

(三)高档牛肉生产

高档牛肉是指制作国际高档食品的质量上乘牛肉,要求肌纤维细嫩,肌间有一定量的脂肪,所制作食品既不油腻,也不干燥,鲜嫩可口。一般包括牛柳、眼肉和西冷。

高档牛肉生产技术要点主要包括优质肉牛生产技术、高档牛肉冷却配套技术、分割技术操作规程和冷却保鲜技术等方面。

1.优质肉牛生产技术要点

(1)品种 根据试验研究,我国地方良种黄牛,如秦川牛、南阳牛、鲁西牛和晋南牛均可作为生产高档牛肉的牛源。用这些品种作母牛,用引入的欧洲大型肉牛品种作父本,生产的杂种牛用来生产高档牛肉,牛肉品质和经济效益更好些。

(2)年龄 肥育牛的年龄要求比较严格,良种黄牛 2～2.5 岁开始肥育,公牛 1～1.5 岁开始肥育,阉牛、母牛 2～2.5 岁开始肥育。

(3)强度肥育 用于生产高档牛肉的优质肉牛必须经过 100～150 d 的强度肥育。犊牛及架子牛阶段可以放牧饲养,也可以围栏或栓系饲养,最后必须经过 100～150 d 的强度肥育,日粮以精料为主。在肥育期所用饲料也必须是品质较好的、对改进胴体品质有利的饲料。

(4)体重及其他 肥育期末体重要求达到 550～600 kg。宰前活重达不到要求,胴体质量就达不到应有的级别或数量有限,失去经济意义。

2.高档牛肉的生产加工工艺

高档牛肉只占牛肉总重的 10%左右,但其经济价值却占整个牛的近 50%,下面我们介绍高档牛肉的生产加工工艺，供参考。

(1)工艺流程　检疫→称重→淋浴→击昏→倒吊→刺杀放血→电刺激→剥皮(去头、蹄和尾巴)→去内脏→劈半→冲洗→转挂称重→冷却→排酸成熟→剔骨分割、修整→包装。

(2)各环节简介

①检疫。经过育肥待宰的肉牛必须经过宰前检验，并对所宰牛的种类、头数、有无疫情、病情签发检疫证明书(兽医卫检人员)，经屠宰场初步视检，认定合格后，方可赶入牛圈休息待宰。

②称重。将待宰的健康牛由人沿着专用通道牵到地磅上进行称重。

③沐浴。称重后的肉牛沿通道牵至指定地点，用温度为30℃左右的洁净水对牛冲洗，以去掉牛体表面的污染物和细菌等，减少胴体加工过程中的细菌污染。

④倒吊。将沐浴后的牛牵到屠宰地点，用铁链将牛的一条后腿套牢，并挂在电动葫芦的吊钩上。启动电动葫芦将牛吊起，然后将两条前腿用铁链捆绑好并固定在拴腿架上。

⑤刺杀放血。牛吊挂好后立即放血，避免挣扎耗能，影响质量。在胸骨上方对准头部呈45°角，仔细插入放血刀。要求准确迅速，一次切断颈动、静脉，并用接血器接血，放血时间一般8～10 min。

⑥电刺击。放血的同时，从悬吊钩上牛足尖部位到鼻端部通电，根据牛大小确定刺激时间。

⑦剥皮。放血完毕后，通过电动葫芦将牛背部朝下放到剥皮架上剥皮。

⑧去内脏。由电动葫芦配合人工将胴体送至接内脏槽的上方。人站在升降台上用机械剖开胸部，然后沿腹中线细心剖开腹壁，以内脏自重掉下来，保留腹部脂肪。

⑨劈半。用人工沿轨道将去内脏的胴体送到指定位置，然后由人站在升降台上，面向倒挂胴体的背部，用吊挂手提式电锯从骨盆部沿脊柱正中剖开，要求60～90 s完成。

⑩冲洗。用30～40℃具有一定压力的清洁水冲洗胴体到除掉肉体上的血污和污物及骨渣，来改善胴体外观。然后，用预先配制好的有机酸液进行胴体表面喷淋消毒，降低pH值，延长货架期。

⑪修整。除掉胴体上损坏的或污染的部分，在称重前使胴体标准化。

⑫转挂、称重。启动电动葫芦，用吊钩将半胴体从高轨上取下，同时用低轨道滑轮钩住胴体后腿将其转至低轨，并经过低轨上的电子秤测量半胴体重量，储存电脑中并打印。

⑬冷却。将称重的半胴体由人工沿轨道推送至冷却间进行冷却，冷却方式是

吊挂；对冷却介质温度、介质湿度、冷却时间，要在试验基础上科学界定。

⑭排酸成熟。将完成冷却的牛胴体推入专用排酸成熟间完成成熟，以增加牛肉的多汁性和嫩度。此工序消毒环节特别重要，除先用次氯酸钠溶液消毒以外，成熟间还要均匀装设紫外线辐射杀菌，且每昼夜连续或间断照射。成熟间条件：温度可采取低温或中温，湿度85%～90%，风速0.2～0.3 m/s。

成熟肉的特征：胴体表面有一层“干燥膜”，羊皮纸样感觉；成熟肉pH 5.4～5.8；肉的横断面有汁流，切面湿润；有特殊香味；有一定弹性，不完全松弛；肉汤透明，有特殊鲜香风味；剪切力值平均值在3.62。

⑮胴体分割、修整完成成熟的胴体，人工推入分割间剔骨分割，按部位的不同分割完整并做必要修整。其中高档部位的牛肉有三块：

牛柳：又叫里脊。先剥去肾脂肪，然后沿耻骨的前下方把里脊头剔出来，由里脊头至尾方向逐个剥离腰椎横突，取出完整的里脊，去掉薄膜及背部脂肪，修平。

西冷：又叫外脊。沿最后腰椎切下，沿眼肌腹壁一侧用切割剧切下，在第9～10胸肋处切断胸椎，取下后放在工作台上，逐个剥离腰、胸椎，把西冷修成长方体，正面脂肪削去薄薄一层，剩余脂肪厚度8～12 mm，修平，表面不得有刀伤。

眼肉：一端与西冷相连，另一端在第5～6胸椎处，剥离胸椎，抽去筋腱，在眼肌腹侧切下，修整去掉干燥、薄薄一层脂肪和软骨成为块状。

⑯包装。对高档部位的三块牛肉（牛柳、西冷、眼肉）均采用真空包装。每箱重量为25 kg，然后送入冷冻，也可在0～4℃冷藏柜中保存销售。

⑰冷藏。冻好的肉送入－18℃低温库冻藏。根据客户要求，低温冷冻运输，冷冻销售。

五、提高肉牛肥育效果的技术措施

（一）一般技术措施

包括选择育肥潜力大的个体，如杂交品种、公犊、适宜的年龄、良好的体型外貌等；合理的日粮配方和饲养方案；创造良好的育肥环境，抓住肥育的有利季节，在四季分明的地区，春秋季育肥效果好，牧区肉牛出栏以秋末为佳，冬季育肥要注意防寒；加强防疫与检疫，保证牛体健康；阶段肥育，适时出栏。

（二）非蛋白氮料的利用

1. 直接与精料混合

按照体重计，每100 kg体重喂20～30 g；按精料计算占2%～3%；按日粮干物质计则为1%。生长肉牛的最大日喂量为68 g，肥育肉牛的最大日喂量不超过100 g。

2. 尿素砖

尿素盐块的成分构成是：尿素40%、食盐47.5%、糖蜜10%（提高适口性）、磷酸钠2.5%和少量的钴。

3. 糊化淀粉尿素

将粉碎的高淀粉谷物饲料（如玉米、高粱等，占75%）与尿素（占25%）混合后，通过一个特制的挤压锅，在一定湿度、温度和压力下，使淀粉糊化，尿素扩展在其中。

（三）饲料添加剂的应用

1. 瘤胃素

每头牛每天喂量为50～360 mg，常用量为100～200 mg，360 mg为最高剂量。全价日粮每千克精料混合料添加40～60 mg。具体饲喂时，应有1周的过渡期，即1～7 d，每头每天饲喂60 mg瘤胃素钠，8 d后剂量逐渐加大，渐渐达到标准规定量。

2. 微量元素

使用微量元素添加剂时，要根据饲料中微量元素余缺情况，确定添加剂的种类和数量。添加时一定要与饲料混合均匀。

3. 维生素

每千克肉牛日粮干物质维生素添加量为：维生素A添加剂（含20万IU/g）14 mg，维生素D_3添加剂（含1万IU/g）28 mg，维生素E（含20万IU/g）0.38～3 g。另外，烟酸（尼克酸）对肉牛的生产性能也有较大影响。肉牛每千克日粮干物质中可添加100 mg，有利于提高日增重和饲料转化率。

4. 缓冲剂

常用的缓冲剂是碳酸氢钠（小苏打）和氧化镁。可单独添加，小苏打用量为精料的1%～2%，氧化镁为0.3%～0.6%，也可同时添加。

5. 氨基酸添加剂

将氨基酸用保护剂处理，使它们在瘤胃中不受微生物的分解，顺利到达小肠被吸收利用，目前市场已有经保护处理的氨基酸产品。

6. 中草药饲料添加剂

中草药饲料添加剂，不但可以补充营养，另外还有简便价廉、功能多样、无毒副作用、无抗药性等优点。

7. 激素类增重剂

我国及世界上多数国家已经禁止使用。我国禁止在饲料和动物饮水中使用的药物品种目录详见农业部公告[2002]第176号。

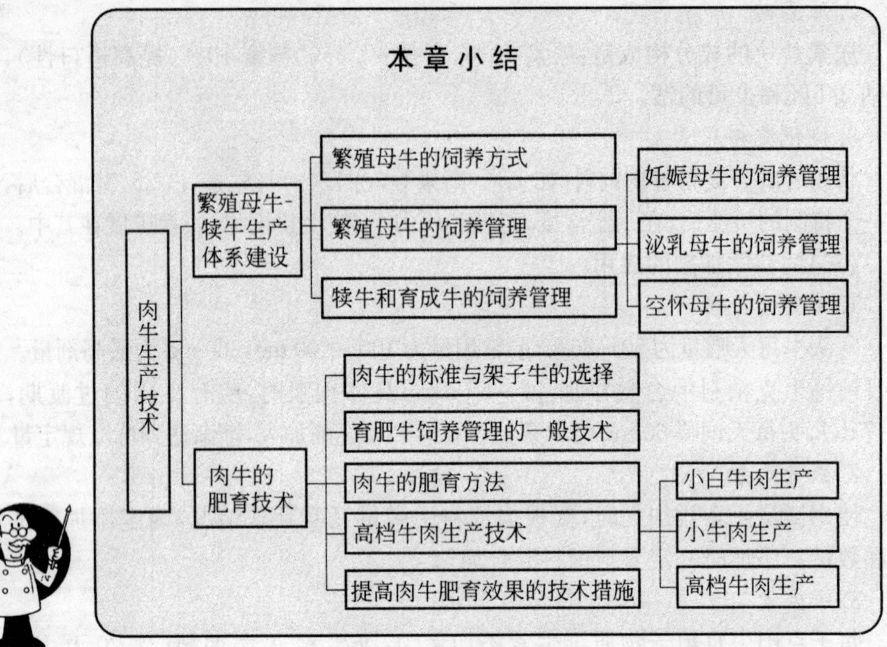

复习思考题

1. 繁殖母牛、犊牛、育成牛的饲养管理要点是什么？
2. 我国肥育牛的饲养方式和肉牛肥育方法有哪些？
3. 简述优质肉牛生产技术要点。
4. 简述高档牛肉及其生产加工工艺。
5. 提高肉牛肥育效果的技术措施有哪些？

第八章　牛场建设与环境管理

知识目标

- 了解牛场建设的可行性论证。
- 了解如何进行牛场场址的选择，掌握牛场建筑的整体规划、布局和设计。
- 掌握奶牛养殖小区的建设与管理。
- 了解牛舍的环境管理，掌握牛场污染物的处理与利用。

技能目标

- 学会如何进行养牛生产的经济效益分析，并进行可行性研究报告的编制。
- 学会如何进行牛场整体设计和规划布局，具备牛场环境管理的能力。

第一节　牛场建设的可行性论证

牛场建设的可行性论证是进行养牛生产的前期准备阶段。前期论证充分与否将直接影响牛场投产后的经济效益、社会效益和生态效益。因此，在养牛生产中一定要非常重视牛场建设的可行性论证。

一、牛场建设的条件

(一)养牛生产的基本条件

1. 场地

牛场大小可根据每头牛所需面积，并结合长远规划计算出来。奶牛场的面积见表 8-1,肉牛场的面积(包括舍内外)见表 8-2。

表 8-1 每头奶牛所需的面积 m^2

牛场建筑分类	牛只平均占地面积
牛舍用房	20～25
牛舍运动场	15～20
牛场辅助建筑	2
办公生活用房	1
牛场总面积	100

表 8-2 每头肉牛所需的面积 m^2

类别	面积
繁殖母牛	4.65
犊牛(每栏数头)	1.86
断奶犊牛	2.79
1 岁牛	3.72
肥育牛(340 kg)	4.18
肥育牛(430 kg)	4.65
公牛(牛栏面积)	11.12
分娩母牛(分娩栏面积)	9.29～11.12

2. 资金

发展养牛业需要的资金量较大,特别是奶牛业,相对于饲养其他家畜来讲,资金周转率较低,生产周期较长,因此,一定要有必要的资金保证。

3. 市场需求

首先要调研产品的销售渠道及市场需求状况。规模饲养奶牛首先要考虑附近有无乳品加工厂收购原料奶;其次要考虑一定距离范围内的牛奶用户,通过对附近居民的数量和结构及居民收入水平、购买力、饮食习惯等的调查进行预测。此外,还要了解当地的牛奶销售价格。

4. 饲料资源

饲料是养牛最基本的条件。要了解当地或附近能否种植牧草和青饲玉米,有无野青草资源、农作物秸秆、粮食或其他作物加工的副产品可以利用。为节省运输费用,粗饲料最好就近取材。

5. 品种资源

养牛生产中要想获得理想的经济效益,品种是关键。奶牛场引进中国荷斯坦牛;肉牛场可以用国内的一些良种黄牛品种,与国外引进的良种肉牛进行杂交改良。

6. 劳动力资源

我国农村有大量的剩余劳动力，可以办规模家庭饲养场，既可利用劳动力，又可提高农民收入。

7. 技术水平

牛场生产技术性强，只有根据牛的生长发育规律和消化生理特点，采取科学的饲养管理技术（各生产阶段牛的饲养管理）、饲草饲料加工调制技术（饲料配方、饲料加工调制）、繁育技术（人工授精、胚胎移植）、原料乳的监测与控制（原料乳的检测、牛奶污染的控制和原料乳的初步处理）、疾病预防与控制技术等，才能获得最佳经济效益。

8. 社会化服务体系

社会化服务项目主要包括产前的市场信息、产中的技术指导与疫病防治及产后的产品销售等。

9. 政策环境

随着我国养牛业的快速发展，农业部和国务院先后制定了一系列关于加快养牛业发展和加强养牛业生产的政策性文件。各地方政府也配套出台了各种文件，为养牛业的发展做好了政策性基础。尤其近年来，国家“三农”政策的实施，明确把发展养牛业作为农业和农村经济结构战略性调整的突破口，增加农民收入的重要途径，为加快养牛业发展创造了良好的政策环境。

（二）养牛生产的经营方向

养牛业作为一项产业，包括几种生产方向，从主要方向上来讲有 3 个：一是奶牛生产，二是肉牛生产，三是种公牛生产。目前，我国的种公牛站一般都是由国家投资兴建，种质较好，技术水平高，一般牛场饲养种公牛的已十分少见。所以，在投资养牛业时主要是从前两者中选择。

要确定养牛场的生产方向，首先，要了解市场的需求信息和国家有关宏观政策信息，以此为依据，预测国内外牛乳、肉、皮及其加工产品的市场发展情况及价格。其次，要根据场地、资金状况、饲料资源状况、产品销售渠道、品种资源情况、技术力量、生产设备、劳动者的职业和技术素质、防疫条件、机械化程度、社会化服务水平及信贷条件等情况来进行综合分析比较。

（三）养牛生产的适度规模

适度规模经营的决策，一般都采用效益盈亏平衡点分析法，又称为保本点分析法。这种分析法是通过产量、成本、价格和盈利的变化关系进行分析和预测，找到盈亏临界点（即保本点），再衡量规划多大的规模才能达到多盈利的目标。

运用盈亏平衡分析法确定适度规模，首先要将生产成本划分为固定成本和变动成本。固定成本是指不受产量和销售变化所影响的那部分成本，包括基本工资、管理费和固定资产折旧费等。变动成本是指畜禽产品的直接成本而言，如饲料成本、购买畜禽的成本和其他物质消费成本等，这些成本都随产量、销售量和价格的变化而变化。即

$$总成本=固定成本+变动成本$$

1.找出保本点规模

用产出指标确定规模时，企业的产出量不应低于盈亏界点产量。此时，所取得的收入既补偿了固定成本，又补偿了变动成本。公式为：

$$保本点产销量\times单位产品售价=固定成本+变动成本 \tag{1}$$

即
$$保本点产销量=\frac{固定成本+变动成本}{单位产品售价} \tag{2}$$

因为，
$$变动成本=单位产品变动成本\times保本点产销量 \tag{3}$$

(3)代入(1)得：

$$保本点产销量=\frac{固定成本}{单位产品售价-单位产品变动成本} \tag{4}$$

如果企业根据历史的或已知的资料计算出单位产品变动成本，即可利用式(4)确定保本点产量，它是畜牧业生产规模的下限。

2.确定安全规模产销量

根据盈亏平衡分析法，企业的经营安全率一般要在30%以上，其经营状态才是安全的。因此，我们把经营安全率为30%的产量或销售量，称为“安全规模”产销量。

(1)经营安全率　是反映企业经营状况的重要指标。经营安全率越大，盈利的安全性越大。一般可按下列数值判定畜牧企业的经营安全状态。一般情况下，经营安全率在30%以上者，属安全经营状态；25%～30%，较安全；10%%以下者，属危险经营状态。

$$经营安全率=\frac{现实产销量-保本点产销量}{现实产销量}\times100\%$$

(2)安全规模临界点产销量

根据，
$$30\%=\frac{现实产销量-保本点产销量}{现实产销量}\times100\%$$

得出，现实产销量$=\frac{10}{7}$保本点产销量，即产量或销量必须在$\frac{10}{7}$保本点产销量

以上，才能有较稳定的经济效益。

3. 最大可能销售量规模

最大可能销售量规模是指企业经过开拓市场，或是社会需要量增大之后，给企业提供的最大可能的销售量决定的规模。它应是养牛企业生产规模的上限。

4. 现有条件下的最大生产能力

现有条件下的最大生产能力是指一个生产单位，根据已有的资金、技术、设备、管理能力等而具备的最大生产能力。在现有条件下，固定费用不变，产量越大，则单位成本越低。而产量只能增加到最大生产能力允许的量上。如果最大可能的生产能力生产的产品都能正常销售出去，则此时发挥了企业最大生产能力，也可将其视为适度规模。

当然，这里无论是最大生产能力，还是最大销售量，作为最佳规模，它的生产量起码应在经营安全率为30%的产量以上。如果低于这个产量，就不能保证有稳定的盈利，当然就更谈不上最佳规模了。

5. 制定目标利润的生产规模

目标利润的生产量可按下面公式计算：

$$\text{实现目标利润的产销量}=\frac{\text{固定成本}+\text{目标利润}}{\text{单位产品售价}-\text{单位产品变动成本}}$$

这个产量应低于或等于生产单位的最大可能销售量，否则，目标利润无法实现。

二、养牛生产的经济效益分析

（一）经济效益的分析方法

经济效益的分析主要包括资产核算、成本核算和盈利核算3个方面。

1. 资产核算

资产是指企业拥有或控制的能以货币计量的经济资源。资产核算主要是对固定资产和流动资产的核算。

（1）固定资产　固定资产是指价值较高、使用年限较长、多次投入生产过程，但在生产过程中，其物质形态基本保持不变的劳动资产。主要包括：生产用固定资产，如畜舍、挤乳器等；非生产用固定资产，如办公室、职工宿舍、食堂等；未使用的固定资产。

固定资产折旧费主要是提取固定资产基本折旧费和固定资产大修理折旧费。养牛生产企业在对固定资产折旧时一般多采用平均年限法。它是按固定资产预计使用年限平均计算折旧的方法。固定资产的净残值率一般按照固定资产原值的3%～5%确定。公式为：

$$年折旧率=\frac{1-预计净残值率}{折旧年限}$$

$$月折旧率=\frac{年折旧率}{12}$$

$$月折旧额=固定资产原始价值\times月折旧率$$

(2) 流动资产　流动资产是指可以在一年内或长于一年的一个营业周期内变现或者运用的资产。主要包括：货币资产，库存现金、银行存款和其他货币资产；结算资金，如应收票据、应收账款和预付货款等；存货，如饲料、兽药、低值易耗品、在产品、幼畜等；短期投资和待摊费用等。企业流动资产总值即货币资产、结算资金、存货、短期投资和待摊等费用的总和。

流动资产的核算指标有流动资产平均占用额和流动资产周转速度。

①流动资产平均占用额：一定时期流动资产余额的平均数。

$$月度流动资产平均占用额=\frac{月初占用额+月末占用额}{2}$$

$$年度流动资产平均占用额=\frac{全年各月平均占用额之和}{12}$$

②流动资产周转速度：一定时期内周转的快慢程度。它反映流动资产利用率的经济指标。主要用3种指标来表示：

a. 流动资产的周转次数：

$$周转次数=\frac{计算期销售收入总额}{计算期流动资产平均占用额}$$

b. 流动资产的周转周期：流动资产每周转一次所需要的天数。在年度内，周转次数愈多，周转天数愈短，则流动资产周转愈快，流动资产运用效果愈好；反之，则差。

$$周转周期(天数)=\frac{计算期天数}{周转次数}=\frac{流动资产平均占用额\times计算期天数}{计算期销售收入总额}$$

c. 流动资产占用率：在一定时期内完成单位金额(元)周转所占用的流动资产。在我国的实际生产过程中，一般以销售收入总额(总产值)作为流动资产周转数额。流动资产占用率愈低，则流动资产运用效果愈好；反之，则差。

$$流动资产占用率=\frac{计算期流动资产平均占用额}{计算期销售收入总额}\times100\%$$

2.成本核算

畜产品成本是指畜牧企业在一定时期的生产经营活动中为生产和销售产品而花费的全部费用。畜产品成本核算是经济核算的中心内容，是畜牧企业实行经济核算不可缺少的基础工作。

(1)成本核算的项目

直接成本：包括工资和福利费、饲料费、燃料动力费、牛群医药费、产畜摊销费(种畜和产畜的折旧费)、固定资产折旧费、固定资产大修理折旧费、低值易耗品等费用。

间接成本：包括共同生产费(利息支出、产品销售方面的费用等)和企业经营管理费(管理人员的工资、福利费，经营中的水电费、办公费和车旅费等)。其需要按一定比例分摊到各种牛群成本中去。

(2)成本核算的方法　核算的一般程序为：确定核算对象→归集费用→分配间接费用→计算总成本→计算主要产品成本和副产品成本→计算主要产品单位成本。

根据成本项目核算出畜群的费用以后，结合各畜群饲养头数、活重、增重、主副产品产量等资料，便可计算各畜群的饲养成本和产品成本。在养牛生产中一般要计算牛群的饲养头日成本、单位牛奶成本、育肥牛增重单位成本、断奶幼牛活重单位成本及主要产品单位成本等，其计算公式如下：

$$\text{牛群饲养头日成本}=\frac{\text{该牛群饲养期总费用}}{\text{该牛群饲养累计头日数}}$$

$$\text{单位牛奶成本}=\frac{\text{成年母牛群全年饲养费用}-\text{犊牛价值}}{\text{全年牛奶产量}}$$

$$\text{育肥牛增重单位成本}=\frac{\text{该牛群饲养期总费用}}{\text{该期间内的净增重量}}$$

$$\text{断奶幼牛活重单位成本}=\frac{\text{产畜群饲养费用}+\text{幼牛饲养费用}}{\text{断奶幼牛活重量}}$$

$$\text{主要产品单位成本}=\frac{\text{该牛群饲养费用}-\text{副产品价值}}{\text{该牛群主要产品总产量}}$$

3.盈利核算

(1)盈利　盈利是销售收入减去销售成本以后的余额，它包括税金和利润。盈利又称税前利润。

$$\text{盈利}=\text{总收入}-\text{总成本}=\text{税金}+\text{利润}$$

畜牧场自产留用的畜产品，应视同销售，计入销售收入。

(2)利润　利润是企业在一定期间的经营成果。利润为负数时，表示亏损，应按规定的程序弥补。通常,年度发生亏损可用下一年度的利润弥补;不足时可延续5年内以税前利润弥补。

(3)税金　税金是国家根据事先规定的税种和税率向企业征收的、上交国家财政的款项。税金是国家宏观调控的重要经济手段之一。畜牧业主要应上交以下几种税金:农牧业税、产品税、营业税、资源税和所得税等。

(二)肉牛生产的经济效益分析

1. 总支出部分

(1)饲料费用,包括牛群消耗的各种饲料。上年库存的饲料折款列入当年开支;年底库存结余的饲料应折款列入下年度开支;饲料库存之差列入开支或收入。

(2)生产人员和管理人员的工资、奖金及福利待遇按年实际支出计算。

(3)固定资产折旧包括下面两项:

房屋折旧费:是指牛舍、库房、饲料加工间、办公室和宿舍。砖木结构折旧年限一般为20年,土木结构一般为10年。各牛场可根据当地折旧有关规定处理。

设备折旧费:是指饲料生产、饲料加工机械,折旧年限为10年。拖拉机、汽车折旧年限为15年。

(4)燃料费、水电费。

(5)医疗费,包括兽药和防疫等。

(6)产畜摊销费,即种畜和产畜的折旧费。一般公牛从能受精开始,母牛从产犊开始计算。一般公牛摊销年限为8年,母牛为10年。其计算公式:

$$产畜摊销费=\frac{产畜原价值-净残值}{使用年限}$$

(7)运输费。

(8)引种费,如购进架子牛的费用。

(9)共同生产费,指母牛群、公牛群等分摊到牛舍(车间)一级的间接生产费用。

(10)维修费,包括大修理折旧费和日常修理费。

(11)低值易耗费,指百元以下零星开支,如购买工具、劳保用品等,按年度实际开支计算。

(12)对外联系的差旅费、招待费,按年度实际支出计算。

(13)其他开支,如垫草、利息、经营税及人员培训费等。

2. 总收入部分

(1)全年商品牛总产量,是指1月1日至年末出售商品牛的总重量。

(2)全年出售商品牛的总收入,是指1月1日至年末出售商品牛收入的总和,未出售的应盘点(盘查清点)总数折价列账。

(3)全年出售种牛的收入总和。

(4)全年淘汰牛收入的总和。

(5)全年肥料收入的总和。

(6)牛只盘点总数折价,减去上年盘点总数的折价,核算出增值收入。

3. 总效益部分

全年的总收入减去全年的总支出即为全年的总效益。肉牛专业饲养户的效益分析原则上也可按照上述方法进行计算,但专业户在牛的房舍、青粗饲料的供应及劳动力成本等方面可以减少部分支出。

(三)奶牛生产的经济效益分析

1.规模奶牛场经济效益分析

奶牛场饲养成本投入可分为直接饲养成本和间接饲养成本两大部分。直接饲养成本指奶牛每天所消耗的饲粮的实际成本;而间接饲养成本包括人员工资、工资附加费、固定资产折旧、燃料动力费、制造费用、辅助生产成本等为完成生产所发生费用的成本投入。为便于分析,将奶牛的饲养阶段划分为后备期和成母牛期(投产期)两部分,现以饲养 724 头中国荷斯坦奶牛的某奶牛场为例进行成本分析。

(1)奶牛后备期的日粮统计及成本核算　初孕牛的饲养天数是根据其投产月龄推算而来的,因该牛场初孕牛投产月龄 1991—2000 年 10 年平均为 26.66 个月(800 d),故该饲养期平均为 260 d。由于各年度奶牛场的饲料单价及人员工资等存在较大差异,因此,饲养日粮单价按 2002 年该场实际单价为准(成母牛同),奶牛各期的间接饲养成本投入也按 2002 年该场年终财务报表统计为准(成母牛同)。详见表 8-3 和表 8-4。

表 8-3　某牛场每头后备牛直接饲养成本统计表(10 年平均值)

畜别	饲料名称								
	混合饲料/(kg/d)	苜蓿干草/(kg/d)	苜蓿草粉/(kg/d)	青贮/(kg/d)	多汁料/(kg/d)	犊牛食奶量/(kg/d)	头日成本/元	饲养天数/d	合计/元
犊牛	0.92	0.58	0.71	0.94	—	2.77	6.38	180	1 148.4
小育成牛	1.45	3.49	0.70	8.10	0.72	—	5.49	180	988.2
大育成牛	1.88	4.60	0.65	12.21	0.33	—	7.25	180	1 305.0
初孕牛	2.48	5.50	—	13.01	0.16	—	8.22	260	2 137.2
饲料单价	1.188	0.53	0.53	0.18	0.125	1.60	—	—	—
总计	—	—	—	—	—	—	—	800	5 578.8

表 8-4 某牛场每头后备牛间接饲养成本统计表

畜别	成本								
	人员工资/(元/d)	工资附加费/(元/d)	固定资产折旧/(元/d)	燃料动力费/(元/d)	药费/(元/d)	制造费用/(元/d)	成本/(元/d)	饲养天数/d	合计/元
犊牛	0.48	0.12	0.23	0.34	0.30	0.06	1.53	180	275.4
小育成牛	0.36	0.10	0.23	0.34	0.36	0.20	1.59	180	286.2
大育成牛	0.40	0.09	0.32	0.18	0.25	0.20	1.44	180	259.2
初孕牛	0.40	0.09	0.32	0.18	0.25	0.15	1.39	260	361.4
总计	—	—	—	—	—	—	—	800	1 182.2

(2)后备期的利润分析　表 8-3 和表 8-4 的统计结果表明，一头奶牛从出生至投产止的饲养费用投入为 6 761 元(5 578.8+1 182.2)。若加上犊牛出生的基金价(如某牛场为 2 500 元)，一头奶牛从出生到投产时的价值在 9 261 元左右。该场初孕牛投产后转入成母牛的转入价(转入固定资产价格)为 4 954.77 元，而剩余部分在当年生产利润中冲减。

(3)成母牛饲养成本核算　通过对 1991—2000 年 10 年的统计结果及 2002 年的统计(表 8-5)表明，成母牛每头每天的直接饲养成本在 20～22 元之间。

(4)成母牛年利润分析　表 8-5 和表 8-6 的统计结果(仅按 2002 年)表明，成母牛的每头每天成本投入为 31.20 元。在 2002 年，该场成母牛日单产 24.37 kg，则年单产为 8 895 kg。因此，每千克牛奶的成本应为 1.28 元。按该场鲜奶收购价 1.70 元/kg 来计算，该场每千克牛奶的利润为 0.42 元，年利润为 3 735.90 元。由于奶牛的维持需要是相对恒定的，分解到牛奶单产中的份额随着单产的提高而减少。另外，由于畜牧生产是一个循环往复的过程。因此，可不计算某头牛的基金价或转入价，仅按其后备期的饲养成本投入 6 761 元来计算，该牛要生产 22 个月才能完成其在后备期的投入，之后的产奶才是真正意义上的利润。所以，不断提高奶牛的单产和延长成母牛的有效利用年限可以获得更高的经济效益。

表 8-5 某牛场每头成母牛直接饲养成本统计表

项 目	饲 料 名 称						
	混合饲料/(kg/d)	油渣/(kg/d)	豆饼/(kg/d)	苜蓿干草/(kg/d)	青贮/(kg/d)	多汁料/(kg/d)	头日成本/元
10 年平均	11.41	1.38	0.18	5.11	19.39	3.15	21.79
2002 年	11.32	0.70	0.14	4.15	18.69	7.10	20.82
饲料单价/元	1.188	0.95	1.85	0.53	0.18	0.125	

表 8-6 某牛场 2002 年成母牛间接饲养成本统计表 元

项目	人员工资	工资附加费	固定资产折旧	燃料动力费	药费*
总数	384 445.88	7 779.25	260 703.39	66 940.80	82 898.92
头日成本	3.22	0.07	2.18	0.56	0.69
项目	制造费用	其他直接费	辅助生产成本	合计	饲养头日
总数	9 355.69	80 733.57	256 196.66	1 239 154.16	
头日成本	0.83	0.68	2.15	10.37	1 119 486

*药费包括防检疫及育种费用。

2. 奶牛饲养专业户的经济效益分析

农户养殖奶牛一般以存栏 5～10 头为宜。这种小规模的养殖场不需要特殊的设备和大型的场房,因此,管理成本较低。现以某奶牛专业户为例进行经济效益分析。

(1)饲养成本 在正常饲养管理条件下,年产鲜奶 5 000 kg,其直接饲养成本(饲料成本)为 4 300 元,间接饲养成本为 530 元(不计人员工资),每头奶牛每年折旧为 1000 元(按 1 头奶牛原价值 1 万元,使用期限 10 年计算),年总饲养成本为每头 5 830 元。详见表 8-7 和表 8-8。

表 8-7 某奶牛专业户每头成年奶牛直接饲养成本统计表

项目	饲料名称				
	青贮饲料	干草	秸秆	根块类饲料	精饲料
饲料量/kg	6 000	1 000	2 000	1 000	2 500
单价/(元/kg)	0.1	0.3	0.1	0.2	1.2
总价值/元	600	300	200	200	3 000

表 8-8 某奶牛专业户成年奶牛间接饲养成本统计表 元

费用种类	防疫费	水电费	配种费	治疗费	奶牛折旧
总价值	40	40	150	300	1 000

(2)利润分析 年产鲜奶 5 000 kg,按 1.8 元/kg 计算,则鲜奶收入为 9 000 元,年产公犊牛出生价为 200 元,母犊牛收入为 4 000 元,则生公母牛犊时的年纯利润分别为 3 370 元和 7 170 元。若 10 头规模奶牛场,按年产公母犊牛各一半,则该养殖场年纯收入可达 5 万元。

三、牛场建设项目的可行性论证

(一)项目可行性论证的程序

1. 筹划准备

大型的综合性项目的可行性研究,项目建议书批准后,项目单位即可筹划准备进行项目可行性研究。其方式有两种:一种是委托给有能力的专门咨询设计单位,双方签订合同由专门咨询设计单位承包可行性研究任务;另一种是由项目单位组织有关专家参加的项目可行性研究工作小组进行此项工作。承担可行性研究的单位或专家组,应获得项目建议书和有关项目背景资料、批示文件,了解项目单位的意图和要求,制订详细的工作计划,以便着手从事项目可行性研究工作。小型项目也可以由有经验的投资者依据以下程序来完成。

2.收集资料

按照工作计划进行可行性研究工作,首先是收集有关项目的各种资料,如此类项目建设的有关方针政策,项目地区的历史、文化、风俗习惯,自然资源条件,社会经济状况,国内外市场情况,有关项目技术经济指标和信息,项目直接参加者和受益者对项目的要求,项目开展的周围环境条件等。收集资料的方式要保证以客观实际为基础,注重调查研究,访问项目参加者和受益者,查阅各种统计会计资料、技术档案资料,力求掌握资料详细、全面、客观、正确。

3.分析研究

在收集资料和各种数据的基础上,应按照项目可行性研究所要求的内容进行科学的分类整理、计算加工、分析研究,结合项目的具体情况,对项目建设涉及的技术方案、产品方案、组织管理、社会条件、市场条件、实施进度、资金预算、财务效益、经济效益、社会生态效益等各方面的问题进行可行性论证;同时还应设计几套可供选择的方案,进行比较分析,筛选出最优的可行性方案,形成可行性研究的结论性意见。

4.编写可行性研究报告

承担可行性研究任务的单位或专家组应根据分析研究所得的结论性的意见,对项目是否可行编制出合乎规格的可行性研究报告,交予委托或组织该项研究的项目单位,由项目单位再上报,以便进一步进行项目评估。

(二)可行性研究报告的一般格式和内容

可行性研究报告虽然没有统一规定,但一般包括封面、目录、术语表、前言、正文、附件。为了阐述清楚可行性研究的内容,可以参考下面的一般格式或一般编写提纲。

1.封面

封面必须注明项目名称,项目执行单位、可行性研究承担单位及各自的负责人,以及可行性研究负责人资格审查单位,最后列出项目建议书的批准单位及批准文号和报告时间等。

2. 目录

一般应列出章、节2级目录，如果报告规模较大，可以列出章、节、点3级目录，以便查找。

3. 正文

可行性研究报告的正文是整个报告的核心部分，应当充分列举事实，阐明理由，它是结论和建议的基础。由于投资的项目不同，可行性研究本身所包括的内容也不尽一致，但从总体上说，一般可行性研究报告的主要内容及写作格式如下：

(1)项目背景　包括项目名称、项目承办单位概况以及项目提出的理由和过程。

(2)项目概况　包括项目简介、拟建地点、建设规模、项目投入总资金及效益情况和主要技术经济指标等。

(3)项目建设的可行性和必要性　全面分析项目建设的可行性和必要性。分析内容包括饲料资源、草山草坡资源、劳动力资源、技术力量、交通、能源、通讯设施以及养牛业的现状、发展趋势、实施后对本地区经济、社会和生态建设方面的有利影响。

(4)市场供求分析及预测　对行业的发展现状与前景、市场供需状况等进行调查、分析与预测。

(5)场址条件　具体落实场址地点与地理位置、场址占地面积和场址建设条件。

(6)工程方案　包括建筑物的建筑形式与结构方案、建设工程量与用料估算、项目技术来源与技术水平以及主要技术工艺流程与技术工艺参数等。

(7)项目总体布置　对项目总体布局、项目建设目标与总体发展规划、生产模式和主要技术经济指标进行分析。

(8)环境评价　了解项目所在地环境状况，分析项目运行过程中产生的污染物对环境的影响，考虑建设相关粪污处理设施和环保设施。

(9)项目组织管理与运行　包括工程建设阶段和建成运行后的组织管理机构与职能、运行管理模式与运行机制、人员配置及专业技术人员培训等。

(10)项目实施进度　根据整个工程项目的实施计划方案，以表格形式列出项目建设的进度计划。

(11)投资估算与资金筹措　根据工程建设的内容分别详细估算出建设的总投资额，并明确资金筹措方式或来源。

(12)效益分析　对项目建成后的经济效益、社会效益和生态效益等进行量化分析。经济效益可从生产成本、生产利润、财务现金流量等方面分析。社会效益和生态效益可从项目实施为本地区解决就业情况、为社会提供种畜、带动区域经济发展及小城镇建设等方面分析。

(13)风险评价　包括技术风险性评价、经济风险性评价和评价结论。经济风险性评价又包括盈亏平衡分析和敏感性分析等，并指出防范和降低风险的措施。

(14)结论与建议　这是可行性研究报告中的关键落点。在正文部分分项逐条加以论证之后，结论要从整体进行评价，进行本方案与其他方案的优劣比较，从而，提出明确的建议。

4. 附件

附件包括附图、附表以及相关证明材料，如场址地理位置图、项目总体布置图、可行性研究报告编制需要提供的工程量、设备清单、项目基本情况表、项目建设内容、规模及投资估算明细表、项目建议书(初步可行性研究报告)的批复文件、环保部门对项目环境影响的批复文件、主要原材料供应的意向性协议、项目资金来源的承诺函、土地主管部门对场址的批复文件、国内外市场需求情况调研和预测报告、承担单位法人证明、有关配套条件及技术成果证明等。证明材料一定要真实、齐全。

可行性研究要以质量控制为核心，对项目的规模、建设标准、工艺布局、产业规划、技术进步等方面应实事求是地科学分析。从事可行性研究的人员要熟悉国家和地方对项目建设的有关法律、政策、规定，准确掌握有关专业知识，不断学习新技术，真正做到科学地、独立地、不受任何干扰地把握好产业的发展方向，提高可行性研究的深度和质量，为投资人提供可行性依据。

第二节　牛场建设

一、牛场场址的选择

牛场场址选择时，应根据其生产特点(种畜场或商品场)、饲养管理方式(舍饲或放牧)、经营方式(单一经营或综合经营)以及生产集约化程度等基本特点，对地势、地形、土质、朝向、水源、交通、电力以及物资供应等资源条件进行全面考虑。

(一)地势、地形

牛场场址应选在地势高燥、平坦或稍有坡度、背风向阳、地下水位低、排水良好的地方。地势高燥，高出当地历史洪水线以上，地下水位在 2 m 以下，既可以避免雨季洪水的威胁，又可以减少因土壤毛细管水上升而造成地面潮湿。背风向阳，以保持场区小气候温热状况的相对稳定。地面平坦或稍有坡度(1%～3%)，便于排水。低洼潮湿、排水不良的场地,不利于牛的体热调节和肢、蹄健康,而有利于病原微生物和寄生虫的生存,并严重影响建筑物的使用寿命。

(二)土质

牛场土质非常重要,应选择透气、透水性强,毛细管特性弱、吸湿性和导热性小、质地均匀且抗压性强的土壤,土质的好坏不仅直接、间接影响场区的空气、水质和植被的化学成分及生长状态,而且还影响土壤的净化作用。

沙壤土透水性良好,持水性小,雨后不泥泞,易保持场地干燥和牛体卫生,同时,此类土壤导热性小,热容量大,土温比较稳定,是很适宜的牛场地基。黏性土壤不利于生产管理,不宜选用。

(三)水源

牛场需水量大,如牛的饮水、饲料清洗与调制、棚圈和用具的洗涤、牛体的洗刷以及日常生活用水等都需要大量的水,因此,水源充足、水质良好是维持牛场正常生产的必要条件之一。良好质量的地下水冬暖夏凉,是最好的水源;自来水水质稳定,为大多数牛场的主要水源;地表水也可作为水源,但需要净化达到饮用水质标准后使用。

(四)社会联系

养牛生产过程中形成的有害气体及排泄物会对大气和地下水造成污染,因此,牛场不宜建在人口密集区和繁华地带,而应选择相对较偏远的地区,有天然屏障(如河塘、山坡等)作隔离更好,使牛场不致成为周围社会的污染源。

场区要求交通便利,修建专用道路与公路相连。但为了防疫卫生,牧场与主要公路的距离至少要在 300 m 以上;国道、省际公路 500 m;省道、区际公路 300 m;一般公路 100 m(有围墙时可缩小到 50 m);非本场的牲畜牧道 300 m。与居民点的间距:一般小场 200 m 以上,大型牛场应在 500 m 以上;与各种化工厂、屠宰场、制革厂间距应不小于 1 500 m。

选择场址时,还应重视供电条件,特别是集约化程度较高的大型牛场,必须具备可靠的电力供应。靠近输电线路,以尽量缩短新线路铺设距离,减少供电投资。

二、牛场规划与建筑布局

场址选择好后,接着就是根据实际地形地物对牛场进行整体规划和布局。布局时应遵循下列原则:因地制宜原则、节约用地原则、环境保护与再利用原则和可持续发展原则。根据这些原则对场区进行分区规划和合理布局,这是建立良好牧场环境和组织高效率生产的基础工作和可靠保证。

(一)牛场分区规划

一般牛场通常按功能分为以下几个区:生产区(包括牛舍、饲料贮存、加工、调制车间等)、管理区(包括办公室、接待室等)、生活区(包括职工宿舍和食堂等)和病畜粪污处理区(包括兽医室、病牛隔离舍、粪污处理设施等)。在分区规划时应从人畜保健的角度出发,使各区之间建立最佳生产联系和环境卫生防疫条件,合理布置各区建筑物,同时还要考虑地势和主风向状况,如图 8-1 所示。

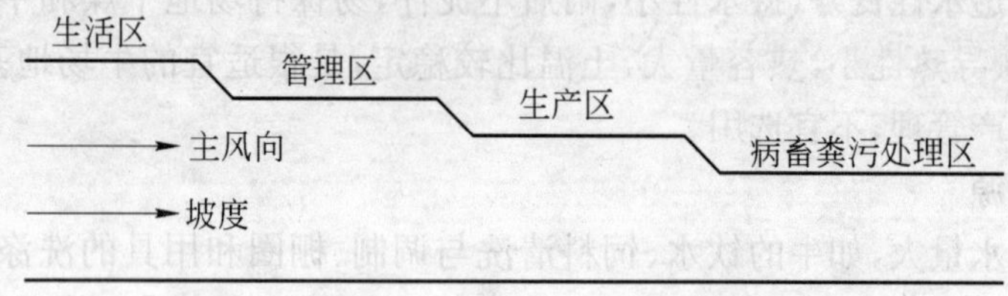

图 8-1 牛场各区依地势、风向配置示意图

1. 生活区

生活区主要包括职工宿舍、食堂等生活设施。其位置可以与生产区平行,靠近管理区,但必须在生产区的上风向。

2. 管理区

管理区负责全场的经营管理,与外界联系频繁,通常由办公室、接待室、陈列室和培训教室组成,应设在与外界联系方便的位置,场大门设在该区,大门处设有消毒池、门卫室和消毒更衣室。除饲料库外,车库和其他仓库应设在管理区,场外车辆严禁进入生产区。外来人员也只能在管理区活动。

3. 生产区

生产区是牛场的核心,应设于全场的中心地带。对于生产比较单一的牛场,生产区的规划与布局比较简单;对于生产规模较大和综合性的牛场,应将种畜、幼畜、商品群分开饲养,在生产区内必须进一步规划小区,不能混杂交错配置。饲料库是生产区的重要组成部分,其位置应安排在生产区与管理区交界处,这样既方便饲料从场外运入,又可避免外面车辆进入生产区。

4. 病畜粪污处理区

病畜粪污处理区应设在全场下风口和地势最低处,并应与牛舍保持一定间距,周围应有天然的或人工隔离屏障(如界沟、围墙、栅栏或浓密的乔灌木混合林等),并设单独的通道与出入口。处理病死牛尸体的坑或焚尸炉应隔离,并严密防护。对于大型牛场,还应建立粪便、污水、废弃物处理设施,以确保牛场及周围环境卫生良好。

此外，生产区与管理区应保持200～300 m的距离，生产区与病畜处理区保持300 m距离，各区之间还应有必要的隔离设施，并防止生活区、管理区的生活污水和地面径流流入生产区。

(二)牛场建筑布局

牛场建筑的布局，应根据具体条件，在遵循下列基本原则的基础上，尽可能做到因地制宜，切忌生搬硬套。

1.根据生产环节确定建筑物之间的最佳生产联系

养牛生产过程由许多生产环节组成，这些生产环节需在不同的建筑中进行。场内建筑的布局应按照彼此间的功能和相互联系进行统筹安排，以免影响生产的顺利进行，或造成严重的后果。

2.遵守兽医卫生和防火安全的规定

综合考虑防疫、防火、通风、采光等因素，牛舍间应保持20 m以上的间距。在兽医卫生方面不安全的建筑应位于地势低处及下风向。此外，应保证运料道、牧道与清粪道不交叉。

3.为减轻劳动强度、提高劳动效率创造条件

在遵守兽医卫生和防火要求的基础上，按建筑物之间的功能联系，尽量使建筑物配置紧凑，以保证最短的运输、供电和供水线路，并为实现生产过程机械化，减少基建投资、管理费用和生产成本创造条件。

三、牛场建筑设计

良好的牛场设计是发挥饲养管理效果、充分体现牛生产性能的重要因素，也是保证牛场获得长久利益所要考虑的首要事情。牛场建筑设计时要根据牛的生产类型、饲养方式、年龄等来具体确定。

(一)奶牛舍

奶牛的饲养方式包括拴系饲养、散栏饲养和散放饲养3种。下面着重介绍前两种饲养方式的牛舍设计。

1.拴系式牛舍

拴系饲养在我国中小型奶牛场应用非常普遍。其特点是每头牛都有固定的牛床，除运动外，饲喂、饮水、挤奶及休息均在牛舍内，分别饲养，个别对待。缺点是不利于机械化，劳动生产率低，劳动强度大。

(1)牛舍建筑形式　常见的有钟楼式、半钟楼式和双坡式3种，见图8-2。

①钟楼式：通风良好，适合于南方地区，但构造比较复杂，耗料多，造价高。

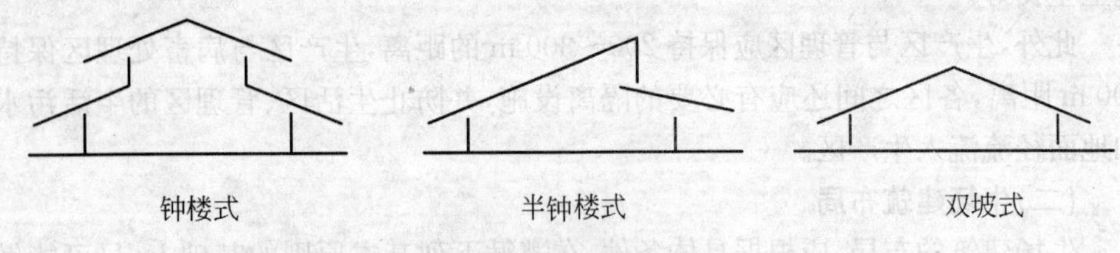

图8-2 牛舍建筑形式

②半钟楼式:通风较好,但夏天牛舍北侧较热,构造亦复杂。

③双坡式:加大舍内门窗面积,可增强通风换气,冬季关闭门窗有利保温,牛舍造价低,易施工,可利用面积大,适用性强。

(2)牛舍内平面布局

①成乳牛舍:奶牛的排列方式视牛数的多少,分单列式、双列式和四列式等(图8-3和图8-4)。双列式又分为对尾式和对头式两种。对尾式中间有清粪通道,两边各有一条喂饲通道。其优点是挤奶、清粪共用一条通道,操作方便且便于饲养员对奶牛发情和生殖器官疾病进行观察,因为牛头向窗,有利于通风采光,传染疾病的机会少,但饲喂不方便。对头式的优缺点与对尾式相反。

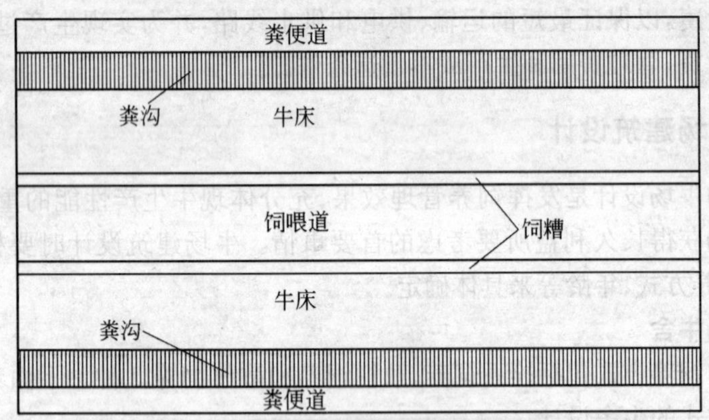

图8-3 对头双列式奶牛舍

②犊牛舍:有犊牛栏、犊牛岛、群居式犊牛岛和通栏等。舍内设置犊牛栏,一栏一犊,隔离管理,可大大提高犊牛的成活率和日增重,减少疾病的发生。犊牛栏前沿高180 cm ,后沿高165 cm ,长170～180 cm ,宽70～90 cm ,下放木条垫板,垫板离地20 cm 。

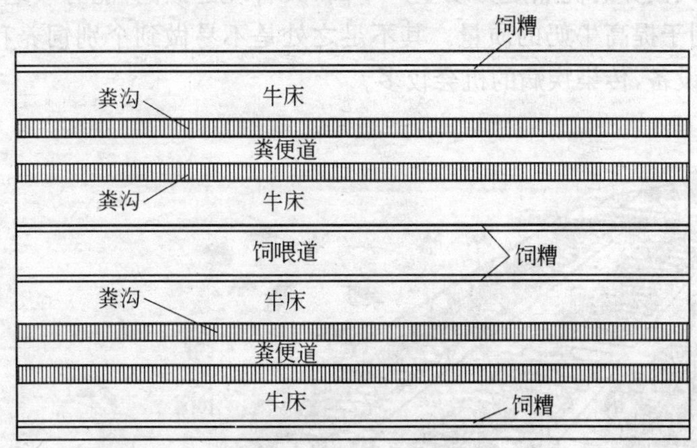

图 8-4　对尾四列式奶牛舍

犊牛岛也称犊牛小屋，一个犊牛岛饲养一头犊牛。常见犊牛岛长、宽和高分别为 200 cm、150 cm 和 150 cm 。南面敞开，东西北及顶面由侧板、后板和顶板围成，在后板设一个 15 cm×15 cm 的开口，以便夏季将其打开形成纵向通风。在犊牛岛的南面设有运动场，运动场由直径为 1.0～2.0 cm 的金属丝网或镀锌管围成栅栏状，栅栏间距为 8～10 cm，围栏前设哺乳桶和干草架，以便犊牛在小范围内活动、采食和饮水。群居式犊牛岛由人工合成材料或木料制成，可饲养 2～6 头犊牛。如 4 头规模的群居式犊牛岛室内面积达 10 m^2，运动场面积为 10～15 m^2。通栏有单排栏和双排栏等，通栏面积根据犊牛的头数而定，一般每栏饲养 5～7 头，每头犊牛占地面积 2.3～2.8 m^2，栏高 120 cm。通栏的一侧或两侧设置饲槽和自动饮水器，并装有栏栅颈枷，以便于在喂乳或必要时对牛只加以固定。

③青年牛和育成牛舍：此阶段奶牛不产奶，对牛舍的设计要求不太严格，只要能达到防寒、防暑、防风、防潮，便于对奶牛进行观察、管理、治疗、配种和舍内拴系饲喂、刷拭即可。

④产房：在较大规模的奶牛场一般设有产房。产房是专用于饲养围产期牛只的用房。产房要求冬暖夏凉，舍内便于清洁和消毒。产房内设置有分娩栏，栏宽和长均不小于 3 m，高不低于 1.3 m，面积不小于 10 m^2，以便于接产操作。

2. 散栏式牛舍

散栏饲养的特点是奶牛休息、采食与挤奶分别进行。饲养场分休息区、饲喂区、待挤区和挤奶区(图 8-5)。母牛可在休息区和饲喂区自由活动，在挤奶区集中挤奶。散栏式饲养的优点是劳动生产率高，其管理定额高，能有效地应用挤奶器集中挤奶，利于提高牛奶的质量。其不足之处是不易做到个别饲养和管理，共用饲槽和饮水设备，传染疾病的机会较多。

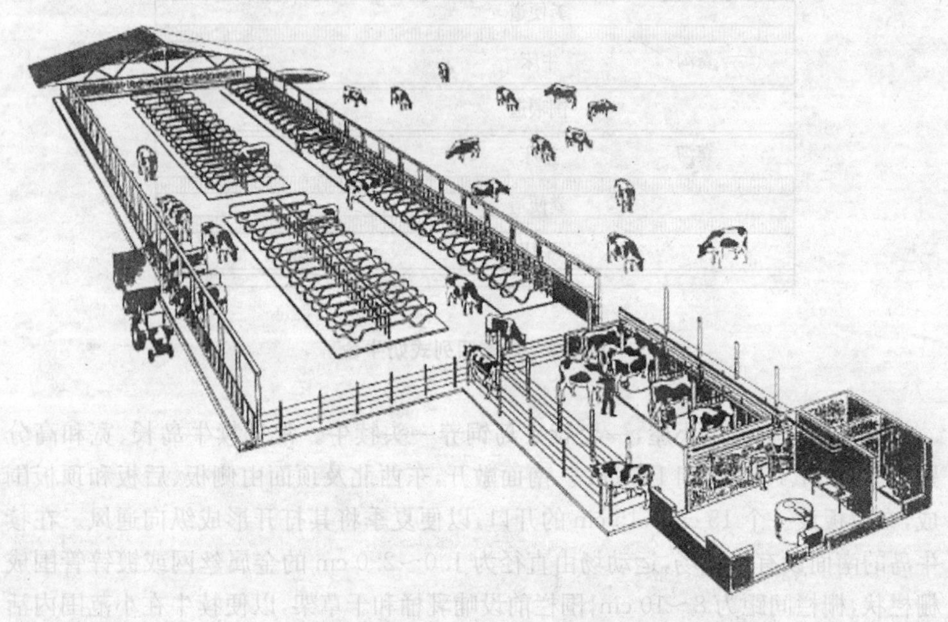

图 8-5 散栏饲养牛活动示意图

散栏式牛舍，因气候条件不同，可分为房舍式、棚舍式和荫棚式三种（图 8-6、图 8-7 和图 8-8）。房舍式牛舍适合于北方，在冬天，只要加强保温防寒措施，如增加必要的隔热结构和增设机械通风等设施，奶牛场也可采用这种牛舍。棚舍式牛

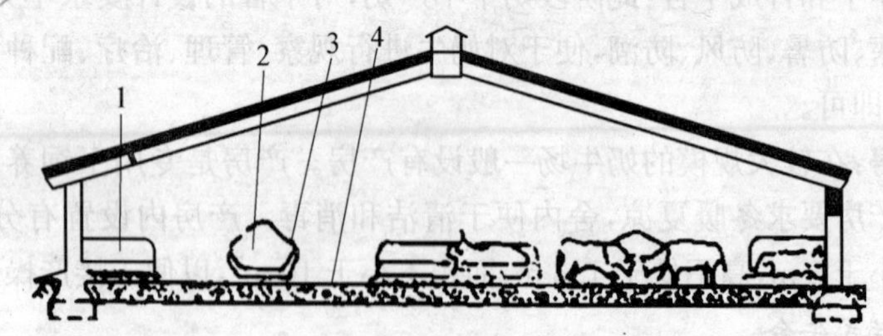

图 8-6 房舍式牛舍示意图

1. 隔栏 2. 饲槽 3. 饮水器 4. 奶牛采食饲料通道

图 8-7　棚舍式牛舍示意图

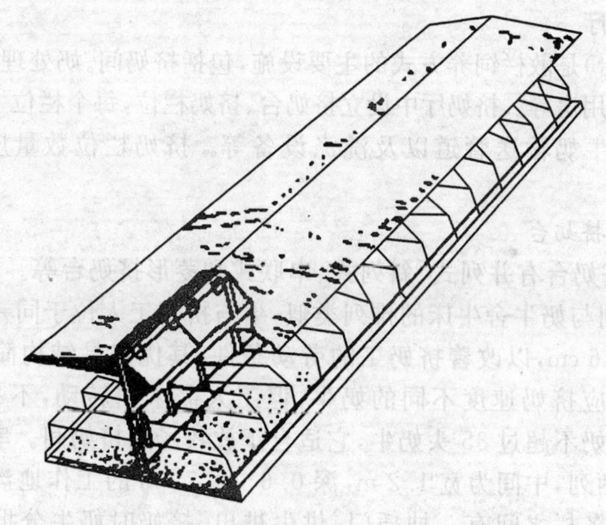

图 8-8　荫棚式牛舍示意图

舍，四边无墙，只有屋顶，适合于气候较暖和的地区。荫棚式牛舍，只有屋顶荫蔽牛床部位，其余露天，适合于天气较热、雨量不太多、土质和排水好、有较大运动场的地区。

3. 牛舍内设施

牛床是奶牛采食、挤奶和休息的场所。奶牛每天有 40%～50%的时间是在牛床上站立或躺卧，因此，牛床应具有保温、不吸水、坚固耐用、易于清洁消毒等特点。牛床根据牛体型大小、拴系方式的不同分为长牛床、短牛床。长牛床长度，自饲槽后沿至排尿沟为 1.95～2.25 m，宽 1.3～1.6 m。短牛床长度 1.6～1.9 m，宽 1.1～1.25 m。牛床通常采用水泥地面，坡度为 1.0%～1.5%。

饲槽位于牛床前，需坚固，表面光滑，不透水，多为砖砌水泥砂浆抹面。饲槽底部为圆弧形，以适应奶牛用舌采食的习性。饲槽前壁（靠牛床的一侧）以不妨碍牛的休息为准，应做成一定弧度的凹形窝。牛舍各种设施规格参见表 8-9。

表 8-9　舍内各种设施的规格　　m

项　目	牛床宽	牛床长	尿沟宽	尿沟深	走道宽	饲槽旁走道	饲槽宽
大牛(590～725 kg)	1.2～1.39	1.62～1.8	0.4～0.5	0.25～0.4	1.82～1.37	1～1.4	0.45～0.61
中牛(454～590 kg)	1.1～1.2	1.5～1.62	0.4～0.5	0.25～0.4	1.82～1.37	1～1.4	0.45～0.61
小牛(454 kg 以下)	1.0～1.1	1.37～1.5	0.4～0.5	0.25～0.4	1.82～1.37	1～1.4	0.45～0.61

（二）挤奶厅

挤奶厅（台）是散栏饲养方式的主要设施，包括挤奶间、奶处理室、洗涤室、机房和一些辅助用房等。挤奶厅中设立挤奶台、挤奶栏位，每个栏位上都有挤奶器、牛奶计量器、牛奶输送管道以及洗涤设备等。挤奶栏位数量应是奶牛头数的8%～10%。

1. 固定式挤奶台

固定式挤奶台有并列式、斜列式、串联式和菱形挤奶台等。并列式挤奶台的挤奶栏排列与奶牛舍牛床的排列类似，牛与挤奶工人位于同一平面，或牛站立平面高出 46 cm，以改善挤奶工的劳动条件，其优点是结构简单，奶牛可单独出入，以适应挤奶速度不同的奶牛，但工人需来回转动，不易提高生产效率，每工时挤奶不超过 35 头奶牛，它适合于放牧场用挤奶间。串联式挤奶台，挤奶栏排成两列，中间为宽 1.2 m，深 0.6～0.75 m 的工作地沟，牛在挤奶栏内头尾相接，各栏之间有一抽插门，供牛进出，挤奶时奶牛分批出入，先在一侧放进一批奶牛，冲洗乳房并套上乳杯进行挤奶，然后于另一侧放进第二批奶牛进行挤奶前的准备工作，依次循环不断进行。其优点是操作有规律，但牛不能单独进入，它适合于奶牛头数较少的牛场，每工时可挤 40 头。斜列式挤奶台与串联式相似，但门启闭操作少。其优点是操作简单，结构紧凑，每工时可挤 50 头牛。菱形挤奶台适用于中等规模牛群的或较大的牛场，其优点是挤奶工人在一边挤奶台挤奶时能同时观察其他三边母牛的挤奶情况，比其他挤奶台更经济有效（图 8-9）。

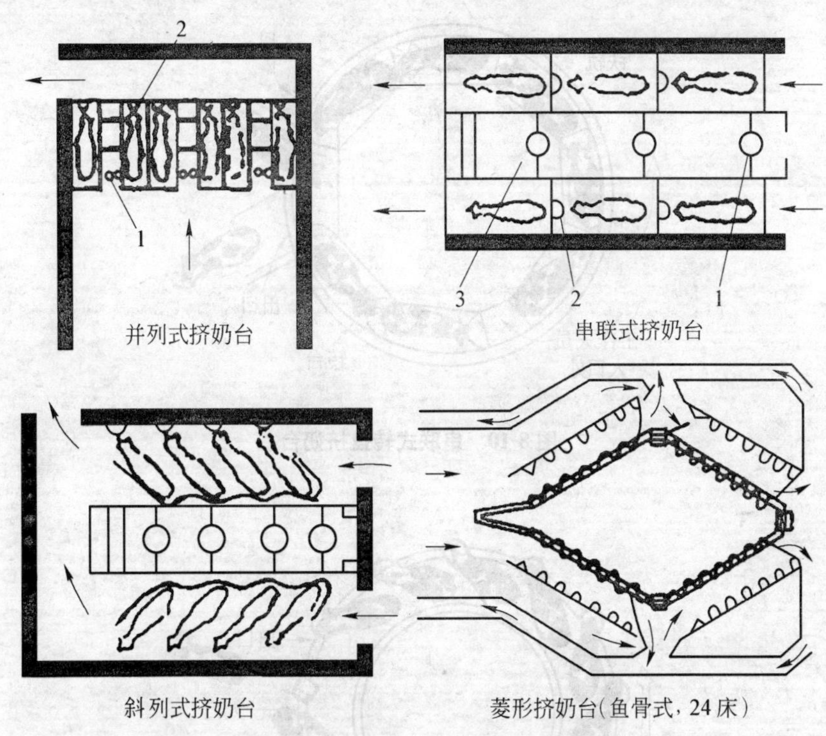

图 8-9　国内外常见的几种挤奶台简图

1. 挤奶器　2. 饲槽　3. 工作地沟

2. 转盘式挤奶台

利用可转动的转盘形挤奶台进行流水作业。其优点是机械化程度高，省劳力，操作方便，劳动效率高；牛奶由导管密闭输送，卫生条件好。缺点是结构复杂，基建投资大，前后准备工作时间长。它适用于奶牛头数较多的奶牛场。转盘式挤奶台有串联式和鱼骨式等。

串联式转盘挤奶台是专为一人操作而设计的小型转盘。转盘上有 8 个床位，牛的头尾相继串联，牛通过分离栏板进入挤奶台。根据运转的需要，转盘可通过脚踏开关开动或停止。每个工时可挤 70～80 头奶牛(图 8-10)。

鱼骨式转盘挤奶台，牛呈斜形排列，似鱼骨形，头向外，挤奶员在转盘中央操作，这样可充分利用挤奶台的面积。单人操作的转盘有 13～15 个床位，双人操作者则为 20～24 个床位，而且配有自动饲喂装置和自动保定装置(图 8-11)。

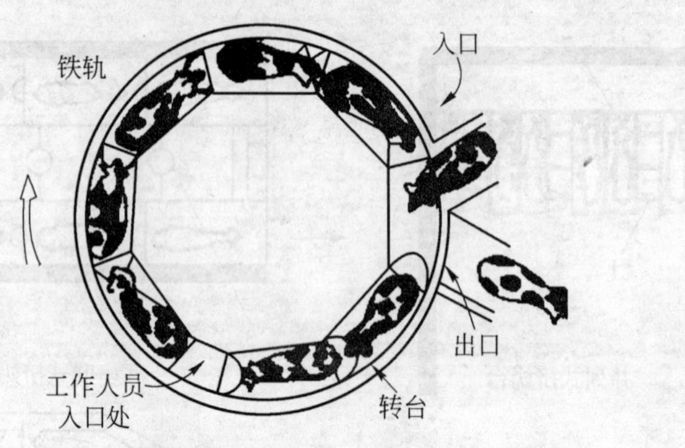

图 8-10 串联式转盘挤奶台

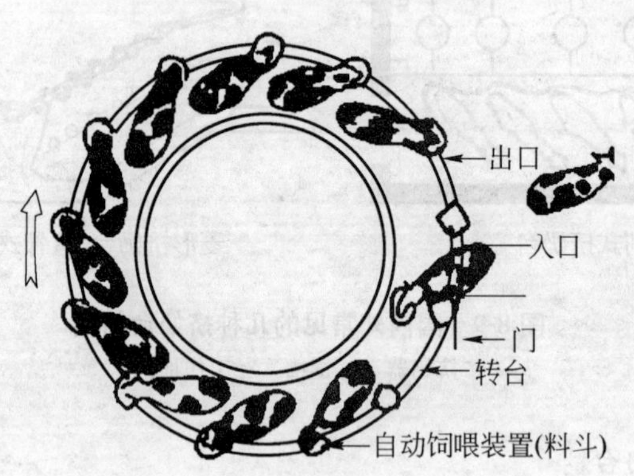

图 8-11 鱼骨式转盘挤奶台

(三)肉牛舍

1. 饲养方式

肉牛的饲养方式可分为拴系饲养和不拴系饲养。拴系式饲养的饲喂、刷拭等项作业均在台内进行,台外运动和饮水。肉用牛的饲养一般分为3个阶段,即犊牛阶段、育成牛阶段和成年牛阶段。拴系饲养肉牛的占栏面积(不包括饲喂通道和饲槽等):6月龄以上的青年母牛为1.4～1.5 m^2,成年牛2.1～2.3 m^2。散放饲养的育肥牛,每头育肥牛所需面积为3.72～4.0 m^2(包括舍内和舍外场地)。

2. 肉牛舍类型

肉牛舍有封闭式、开放式和半开放式等。舍内牛床有单列式和双列式,双列又有对头式和对尾式。

(1)封闭式肉牛舍 用于饲养肉牛的封闭式牛舍都是有窗舍，一般采用拴系饲养。成年牛舍有单列和双列两种。单列式牛舍，适用于小型牛场(少于25头)。这种类型的牛舍跨度小，易于建造，通风良好，但散热面积也大。双列式牛舍有两排牛床，一般以100头左右建一栋牛舍，分成左右两个单元，跨度10～12 m，能满足自然通风的要求，地基和基础，可以利用天然的地基，若是疏松的黏土，需用石块或砖砌好墙基，并高出地面。基础深80～130 cm。墙壁、砖墙厚25～38 cm。从地面算起，需做100 cm高的墙裙，屋檐距地面280～330 cm，过高不利于保温，过低影响舍内采光和通风。通气孔设在屋顶，单列式牛舍为70 cm×70 cm^2，双列式牛舍为90 cm×90 cm，北方牛舍通气孔总面积为牛舍面积的0.15%左右。通气孔上设活门，可以自由启闭，通气孔高于屋脊0.5 m或在房的顶部(图8-12)。

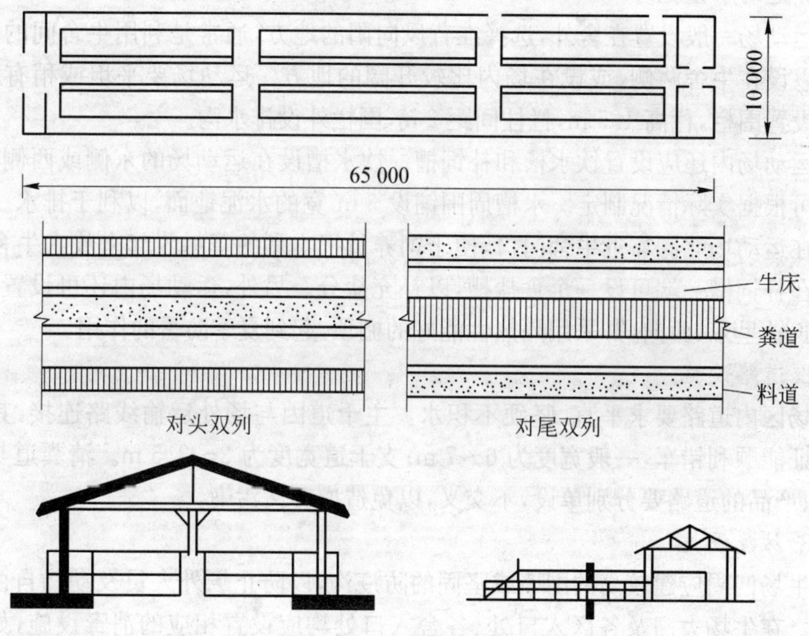

图8-12　封闭式肉牛舍

(2)半开放式肉牛舍　半开放式肉牛舍指三面有墙，正面上部敞开，下部仅有半截墙的肉牛舍，这类肉牛舍的开敞部分在冬季可以遮拦，形成封闭状态，从而达到夏季利用通风、冬季能够保暖的目的，使舍内小气候得到明显改善。

(3)开放式肉牛舍　开放式肉牛舍三面有墙，向阳面敞开。在敞开面一侧接围栏，饲槽、水槽可设在围栏内。舍内和圈内不铺地面，可在水槽和饲槽附近铺部分地面。也有一些牛场，在牛舍敞开面把地面铺一段，其宽度为伸进舍内1.2～1.8 m为宜，以防止把泥带进舍内。开放式牛舍也可以把饲槽、水槽设在牛舍内。这样，在刮风、阴雨等不良天气下，使牛只得到保护，也避免了饲料的浪费及变质。牛舍面积以每头牛2 m^2为宜，双坡开放式牛舍跨度为11 m，最少也不能低于8 m。牛舍内可以铺上垫草。这种牛舍结构紧凑，造价低廉，牛只可以自由出入，在管理上能节省劳力，便于采用机械化，适宜于大量饲养。但是该牛舍的防寒性能差；饲养头数过多时，管理跟不上，浪费饲料较多。

四、牛场附属设施

1.运动场设施

运动场一般设置在舍外，选择在背风向阳的地方，通常是利用牛舍间的空地，也可以设在牛舍两侧，或设在场内比较开阔的地方。运动场要平坦或稍有坡度，四周设置围栏，栏高1.5 m，栏柱间距2 m，围栏外设排水沟。

运动场内还应设置饮水槽和补饲槽。饮水槽设在运动场的东侧或西侧，水槽规格可根据实际情况制定。水槽周围铺设3 m宽的水泥地面，以利于排水。补饲槽设在运动场北侧靠近牛舍门口，便于饲养员把吃剩的草料收起来放入牛舍食槽内。在补饲槽一端可设一个食盐槽，以补充盐分。另外，运动场内还可设置凉棚。凉棚长轴呈东、西向，并采用隔热性能好的棚顶，起到夏季防暑的作用。

2.道路设施

场区内道路要求平直、坚硬不积水。主干道因与场外运输线路连接，其宽度应保证能顺利错车，一般宽度为6～7 m；支干道宽度为3～3.5 m。清粪道与运送饲料、产品的道路要分别单设，不交叉，以免造成交叉污染。

3.防疫设施

牛场四周应建较高的围墙或坚固的防疫沟，以防止场外人员及动物自由进入场区。在牛场大门及各区入口处、各舍入口处均应设置相应的消毒设施，如车辆消毒池、脚踏消毒池或喷雾消毒室、更衣换鞋间等。

4.给排水设施

牛场用水量大，要求供水充足，污水、粪尿能排净，舍内清洁卫生。粪尿沟应不透水，表面光滑，与舍外污水池直接相连。每天清除舍内粪便，定期用水冲洗尿沟，保持通畅。因此，场区应统一规划给排水系统，以保证生产生活用水和及时排除污水。

5. 贮粪设施

贮粪场应设在生产区的下风处，与牛舍保持 100 m 的间距(有围墙及防护设备时可缩小为 50 m)，并应便于运往农田。贮粪池的深度以不受地下水的浸渍为宜，一般深 1 m，大小视贮放时间及饲养量而定。当实行水冲清粪时，粪水不分，除要求容积较大的粪水蓄积池外，还必须具备：①沉淀池或氧化池；②可往粪沟或粪水池中加水的有关设备；③用以提升、抽走粪水的泵、搅动装置、充气装置等；④槽车或灌溉设施以及足以充分利用这些粪水的土地。

6. 场区绿化

有条件的牛场可以在牛场的周边种植大面积的乔木、灌木混合林带或草地等，以改善场区环境条件和局部小气候，起到净化空气和美化环境的作用。在场内各分区间种植杨树、榆树等设置隔离林带，以起到隔离作用。在各分区内道路两旁种植塔柏、冬青等四季常青树种进行绿化，形成绿化带。在运动场的东、南、西三侧，设 1～2 行遮阳林，为牛只创造良好的休息环境。

第三节　养牛小区建设与管理

养牛小区作为一种新型的畜牧业生产组织形式，在小区建设时实行统一规划用地、统一设计标准、统一水电供应、统一环保设施和统一施工建设；在小区运行管理上实行统一繁育配种、统一疫病防治、统一秸秆青贮、统一配合饲料、统一挤奶和统一收奶、分户核算的集约化饲养模式，有效地使过去分散无序的家庭养殖向规模化、标准化、产业化发展的方向转变，全面提升了产品的质量和市场竞争力。

一、养牛小区建设的一般原则

1. 有效利用土地

根据我国农业用地的实际情况，在选取养牛小区场址时，尽量选择那些低产、难以浇灌的土地、闲置土地或非农业用地。结合饲养规模大小、资金状况和牛场的长远规划来选择场地面积大小。

2. 经济适用

小区建设时应因地制宜，充分考虑当地气候、地域、饲草饲料自然资源和技术水平、养殖习惯等情况，统筹安排，合理规划。

3. 长远规划

小区建设时要考虑到今后的发展，以利于养牛生产规模的扩大。在满足当前生产需要的同时还要对整个发展进行长期规划,为以后的发展留有余地。

4. 建设环保型小区,生产绿色产品

小区生产过程中会产生大量的粪尿、污水和其他废弃物,对周围环境造成一定污染。所以在小区建设时必须合理规划好粪污、废弃物处理设施,防止交叉感染和环境污染。在农村地区,通过建造沼气池,实现对粪尿等废弃物集中发酵,生产沼气来取暖、做饭和照明,沼渣还田,提高土壤肥力。对废弃物实行无害化处理,变废为宝,建立立体、生态农业模式。进入小区的牛只要严格进行检疫观察,确保健康无疫;所用饲草饲料和水源无毒无害无污染,生产优质绿色无公害产品。

5. 走产业化开发、可持续发展道路

在政府或龙头企业的带动下,建立新型的产业开发和利益机制,形成政府协调服务、科技人员参与、市场牵龙头、龙头带小区、小区连农户的畜牧产业开发模式。在突出效益的同时,把大力发展养殖业与促进种草相结合,走良性循环的生态畜牧业道路,保证养殖小区的持续发展。

二、小区规划与管理

1. 小区场址选择

养牛小区场址的选择可参照规模化牛场场址的选择原则。

2. 小区规划与布局

小区牛场规划应本着因地制宜和科学管理的原则,以整齐紧凑,提高土地利用率,节约资金,经济耐用,有利于生产管理和便于防疫、安全为目标。场区规划从人畜保健和利于防疫的角度出发,合理安排各部分位置,将牛场分为生活区、管理区、生产区和粪污处理区,4 个区之间要有明确界限。小区各类建筑布局平面图可参考图 8-13。

3. 养牛小区管理模式

(1)奶牛公寓式　由县或乡政府、企业、养殖大户投资,按照一定的规模和功能统一设计和建设奶牛公寓。由企业提供机械挤奶设备,政府和村民委员成立管委会,实行统一规划、统一建场、统一技术服务、统一防疫。农民可以在小区内租赁牛舍等基础设施,各养牛户自行管理和经营自己的奶牛。这是一种“市场牵龙头、龙头带基地、基地连农户”的经营格局。

(2)托牛所式　托牛所式的奶牛小区也是由县或乡政府、企业、养牛大户统一建设,农户把奶牛交给小区饲养、管理和经营。小区与农户之间通过合同明确双方的利益分配等权益,定期为农户分红。这种模式要求小区管理者具备较高的管理和经营水平,必须能通过高水平的管理和经营为农户带来更高的收入。这类小

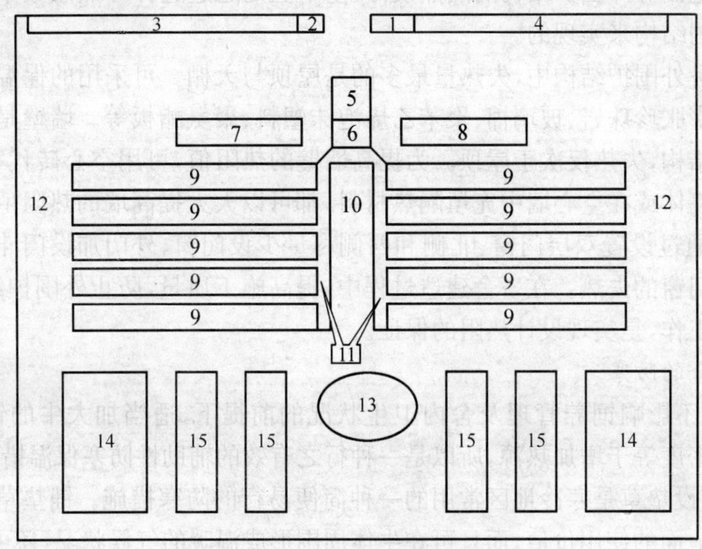

图 8-13　奶牛小区各类建筑布局

1. 消毒室　2. 门卫　3. 饲料库及配制室　4. 办公室　5. 挤奶厅　6. 等候区　7. 人工授精室　8. 兽医室　9. 养牛单元　10. 粪道　11. 牛道　12. 料道　13. 沼气池　14. 干草储藏间　15. 青贮窖

区的经营者大多是有丰富经验的养牛大户，在当地有较高的信誉。采用这种方式的养牛户一般存栏奶牛头数较少，在 3～5 头之间，把奶牛交给小区后再从事其他工作。

(3)股份合作形式　由一个或几个发起人，多个农户以现金、奶牛、房舍、设备等入股，建设奶牛小区，购置奶牛和设备，按照股份制章程运作和经营，股东按股分成。公司选定经理，具体负责生产、管理与销售。

(4)养殖大户自筹资金建小区模式　建好小区后，养殖大户自己把部分牛舍租给其他养殖户使用，自己负责鲜奶收购，靠购销差价和畜舍租金回收投资。

第四节　养牛场的环境管理

一、牛舍的环境管理

(一)牛舍的保温与采暖

1. 牛舍的保温

通过加强畜舍的隔热设计与施工，以提高牛舍的保温能力。牛舍屋顶与天棚、墙壁、地面等外围护结构的隔热设计，基本上是通过选择导热系数小的材料和确定合理的结构来实现的。

在牛舍外围护结构中，失热量最多的是屋顶与天棚。可采用的保温材料有炉灰、锯末、膨胀珍珠岩、玻璃棉、聚苯乙烯泡沫塑料、聚氨酯板等。墙壁是牛舍的主要外围护结构，失热仅次于屋顶。为提高墙壁的热阻值，可用空心砖代替普通砖，或建空心墙体或在空心墙中充填隔热材料，都可以大大提高墙的热阻值。对于有窗牛舍可通过设置双层门窗、北侧和西侧尽量少设门窗、外门加设门斗等措施来减少通过门窗的失热。在畜舍建造过程中，提高施工质量，防止外围护结构透气，做好防潮工作，是实现设计热阻的保证。

2. 牛舍的防寒

(1)在不影响饲养管理及舍内卫生状况的前提下，适当加大牛的饲养密度。增大饲养密度等于增加热源，所以是一种行之有效的辅助性防寒保温措施。

(2)铺设垫草是寒冷地区常用的一种简便易行的防寒措施。铺垫草不仅可以改进冷硬地面的使用价值，而且可在牛体周围形成温暖的气候状况，还可防潮。

(3)防止舍内潮湿是间接保温的有效办法。潮湿不仅可加剧牛舍结构的失热，同时由于空气潮湿不得不加大通风换气，而冬季通风会加大牛舍的失热。

(4)控制气流，防止贼风。具体措施有：在设计施工中应保持结构严密，防止冷风渗透；组织通风换气时降低气流速度；入冬前做好封门、封窗、粉刷、抹墙、设置挡风障等工作。

(5)充分利用太阳辐射和玻璃及某些透明塑料的独特性能形成的温室效应，建筑塑料棚舍，以提高简易舍的舍温。

3. 畜舍的供暖

在采取各种防寒措施仍不能达到要求的舍温时，须采取供暖措施。供暖方式可分集中供暖和局部供暖，前者是由一个集中的热源（锅炉房或其他热源）将热水、蒸汽或预热后的空气通过管道输送到舍内或台内的散热器（暖气片等）；后者是由火炉、火炕、火墙、烟道以及红外线灯、保温伞、热风机等就地产生热能，供给一个或几个牛栏。采用何种方式，应根据牛舍要求、供暖设备投资、能源消耗等，考虑经济效益来决定。

(二)牛舍的防暑与降温

1. 太阳辐射热的防护

采取遮阳措施可以有效地防止太阳的辐射。牛舍遮阳可采用加长屋顶出檐、在窗户上设置水平或垂直的遮阳板和绿化遮阳等措施。绿化遮阳可以种植树干高、树冠大的乔木，为窗口和屋顶遮阳；也可以搭架种植爬蔓植物，在南墙窗口和屋顶上方形成绿阴棚。

建造凉棚也可以增加牛的散热量。凉棚设置时应采取长轴东西向配置，棚下面积应大于凉棚投影面积。若跨度不大，棚顶可采用单坡、南低北高的形式，可使棚下棚影面积增大、移动小。凉棚的高度视牛体高和当地气候条件而定，通常为3.5 m；潮湿多云地区宜较低，干燥地区可较高。另外，顶部刷白色、底部刷黑色较为合理。

2. 通风降温

加强畜舍夏季通风的措施有：在自然通风畜舍设置地脚窗、天窗（钟楼或半钟楼式）、通风屋脊、屋顶风管等；应使进气口均匀布置，使各处家畜都能享受到凉爽的气流；进排气口正对设置，使气流通畅，加大流速；缩小畜舍跨度，使舍内易形成穿堂风；在自然通风不足时，应增设机械通风。

3. 牛舍的降温

(1) 喷淋和喷雾　是用机械设备（喷头或钻孔水管）向牛体或舍内空气喷水，借助汽化吸热而达到增加牛体散热或降低空气温度的目的。喷淋（水滴粒径大）较适用于牛体蒸发降温，喷雾（雾化之细滴）较适用于空气蒸发降温。需要注意的是喷淋和喷雾都应间歇进行，不应连续喷。因为皮肤喷湿后，应使之蒸发，才能起到散热作用。需要一点说明：地面洒水是传统的降温办法，有一定效果，但费水、费力，而且易使舍内湿度升高。

(2) 蒸发垫　也叫湿帘通风系统。该装置主要部件是用麻布、刨花或专用蜂窝状纸等吸水、透气材料制作的蒸发垫，由水管不断往蒸发垫上淋水，将蒸发垫置于机械通风的进风口，气流通过时，水分蒸发吸热，降低进舍气流的温度。在干旱的内陆地区，湿帘通风降温系统被认为是最好的蒸发降温办法之一。

(三)牛舍的通风换气

1. 冬季通风换气的原则

(1)排除过多的水汽，使舍内空气的相对湿度保持适宜状态；

(2)维持适中的气温，不致发生剧烈变化；

(3)气流稳定，不会形成风，同时要求整个舍内气流均匀；

(4)清除空气中的微生物、灰尘以及舍内产生的氨、硫化氢等有害气体和恶臭；

(5)防止水汽在墙、天棚等表面凝结。

2. 自然通风

自然通风指不需要机械设备，而借助自然界的风压或热压产生空气流动，通过牛舍外围护结构的空隙形成空气交换。自然通风又分无管道自然通风系统和有管道自然通风系统两种形式。前者指不需专用的通风管道，经开着的门窗所进行的通风换气，适用于温暖地区或寒冷地区的温暖季节。而在寒冷季节的封闭舍中，由于门窗紧闭，需靠专用的通风管道进行换气。

3. 机械通风

常用的机械通风形式有三种，即负压通风、正压通风和联合通风。

负压通风是指用风机抽出舍内污浊空气，使舍内压力相对小于舍外，新鲜空气通过进气口(管)流入舍内而形成舍内外空气交换。负压通风比较简单，投资少，管理费用也较低，而且舍内气流分布较均匀。缺点是不能对进入的空气进行预处理(加热、冷却、消毒以及过滤等)。负压通风根据风机安装位置又分为屋顶排风、侧壁排风和穿堂风排风三种形式(图 8-14)。

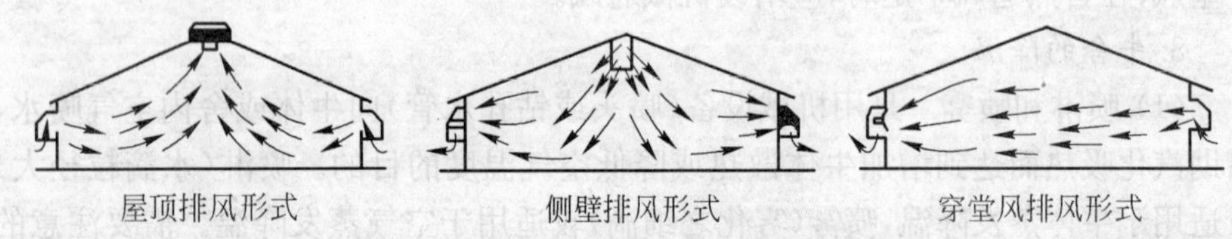

图 8-14 负压通风

正压通风是指通过风机将舍外新鲜空气强制送入舍内，使舍内压力增高，舍内污浊空气经排气口(管)自然排走的换气方式。正压通风的优点在于可对进入的空气进行预处理，可对舍内的温热环境进行全面的控制。但这种通风方式比较复杂，造价高，管理费用也大。正压通风根据风机安装位置也可分为三种形式：两侧壁送风、屋顶送风和侧壁送风(图 8-15)。

图 8-15 正压通风

联合通风是一种同时采用机械送风和机械排风的通风换气方式。大型封闭舍，尤其是无窗舍，无论自然通风还是机械通风，设置进、排气管时均需注意以下问题：①进、排气管设置要均匀，并保持适当间距，使两管之间无死区，但也应防止重复进气与排气；②进、排气管内均应设置调节板，以调节气流的方向和通风换气量；③进、排气口间应保持一定的距离，以防发生“通风短路”，即新鲜空气直接从进气口到排气口，不经过活动区而直接被排出。

(四)牛舍的采光与照明

自然采光就是让太阳的直射光或散射光通过畜舍的窗户或其他透光部分进入舍内以达到照明的目的。自然采光时光线主要是通过窗户进入舍内的。因此，自然采光设计的主要任务是通过合理设计窗户的面积、位置、形状和数量，以保证牛舍的自然光照标准，并尽量使舍内光照均匀。窗户面积愈大，进入舍内的光线愈多。窗户的数量、形状和布置，应根据当地的气候、牛舍的跨度、结构要求等，全面考虑防寒、防暑、通风等因素，合理进行确定。

人工照明就是以白炽灯、荧光灯等人工光源实现舍内照明的要求。根据光周期对动物的影响，在生产实践中通过人工光照控制光周期，从而达到控制家畜繁殖的目的，光周期对家畜的其他生产性能也有一定的影响，如生长肥育、产乳等。开放式、半开放式和有窗舍应充分利用自然采光，必要时再辅以人工照明。

二、牛场污染物的处理及利用

(一)牛舍粪尿及污水的清除

1. 机械清除

当粪便与垫草混合或粪尿分离，呈半干状态时，常采用此法。包括人力小推车、地上轨道车、单轨吊罐、牵引刮板、铲车等。采用机械清粪时，为使粪与尿液及生产污水分离，通常在牛舍中设置污水排出系统。液形物经排水系统流入粪水池贮存，而固形物则借助人力或机械直接用运载工具运至粪便堆放场。

2. 水冲清除

当舍内不使用垫草而使用漏缝地面时，牛舍的清粪方式多为水冲清除。这种清除系统由舍内的漏缝地面、粪沟和舍外的粪水池组成。漏缝地面可用钢筋编织网、焊接的金属网或塑料漏缝地板、铸铁漏缝地板，也可用钢筋水泥制成板条状地板。漏缝地面分为局部漏缝和全漏缝两种形式。当粪尿落到地面上，液形物从缝隙流入地面下的粪沟，固形粪便则被牛踩入沟内，少量残粪用人工略加冲洗来清理。粪水池分地下式、半地下式及地上式三种形式。粪水池必须防止渗漏，以免污染地下水源。池内的污水须由污水泵和专用槽车清理。

(二)牛场粪尿的处理利用

1. 牛场粪污处理的措施

(1)土地消化法　牛场的粪尿或污水不做处理或经一段时间存放(生物发酵)

后，以慢速灌溉、快速渗滤和地面漫流等方式施于农田，其中的有机质可被土壤中的微生物降解，病原微生物和寄生虫卵可通过土壤的厌氧条件、渗滤、微生物拮抗等作用逐渐消除。但施用未做处理的粪污时，有机质降解需要一定的温度和时间，故必须作底肥在翻耕前施用。该方法较经济，但需较大的土地面积，冬季土壤结冻地区以及不需施肥时需有足够的储存设施。

(2)氧化塘法　氧化塘亦称生物塘，是一种构造简单、易于维护的粪污处理设施。按塘水中氧的存在状态不同，可分为好氧塘、厌氧塘、兼性塘和曝气塘。好氧塘较浅(0.2～0.5 m)，塘水中溶解氧浓度较高(大于1.5 mg/L)，通过好氧微生物来实现分解塘水中的粪污。厌氧塘用于粪污水的预处理，厌氧时间一般长达20 d或更长。兼性塘比好氧塘深，一般深1.0～2.5 m，上层是好氧层，下层是厌氧层。曝气塘设置有曝气机械，深度为1.8～3.6 m，利用曝气机将氧气充入塘内，使好氧微生物生长、繁殖，对有机物进行分解。

(3)厌氧处理与生物氧化相结合的方法　这种方法首先进行厌氧发酵生产沼气，其发酵过程为厌氧菌和兼性菌在无游离氧的条件下，分解有机质产生有机酸、醛、酮和醇等，再继续分解生成甲烷、二氧化碳和水，然后将沼液经沉淀池沉淀后，流入生物氧化塘，经生物氧化处理后再用作灌溉或养鱼。

2. 牛场粪尿利用的基本方式

(1)用作肥料　牛的粪尿是优质的有机肥料，在改善土壤理化性状、培肥地力方面具有化肥所不能代替的作用。粪尿用作肥料的主要处理方法为腐熟堆肥法。腐熟堆肥是指将粪便和污秽垫草等固形废弃物按一定比例堆积成一定形状达到腐熟的处理方法。利用好气菌分解碳水化合物，产生热能和二氧化碳，同时又在厌气菌作用下将有机质转化为腐殖质。发酵过程中粪堆内温度较高，可杀灭其中的病原菌、寄生虫卵等。堆肥时应选择向阳、干燥、结实的地块(即堆底)，将混合均匀的物料层层向上堆，堆成下宽上窄的梯形状。在供氧充足的条件下，经5 d左右即可使堆内温度升高至60℃以上，经10～20 d堆肥就能均匀、充分地腐熟，此时即可利用。

(2)生产沼气　沼气可用作能源，是利用厌氧细菌(主要是甲烷细菌)对粪尿、杂草、秸秆、垫料等有机物进行厌氧发酵而产生的一种混合气体，其主要成分为甲烷(占总体积的60%～70%)，其次为二氧化碳(为25%～40%)，还有少量的氧、一氧化碳、硫化氢等。用于生产沼气的设施为沼气池，为一密闭不透气的容器，上有密封盖和沼气导出管。粪尿经厌气发酵后的沼渣含有丰富的氮、磷、钾及维生素，是种植业的优质有机肥料。沼液可用于养鱼或用于牧草地灌溉等。

此外，牛粪种植双孢菇技术的推广应用，也取得了较好的经济效益和生态效益。

(三)尸体的处理

1.高温处理法

高温处理法是将尸体放入焚尸炉内焚烧或特设的高温锅内熬煮,达到彻底消毒的目的。焚烧是一种较完善的方法,但不能利用产品,而对一些危害严重的传染病病牛尸体仍有必要采用此法。熬煮虽可保留一部分有价值的产品,但应注意熬煮的温度和时间,以达到消毒的要求。

2.土埋法

土埋法是利用土壤的自净作用使其无害化。采用土埋法时掩埋地点应远离牛舍、放牧地、居民点和水源。尸体掩埋深度不小于2 m,并洒上消毒药,四周设置栅栏且做上标志。此法简单但不理想,因其无害化过程缓慢,某些病原微生物能长期生存,从而污染土壤、地下水和井水,造成二次污染。

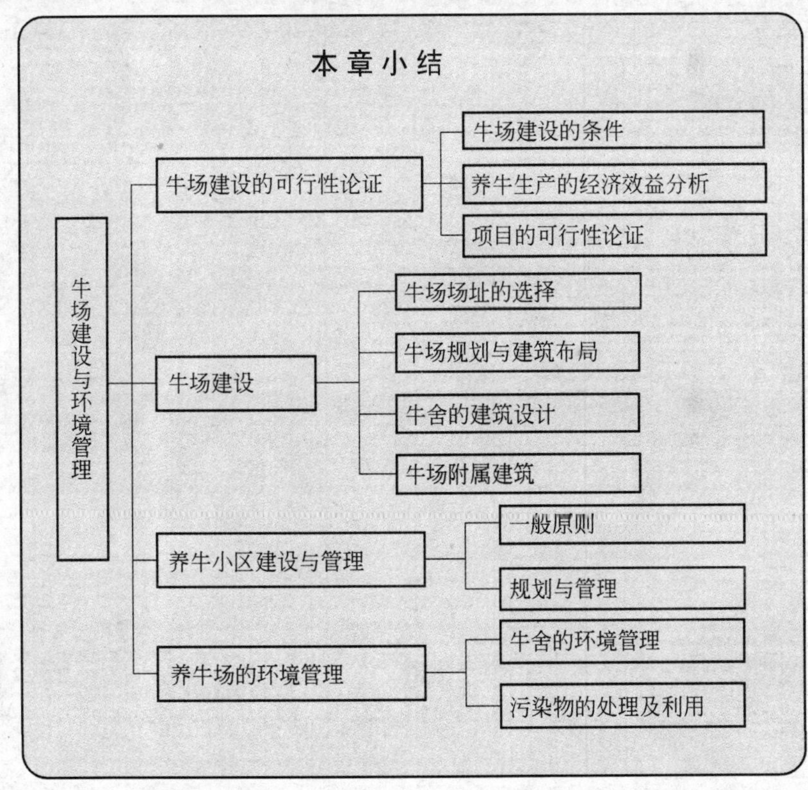

复习思考题

1. 牛场建设的条件包括什么?
2. 牛场建设项目的可行性报告如何编制?
3. 牛场场址选择时应注意哪些问题?
4. 牛场通常分为几个区?分别是什么区?
5. 牛舍的类型有哪些?各有什么优缺点?
6. 如何进行牛场的环境控制与管理?

第九章　牛群保健与疾病控制技术

知识目标

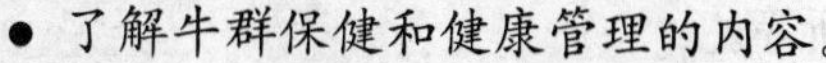

- 了解牛群保健和健康管理的内容。

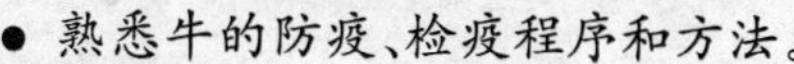

- 熟悉牛的防疫、检疫程序和方法。
- 熟练掌握牛常见疾病的临床症状、治疗措施和预防程序。

技能目标

- 能正确对牛群进行健康管理。
- 能正确制定牛场的防疫计划。
- 初步具备治疗牛常见疾病的能力。

第一节　牛群保健

一、牛群保健

(一)牛群保健目标

健康目标，一般是指牛健康状况所要达到的理想标准。为了提出适合本地区、本单位的牛群健康标准，应综合考虑当地气候、地理、饲料以及饲养管理等条件。一般而言，应达到如下目标：

(1)全年死亡率在 3% 以下。

(2)全年怀孕母牛流产率不超过 6%。

(3)全群全年产犊间隔不超过 13 个月。

(4)全群成年母牛每个月隐性乳房炎乳区阳性率不超过12%，临床型乳房炎发病率按乳区计算不超过6%。

(二)牛群保健内容

牛群保健内容主要包括疾病预防、诊断和治疗。

1.预防

保证牛群健康，预防是基础。贯彻预防为主、防重于治的方针，做到防患于未然。加强饲养管理，做好卫生与消毒、免疫接种工作。

2.诊断

诊断是牛的健康管理工作中不可缺少的一部分。牛的疾病诊断包括牛群定期的一般健康检查、发病时的临床诊断，也包括必要时的血清学、血液学诊断，尸体剖解和病理组织学诊断等。

3.治疗

确诊后，应对症下药。在治疗过程中，不要滥用抗生素和一切有损于牛体健康和牛奶品质的药物，并注意以下几点：

(1)体重和妊娠与否，选择适当剂量，避免用药过量造成药物残留量超标。

(2)休药期应遵守《无公害食品　奶牛饲养兽药使用准则》(NY 5046—2001)的规定(见附录)，对附录中未规定休药期的药品，奶废弃期不少于7 d。

(3)抗寄生虫药外用时注意避免污染鲜奶。

(4)所用药物应有准确记录，并于每次诊治时做详细记录。

4.驱虫

在寄生虫病流行地区，特别是肝片吸虫、球虫所引起的感染，每年应定期驱虫，同时调查虫体的发育史，及时清除粪便，避免饲草污染，控制虫卵发育，以减少感染机会。

二、健康管理

(一)瘤胃健康管理

牛瘤胃疾病是牛生产中重要的疾病，危害比较大。瘤胃健康管理包括合理饲养和科学管理两个方面。

(1)避免精料饲喂过多或突然食入过量的适口性好的饲料，如玉米青贮料等。

(2)避免食入过量不易消化的粗饲料或含粗纤维多的饲料，如麦糠、秕壳、半干的山芋藤、豆秸等。

(3)避免饲喂变质的青草、青贮饲料、酒糟、豆渣、山芋渣等饲料或冰冻饲料等。

(4)避免突然改变饲料、日粮中突然加入不适量的尿素或使牛群过快地转向茂盛的禾谷类草地等。

(5)清除饲料中的异物,避免误食塑料袋、化纤布、铁钉、胎衣等异物。

(6)避免饲喂大量易发酵的饲料,如新鲜的豌豆蔓叶、花生秧、苜蓿、堆积发热的青草、霉败饲草等。

(7)注意日粮搭配,补充矿物质和维生素,特别是补钙。

(8)避免由放牧迅速转变为舍饲或由舍饲突然转变为放牧,注意适量运动,避免过劳与休闲不均、受寒、圈舍阴暗潮湿等。

(9)固定饲养员,减少因周围环境改变对牛产生的应激,如饥饿、疲劳、疾病、中毒、手术、创伤、剧烈疼痛等。

此外,在兽医临床上,注意合理用药,避免药物对瘤胃内微生物区系的破坏,如长期给予大量抗菌药或磺胺类药物等。

(二)奶牛乳房健康管理

奶牛乳房的健康,直接决定了牛奶中体细胞的数量。同时,还对细菌数量产生一定的影响,从而与牛奶品质有着密切的关系,为此应做好以下几个方面的保健工作:

(1)挤奶员必须保持个人卫生。指甲勤修,工作服勤洗,每挤完1头牛应洗手臂,洗手水可用0.1%漂白粉或0.1%新洁尔灭溶液。

(2)保持清洁的挤奶环境。用45～50℃的温水按顺序洗净乳房、乳头,并将其由上而下擦干。夏季(7～9月份)可在水中加入3%～4%的次氯酸钠。

(3)乳房洗净后应进行按摩,使其膨胀后再挤奶,采用正确挤奶方法和操作规程。

(4)要干奶的牛,应在干奶前10 d进行隐性乳房炎检测,阳性牛进行治疗。干奶时,每个乳区注射一次抗生素药物。预产前1周,开始药浴乳头,每天两次。

(5)在乳房炎流行季节(7～9月份),每月对泌乳牛进行一次隐性乳房炎的检测。

(三)繁殖障碍预防

随着奶牛产奶水平的不断提高,不孕症的发病率也呈上升趋势。据报道,高产牛群(年产量超过8 000 kg)母牛子宫和卵巢疾病发病率较一般牛群高5%～15%。据1993年对北京、上海、南京等41个奶牛场9 754头适繁母牛的调查,不孕症发病率为25.3%。为此,必须采取以下综合措施加以防范。

1.保持良好体况

牛在泌乳初期和泌乳高峰期,由于营养不足和体重的下降,受孕率明显下降,因此一定要注意日粮的适口性和营养平衡。定期对饲料营养成分进行化验监测，并保证优质干草和青贮饲料的充足供应是克服繁殖障碍行之有效的措施。

2. 干乳期和围产期饲养管理

干乳期合理投料，适当运动，控制母牛膘情（七八成膘），防止过肥或过瘦。过肥，产后易出现繁殖障碍，如胎衣不下、子宫炎、子宫复旧不全等，使产后配种期延迟。

围产期要注意维生素 A、维生素 D、维生素 E 和微量元素硒的补充，矿物质钙、磷比例，以减少胎衣滞留和子宫复旧不全。

3. 产房管理

产房管理是奶牛健康管理的重点。产房人员必须接受培训，合格后才能上岗，大型奶牛场的产房要 24 h 有人看守。产房要保持清洁干燥，每周进行一次大扫除和大消毒，并保持室内通风干燥，以防产后感染。接产遵守自然分娩原则，注意防止造成产道创伤和感染。当出现临产征兆时，应尽快移至分娩牛床位。胎儿出生后要做好新生犊牛的护理工作。

4. 实施母牛产后监控

产后 24 h 以内要观察胎儿产出情况和产道有无创伤、失血等，还应注意观察胎衣排出时间和是否完整以及母牛努责情况，要预防子宫外翻和产后瘫痪等。产后 1～7 d 为恶露大量排出期，要注意颜色、气味、内含物等变化，并于早晚各测体温一次。产后 7～14 d，重点监控子宫恶露变化（数量、颜色、异味、炎性分泌物等），必要时还应做子宫分泌物的微生物培养鉴定，根据药敏试验结果进行对症治疗。产后 15～30 d，主要监控母牛子宫复原进程，并描述卵巢形状、体积、卵泡或黄体的位置和大小，必要时可检测乳汁，进行孕酮分析。此间还可以称量体重，如失重过大，应设法在 3 个月内恢复，如超过 4 个月将对繁殖造成不良影响。产后 30～60 d，重点监控卵巢活动和产后首次发情出现时间。如出现卵泡囊肿、卵巢静止，则应对症治疗。到 60 d 如仍未见发情症状，须查清原因，及时采取措施。

5. 建立繁殖记录体系

为了不断改进管理措施，乳牛开始繁殖以后就要建立终生繁殖卡片和产后监控卡片等。

(四)肢蹄保健

肢蹄保健是指对牛的肢和蹄进行保健，肢蹄健康是牛健康的重要特征之一。据报道，我国奶牛肢蹄病的发病率为 30%～80%，其中以南方潮湿和炎热地区尤为严重。因此，在生产中一定要做好肢蹄保健工作。

1. 牛舍和运动场的环境与卫生

牛舍和运动场的地面应保持平整，及时清除粪便和砖头、瓦块、铁器、石子等坚硬物体，夏季不积水，冬季不结冰，保持干燥。严禁使用炉灰渣垫运动场和通道。

2. 营养平衡

母牛蹄叶炎与消化道、子宫和泌乳系统的机能障碍有关。这些机能障碍在很大程度上受营养因素的影响。因此，日粮营养成分的平衡与否和日粮结构的变化对牛蹄的健康有很大影响，有时甚至造成牛群中大范围发病。

3. 修蹄

要经常保持蹄部卫生，牛在出产房前要预防性修蹄一次，另外，每年春、秋两季应全群普查牛蹄底部，对增生的角质要修平，过长或变形的蹄应及时修剪，对于腐烂坏死的组织要削除并清理干净。修蹄工具主要包括：修蹄刀、蹄切刀、弯曲手锉各1把及磨石1块。

4. 蹄浴

蹄浴是预防腐蹄病的有效方法。药物一般用3%甲醛溶液或10%硫酸铜溶液，可达到消毒作用，并使牛蹄角质和皮肤坚硬，达到防止趾间皮炎及变形蹄的目的。

蹄浴方法：拴系饲养奶牛注意清除趾间污物，将药液直接喷雾到趾间隙和蹄壁。散养乳牛在挤乳厅出口处（不是在入口处）修建药浴池，该池大小为长×宽×深＝(3～5) m×0.75 m×0.15 m，药浴池地板应注意防滑。药液用3～5 L福尔马林 ＋ 100 L水或10%硫酸铜溶液。一池药液用2～5 d。每月药浴1周。采用此法，乳牛走过遗留的粪土等极易污染药液，故应及时更换新液。

5. 育种措施

蹄病的遗传已越来越被人们所重视。育种方案的实施对奶牛后代的肢蹄性状有很大的影响。有目的地选择育种性状，将肢蹄结构纳入育种选择指标，可有效提高后代肢蹄的质量。在生产中要使用已知可以提高肢蹄质量的验证过的公牛精液。

（五）营养代谢病的监控

(1)定期进行血样抽查。定期监测血液中的某些成分，可预测一个牛群的代谢性疾病的发生。通过血检，发现某一成分下降至“正常”水平以下时，则可认为应该增加某一物质的摄入量，以代偿过量输出所造成的负平衡；而当发现某一成分过高、“超常”时，则与某一物质摄入量过多有关。所以，每年应定期对干奶牛、低产牛、高产牛进行2～4次血检，及时了解血液中各种成分的含量和变化。所要检查的项目为血糖、血钙、磷、钾、钠、碱贮、血酮体、谷草转氨酶、血脂等。所测结果与正常值比较，找出差异，为早期预防提供依据。这样，使疾病由被动的治疗转为主动的防治。

(2)建立产前和产后酮体检测制度。产前和产后奶牛的健康，是影响奶牛产奶量的一个重要因素，故应对其加强检查。在产前1周和产后1个月内，隔日测尿pH值(可用试纸法，正常尿液pH值为7.0，当变黄时，即为酸性)、酮体或乳酮体1次，凡测定尿液呈酸性，尿(乳)酮体阳性者，可静脉注射葡萄糖液和碳酸氢钠溶液。

(3)在产前1周，高产、体弱、食欲不振的牛可适当补10%葡萄糖酸钙1~3次，每次500 mL，以增强体质。

(4)高产牛在泌乳高峰期，应在精料中加喂日粮中干物质量1.5%的碳酸氢钠，青贮料不要喂得过多，一般控制在每头每天30~35 kg，保证优质干草日采食量不低于4~5 kg。

(5)母牛围产期、干乳期、特别是妊娠后期不宜喂酸性的糟渣饲料和品质不佳的青贮料。有些地区将玉米淀粉渣喂前用生石灰中和，效果较好。

(6)保持牛舍清洁、卫生、通风、采光良好，运动场干燥、宽敞，保证乳牛每天有足够的活动量，这对增强体质十分重要。

第二节　卫生防疫和检疫

一、消毒

牛场的进出口应设消毒池，池深15~20 cm，加入2%火碱溶液或10%来苏儿溶液，并定期更换。

牛舍及运动场内的粪便要每天定时清扫，保持牛舍及运动场清洁、干燥、卫生。地面每15~20 d用农福或百毒杀或来苏儿溶液喷洒消毒1次，并冲洗。

牛舍墙壁、牛栏等也要每15~20 d用15%石灰乳或20%草木灰水进行粉刷或喷洒消毒。饲槽和水槽等用具每10~15 d用3%来苏儿溶液消毒1次。

病牛的粪便不可随便堆放，要进行堆积泥封发酵或投入沼气池中进行发酵，以杀死病原菌和寄生虫虫卵，从而达到消毒的目的。

(1)环境消毒　牛舍周围环境每2~3周用2%火碱液消毒或撒生石灰消毒1次；牛场周围及场内污水池、排粪坑、下水道出口，每月用漂白粉消毒1次。

(2)人员消毒　工作人员进出生产区和牛舍要更换工作服和工作鞋，经紫外线消毒，目的是防止病原体被人员带入。当外来人员必须进入生产区时，应更换场区工作服和工作鞋，经紫外线消毒，并遵守场内防疫制度，按指定路线行走。

(3)牛舍消毒　进牛或转群前将牛舍彻底清扫干净，用高压水枪冲洗，然后关闭门窗，用福尔马林和高锰酸钾熏蒸消毒或进行喷雾消毒。用福尔马林消毒时要戴防毒面具，以避免对人体的伤害。总之，通过牛舍的彻底消毒，给牛一个干净的环境。

(4)用具消毒　定期对饲喂用具进行消毒，以防止用具传播疾病。可先用0.1%新洁尔灭或0.2%～0.5%过氧乙酸消毒，然后在密闭的室内用福尔马林熏蒸消毒30 min以上。

牛场常用消毒药见表9-1。

表9-1　牛场常用消毒药

药　名	作用与用途	制剂、用法、用量及注意事项
福尔马林(甲醛溶液)	有强大的杀菌作用，能杀灭芽孢及病毒，对皮肤、黏膜刺激性强	本品含40%甲醛，1%溶液用于牛体表消毒，2%～4%溶液用于牛舍、用具消毒，加热熏蒸消毒时，用量为每立方米25 mL
氢氧化钠(苛性碱)	能溶解蛋白质，破坏细胞的酶系统和菌体结构，对细菌、芽孢、病毒杀灭作用很强	2%溶液用于被病毒和细菌污染的厩舍、饲槽和运输车船等消毒，3%～5%溶液用于炭疽芽孢污染场地的消毒
氧化钙	消毒作用不强，对芽孢无效	块状，10%～20%石灰水用于地面、墙壁、粪便消毒
来苏儿	5%煤酚皂溶液，能杀灭细菌、真菌及某些病毒，但对芽孢无效	1%～2%溶液用于手及器械消毒，5%溶液用于用具、环境、污物消毒，0.5%溶液用于冲洗子宫、阴道。屠宰场禁用
漂白粉	为次氯酸钙和氢氧化钙的混合物，遇水后放出新生氧和活性氯，可杀灭细菌、真菌及病毒，高浓度可杀灭芽孢	粉剂：含有效氯不低于25%。用5%～20%混悬液喷洒，消毒细菌、病毒污染的圈舍、场地、车辆、物品等；每1 000 mL水加0.3～1.5 g，用于饮水消毒。密闭存放，久置易失效，现配现用，不可用于金属制品及有色棉织物的消毒
乙醇	能使菌体蛋白迅速脱水凝固。70%～75%的浓度灭菌力最强	70%～75%溶液用于消毒注射部位、术部、手等，消毒外科器械可浸泡30 min，浓度在70%以下或75%以上杀菌力下降

续表 9-1

药 名	作用与用途	制剂、用法、用量及注意事项
碘酊	有很强的杀菌作用，可杀死细菌、芽孢和病毒	用于注射部位、术部、器械消毒，忌与红药水、甲紫溶液同用
新洁尔灭	为广谱抗菌药，对部分真菌和病毒也有效	0.1%溶液用于皮肤、手和术部消毒（浸泡 5 min），也可用于器械、胶手套消毒（浸泡 30～60 min）；0.01%～0.05%溶液治疗创伤或黏膜炎症。忌与肥皂、碘酊、高锰酸钾配合应用
过氧化氢液（双氧水）	为氧化剂，与动物组织接触，立即放出氧分子而形成大量气泡，具有杀菌作用	液体：含过氧化氢 2.5%～3.0%，用于冲洗化脓创。新鲜伤口不宜使用，遇碱性物质失效
强力消毒灵	广谱消毒杀菌药	0.5%～1%溶液用于细菌污染的畜舍、车辆、器械等，5%～10%溶液用于病毒污染的畜舍、用具等的消毒
百毒杀	新型季铵盐类化合物，能杀灭各种病毒、病原菌及有害微生物	具体用法见说明书
高锰酸钾	为强氧化剂，有防腐、收敛、除臭作用，用于冲洗创伤，也可用于某些生物碱中毒的洗胃解毒	结晶：0.1%溶液用于冲洗创伤，0.01%～0.05%溶液用于生物碱中毒洗胃。遇甲醛溶液或甘油可剧烈燃烧，可与甲醛混合进行熏蒸消毒。与活性炭共同研磨可爆炸，现用现配
洗必泰	与新洁尔灭相似，但作用效果较强，毒性小，无刺激性	粉剂：0.1%溶液用于浸泡器械（浸泡 10 min）；0.02%溶液用于术前泡手（浸泡 3 min）；0.05%溶液用于冲洗伤口；0.5%溶液用于喷雾或擦拭无菌室、手术室、用具，注意事项同新洁尔灭
过氧乙酸	为强氧化剂，具有高效、速效和广谱杀菌作用，对杀灭细菌、病毒、真菌和芽孢有效	液体：0.5%溶液用于牛舍、用具及车辆清洗消毒（喷洒）

二、免疫接种

免疫接种是动物机体产生特异性抵抗力，使易感动物转化为不易感动物的一种手段。适时免疫接种，是预防牛传染性疾病的有效措施。根据进行免疫接种的时机，可分为预防接种和紧急接种两类。

在经常发生传染病地区，某些传染病潜在地区，或受临近地区某些传染病威胁地区，为了防患于未然，在平时有计划地给健康畜群进行免疫接种，称为预防接种。例如，常发生破伤风的地区可作类毒素注射。

紧急接种是在发生传染病时，为了迅速控制和扑灭疾病的流行，而对疫区和受威胁地区尚未发病的畜禽应用疫苗或血清进行的接种。如流行口蹄疫时，应在周围5～10 km以上，建立“免疫带”以包围疫区，就地扑灭疫情。

牛常见疫病预防用疫(菌)苗见表9-2 。

表9-2 牛常用疫(菌)苗

疫(菌)苗名称	使用方法	保存期限	免疫期
无毒炭疽芽孢苗	1岁以上肉牛皮下注射1 mL，1岁以下0.5 mL	2～8℃干燥冷暗处有效期2年	注射后14 d产生坚强免疫力，免疫期1年
第2号炭疽芽孢苗	不论大小，均皮下注射1 mL或皮内0.2 mL	2～8℃干燥冷暗处有效期2年	注射后14 d产生坚强免疫力，免疫期1年
气肿疽明矾菌苗	不论大小，均皮下注射5 mL，6月龄内小牛在满6个月时再注射一次	2～8℃干燥冷暗处有效期2年	注射后14 d产生免疫力，免疫期6个月
牛巴氏杆菌病(出血性败血症)灭活苗	体重100 kg以下者，皮下或肌肉注射4 mL；100 kg以上者，6 mL	2～8℃干燥冷暗处有效期1年	注射后21 d产生免疫力，免疫期9个月
布氏杆菌19号弱毒菌苗	6～8月龄皮下注射5 mL	湿苗2～8℃有效期45 d；冻干苗－15℃有效期1年	注射后1个月产生免疫力，免疫期6～7年
布氏杆菌猪型2号弱毒菌苗	皮下或肌肉注射5 mL	湿苗2～8℃有效期45 d；冻干苗－15℃有效期1年	免疫期1年
布氏杆菌羊型5号菌苗	皮下或肌肉注射2.5 mL，气雾免疫时每头牛室内量为250亿活菌(2.5 mL)	2～8℃有效期1年	免疫期1年
牛肺疫第1号活疫苗	肌肉注射，6～12月龄1 mL，1岁以上2 mL。6月龄以下、临产孕牛、病弱牛禁用	2～8℃有效期1年	注射后21～28 d产生免疫力，免疫期1年

续表 9-2

疫(菌)苗名称	使用方法	保存期限	免疫期
牛肺疫第2号活疫苗	牦牛、犏牛成年牛肌肉注射(稀释100倍)2 mL。黄牛、奶牛2岁以上的尾端皮下注射(稀释50倍)1 mL,1～2岁5 mL,1岁以下的禁用	−15℃有效期2年;2～8℃有效期1年	注射后21～28 d产生免疫力,免疫期1年
牛泰勒焦虫胶冻细胞苗	不论大小,一律肌肉注射1 mL	2～8℃储藏有效期2个月	注射后21 d产生免疫力,免疫期1年
破伤风明矾沉淀类毒素	成年牛1 mL,1岁以下0.5 mL,颈中央上1/3处皮下注射	2～8℃冷暗处保存有效期3年	注射后1个月产生免疫力,免疫期1年
魏氏梭菌联合苗	皮下注射1.5～2 mL	2～8℃储藏有效期1年	注射后15 d产生免疫力,免疫期6个月
肉毒梭菌(C型)灭活苗	皮下注射,常规苗每头10 mL,透析苗每头2.5 mL	2～8℃储藏有效期3年,不可冻结	免疫期1年
口蹄疫灭活疫苗(进口佐剂)	肌肉注射,犊牛每头2 mL,成年牛每头3 mL	2～8℃储藏有效期1年,不可冻结	注射后14 d产生免疫力,免疫期4～6个月
牛瘟兔化弱毒冻干疫苗	皮下或肌肉注射1 mL,牦牛、朝鲜种黄牛不宜注射	−15℃保存最长不超过10个月;2～8℃保存不超过4个月;8～12℃保存最长不超过30 d	注射后7～15 d产生免疫力,免疫期至少1年
牛瘟山羊化兔化弱毒冻干疫苗	皮下或肌肉注射1 mL,适用于蒙古黄牛	−15℃保存最长不超过10个月;2～8℃保存不超过4个月;8～12℃保存最长不超过30 d	注射后7～15 d产生免疫力,免疫期至少1年

续表 9-2

疫(菌)苗名称	使用方法	保存期限	免疫期
牛瘟绵羊化兔化弱毒冻干疫苗	皮下或肌肉注射 1 mL	−15℃保存最长不超过 10 个月；2～8℃保存不超过 4 个月；8～12℃保存最长不超过 30 d	注射后 7～15 d 产生免疫力，免疫期至少 1 年
牛流行热亚单位灭活苗	肌肉注射 4 mL，3 周后再注射一次	2～8℃储藏有效期 4 个月	注射后 15 d 产生免疫力，免疫期 6 个月
伪狂犬灭活疫苗	颈部皮下注射，犊牛每头 8 mL，成年牛每头 10 mL	2～8℃储藏有效期 2 年	免疫期 1 年

在实践中，各养牛场应根据当地情况以及疾病流行情况，针对不同的牛群采用合理的、有效的免疫措施进行防疫，主要的常见传染病的推荐免疫程序见表 9-3。

表 9-3　成年牛主要传染病常用免疫程序

预防疫病	疫苗种类	使用方法	免疫时间	免疫期
牛巴氏杆菌病	牛巴氏杆菌病灭活疫苗	皮下或肌肉注射	每年免疫 1 次	9 个月
牛口蹄疫	牛口蹄疫疫苗	皮下或肌肉注射	间隔 6 个月，每年免疫 2 次，妊娠母牛在分娩前 2～3 个月免疫	6 个月
牛流行热	牛流行热疫苗	皮下或肌肉注射	间隔 4 周进行 2 次免疫，免疫时间应于每年 7 月份以前	6 个月
牛气肿疽	牛气肿疽灭活疫苗	皮下或肌肉注射	春、秋两季各免疫 1 次	1 年
牛传染性鼻气管炎	牛传染性鼻气管炎疫苗	皮下或肌肉注射	繁殖母牛应在配种前接种疫苗，其他牛每年免疫 1 次	1 年
牛乳房炎	牛乳房炎疫苗	皮下或肌肉注射	按疫苗说明书免疫或在产前免疫	1 年
牛沙门氏菌病	牛沙门氏菌病灭活疫苗	皮下或肌肉注射	成年牛每年免疫 1～2 次，孕牛产前 2 个月免疫	6 个月

三、检疫

(一)检疫方法

1. 临床检疫

是利用人的感官或借助一些简单的诊疗器械如体温计、诊断器械等，直接检查和记录患病家畜的异常表现。其方法包括视诊、听诊、问诊和触诊等，在进行临床检疫时一般先观察牛群的综合症状，再加以分析和判断。

2. 病理解剖学检疫

患病家畜可能会表现出特征的病理剖检变化，这是家畜疫病的重要特征之一，也是检疫的重要依据。通过鉴别患病家畜的病理变化，一方面可以证实临床观察和检查的结果，另一方面根据某些病例具有特征病理变化可直接做出快速的诊断，如牛副结核。

3. 微生物学诊断

是利用病原学诊断检疫传染病的重要方法之一。

(1)病料的采取　正确采取病料是微生物学诊断的重要环节。病料力求新鲜，尽量减少污染，原则上要求采取病原微生物含量多、病变明显部位，同时易于采取、保存和运送。如怀疑炭疽，则非必要时不准作尸体剖检，只割取一个耳朵就可以了。

(2)病料涂片镜检　此法对于一些具有特征形态的病原微生物如炭疽可以快速检疫。

(3)分离培养和鉴定　用人工培养的方法将病原体从病料中分离出来。细菌、真菌可选择适当的人工培养基，病毒等可选用组织培养方法分离培养，分离到病原体后再通过形态学、培养特征、动物接种等方法作出鉴定。

4. 动物接种试验

通常选择对该种疫病病原体最敏感的动物进行人工感染试验。常用的实验动物有家兔、小鼠、豚鼠等。

5. 免疫学诊断

免疫学诊断是疫病检疫中的重要方法，包括血清学试验和变态反应两类。

(1)血清学试验　血清学试验有中和试验、凝集试验、沉淀试验、补体结合试验、免疫荧光试验、酶联免疫技术、单克隆抗体和核酸探针等。

(2)变态反应　动物患某些疫病时，可对该病原体或产物的再次进入产生剧烈反应。如结核菌素进入患病家畜机体时，可引起局部反应。

6. 分子生物学诊断

主要是针对不同病原微生物所具有的特异性核酸序列和结构进行测定。在传染病检疫方面,具有代表性的技术有三大类:核酸探针、PCR 技术和 DNA 芯片技术。

(二)疫病监测

疫病监测是指系统、完整和连续地收集家畜疫病有关资料,经过检测、分析后及时反馈和利用信息并制定有效防制对策的过程。它是家畜疫病控制工作的重要组成部分,可为国家制定动物疫病控制规划和疫病预警提供科学依据,同时,对家畜保健咨询以及保证输出动物及其产品的无害化都具有非常重要的意义。

(三)奶牛结核病的检疫

结核病是牛常见的一种慢性传染病,尤其是奶牛。为了防止牛群中发生本病或疾病不断散播,奶牛场每年要定期用结核菌素对牛做变态反应试验,查出结核病牛,以杜绝传染。

我国现行的奶牛结核病检疫规程规定:用牛型做的结核菌素,在同一时间内以皮内注射和点眼两种方法对同一只牛进行检测。每一回检测还应重复一次。具体方法如下:

(1)先用卡尺测量牛颈一侧中部 1/3 处的皮肤厚度,并作记录,同时牛的双眼应无任何炎症表现,方可进行检测。

(2)对测过厚度的皮肤,以 0.2 mL 的结核菌素注入皮内。

(3)小牛的注入部位在肩胛部。注入前也应先检测该处皮肤的厚度,并作记录。1 岁以下的小牛结核菌素的注入量为 0.15 mL,3 个月以上的小牛为 0.1 mL。

(4)在皮内注入结核菌素的同时,将 3~5 滴结核菌素滴入该牛的左眼内。

(5)皮内注入结核菌素后,于 72 h 和 120 h 分别作两次观察和记录。眼内滴注结核菌素后,在 3、6、9 和 24 h 进行观察和记录。

(6)判断标准:皮内注射结核菌素的皮肤出现肿胀,直径达 35~45 mm 以上者,或者皮厚差超过 4 mm 者,均为阳性反应。滴入结核菌素的左眼出现两个米粒大小的或者大小为 2 mm×10 mm 以上的黄白色脓样分泌物,并有充血、浮肿、流泪、怕光等反应者,为阳性反应。观察时最好与右眼对比。

由于用结核菌素检查有时会出现假阳性反应,因此对于可疑病牛,应行反复多次检测,最好并做痰液、粪便、乳汁和其他分泌物的细菌学检查,以防错诊和漏诊。

(四)布氏杆菌病的检疫

布氏杆菌病是由布氏杆菌引起的人畜共患的传染病,临床特征是生殖系统受到侵害，母牛表现为流产和不孕，公牛表现为睾丸炎，给畜牧业和人类健康带来危害，需要至少一年检疫一次，一经发现，即应淘汰。

1.病料采取

收取整个流产胎儿或以无菌手术采取流产胎儿的胃内容物、羊水、胎盘的坏死部分、阴道分泌物、乳汁和尿等装入灭菌的容器内。

2.细菌学检查

通常将采取的病料直接涂片，用革兰氏染色和柯兹洛夫斯基染色，进行镜检。革兰氏染色可见革兰氏阴性球杆菌，常散在排列，无鞭毛，不形成芽孢。柯兹洛夫斯基染色后镜检，可见布氏杆菌被染成鲜红色，而其他菌被染成绿色。也可将病料接种于含有10%孕马血清的马丁琼脂斜面进行分离培养。

3.血清学诊断

目前常用的方法有平板凝集试验和试管凝集试验，它们可检查19号菌苗抗体和近期感染，具有特异性好、快速、可靠、简便等优点。补体结合试验检测未免疫过的成年牛或在犊牛时免疫过的成年牛十分准确。利凡诺试验和巯基乙醇试验可检测血清抗体来自慢性感染还是来自于19号菌苗。乳汁环状试验主要用于监测奶牛布氏杆菌病，也具有操作简便和快速的特点，但对患乳房炎和其他乳房疾病的母牛不适用。新资料表明，PCR和核酸探针技术在布氏杆菌检测与分型中得以应用。下面介绍几种常用的血清学诊断方法。

(1)平板凝集试验　本试验适用于各种家畜布氏杆菌病的检测，出现阳性反应的样品根据情况进行试管凝集试验、补体结合试验或其他诊断试验。

材料准备：试验用抗原、标准阳性血清、阴性血清由兽医生物制品厂提供，按说明书使用；受检血清必须新鲜，无溶血；清洁的玻璃板，在其上划4 cm^2 的方格；吸管；火柴棒，供搅拌用。

操作方法：在玻璃板上各方格标记受检血清号，然后滴加相应血清0.03 mL，再在受检血清旁滴加抗原0.03 mL。然后用牙签或火柴棒搅动血清和抗原，使之均匀混合。每次试验应设阴、阳血清对照。

结果判定：抗原与血清混合后，出现肉眼可见凝集现象者判为阳性(+)，否则判为阴性(—)。

(2)试管凝集试验　试管凝集试验适用于山羊种、牛种和猪种布氏杆菌病感染的诊断，不适用于绵羊种和犬种的诊断。

材料准备：抗原、阳性血清由兽医生物制品厂供应，按说明使用。受检血清按常规方法采取。

操作方法：将被检血清稀释成1∶25、1∶50、1∶100、1∶200 4个稀释度，每只试管加稀释后血清的量是 0.5 mL。然后将 20 倍稀释的抗原 0.5 mL 加入已稀释好的各血清管中，并振荡摇匀，血清的最终稀释度依次为 1∶50、1∶100、1∶200、1∶400。最后将振摇均匀的抗原、血清混合液，置于 37℃恒温箱中 24 h，取出检查并记录结果。每次试验必须设有阴、阳血清和抗原对照。

结果判定：1∶100 稀释度出现"＋＋"以上凝集现象时，受检血清判定为阳性；1∶50 血清稀释度出现"＋＋"以上凝集现象，受检血清判定为可疑反应；可疑反应的牛，经 3～4 周重检，如果仍为可疑，该牛判为阳性。

＋＋＋＋　完全凝集，菌体 100%下沉，上层液体清亮。

＋＋＋　几乎完全凝集，上清液 75%清亮。

＋＋　凝集很显著，液体 50%清亮。

＋　有沉淀，液体 25%清亮。

－　无沉淀，液体不清亮。

4. 类症鉴别

本病在鉴别诊断上应注意与其他传染病和非传染性原因引起的流产相区别，如病毒性流产、滴虫性流产等。

第三节　牛常见疾病的防治技术

一、传染病

（一）结核病

1. 病原

结核病是由结核分支杆菌引起的家禽、家畜、人及多种动物的一种慢性传染病。牛患病其临床特征为贫血，消瘦，虚弱无力，精神欠佳，生产能力下降，多种组织形成肉芽肿及钙化干酪样结节。

2. 症状

本病潜伏期差别大，一般为十几天，长者数月或数年。常呈慢性经过，症状不明显，患病较久，表现为日渐消瘦，精神不振，咳嗽，毛粗无光，皮肤失去弹性，食欲下降，产奶量显著减少，不孕等。由于患病器官不同，症状亦不一致。

（1）肺结核　病初食欲、反刍无明显变化，常发生短而干的咳嗽。随着病情发展，咳嗽逐渐加重、频繁，尤其当起立运动、吸入冷空气或含尘埃的空气时易发咳嗽。有时鼻孔或口腔喷出脓性的痰，呼吸困难，伸颈呆立，病牛的体表淋巴结肿大。叩诊时胸部出现浊音区，听诊时可听到摩擦音。病牛常出现贫血。如果发展为全身性结核，病牛急剧消瘦，有的牛肩前、股前、腹股沟、颌下和颈淋巴结肿大。怀孕母牛可能发生流产，体温升高，如40℃以上，呼吸极度困难，气喘，心率亢进，衰竭而死亡。

(2)肠结核　多发生在空肠和回肠部位，呈消化不良，多见于犊牛。患牛食欲不振，顽固性下痢，迅速消瘦。粪便稀薄如油状，腥臭，混有血丝。直肠检查，有时可触到小肠壁和肠系膜淋巴结的结核结节。

(3)生殖器官结核　母牛可见性机能紊乱、发情频繁，孕牛流产，从阴道、子宫流出黏液性脓性分泌物。公牛睾丸肿大，阴茎前部可发生结节、糜烂等。

(4)乳房结核　乳房上淋巴结肿大，乳房有局限性或弥散性硬结，无热无痛。产奶量逐渐下降，乳汁初期无明显变化，严重时乳汁变得稀薄如水。由于肿块形成和乳腺萎缩，两侧乳房不对称，最终产奶停止。严重的乳房炎可引起体温上升，食欲减少。

3. 防治

加强饲养管理，合理供应饲料，注意矿物质和维生素饲料供应，提高牛的抵抗力。

定期检查、加强防疫是预防的有效措施。牛场要春、秋两季两次检疫，引入新牛要严格检疫。一旦确诊就应予以淘汰。

(二)布氏杆菌病

1. 病原

布氏杆菌病是由布氏杆菌引起的家畜、多种野生动物和人的一种慢性人畜共患病，本病主要侵害生殖系统，导致母牛发生流产或不孕，公牛发生睾丸炎和不育。本病分布广，对人畜健康有很大危害。

2. 症状

本病潜伏期2周至6个月。在疫区，患牛多呈慢性经过，主要症状是怀孕母牛流产，可发生于母牛妊娠的任何时期，但多发于怀孕6～8个月。患牛多为带菌者，多见胎衣停滞，奶牛产奶量下降。大多数感染母牛只流产1次，若改善饲养管理条件，可达到自愈的效果。公牛常见睾丸炎、附睾炎。急性病例睾丸肿痛，可能伴有中度发热、食欲减退，精液中含有大量布氏杆菌。慢性病畜精液中含菌量少，但常呈间歇性排菌，有的牛排菌可持续数年。有些病牛还常见关节炎、滑液囊炎、膝关节、跗关节炎症。

3. 防治

严禁从疫区买牛，要完善检测条件，对牛群定期检查，定时注射疫苗。一旦发现本病，应立即淘汰。

(三)口蹄疫

1. 病原

口蹄疫是由口蹄疫病毒引起的偶蹄兽的一种急性高度接触性传染病，其特征为口腔黏膜和鼻、蹄、乳头等部位皮肤形成水疱和烂斑，幼龄动物多因心肌受损使其死亡率升高。本病传染性极强，一年四季均可发生，病畜及其排泄物和分泌物是本病的主要传染来源，发病率几乎达100%，往往造成广泛流行，引起巨大经济损失。

2. 症状

潜伏期一般为2～5 d。牛体温升高至40～41℃，食欲不振，精神沉郁，脉搏加快，结膜潮红，反刍减弱，明显牵缕状流涎并带有泡沫。1～2 d后，在唇内面、齿龈、舌面和颊部黏膜出现蚕豆大至核桃大，内含透明液体的水疱，水疱破裂后形成糜烂，因口腔糜烂进食减少或不进食。水疱经一昼夜形成浅表的红色糜烂，水疱破裂后，体温正常。糜烂逐渐愈合。在口腔发生水疱的同时或稍后，趾间及蹄冠的皮肤亦可出现同样水疱，并很快破裂，病畜不愿走动，严重时继发感染，蹄壳脱落。怀孕牛经常发生流产，病牛体重减轻，泌乳量显著减少，特别是引起乳房炎时，乳量损失可高达75%以上，甚至泌乳停止、不能恢复。如无继发感染，病变恢复很快，全身症状也逐渐好转。整个病程一般为1周左右，若蹄部出现病变，则病程可拖延2～3周，死亡率低，通常为1%～3%。但有些患牛在恢复过程中突然恶化，表现全身衰竭，肌肉震颤，心脏麻痹而死亡。犊牛感染后水疱不明显，出现高热、极度衰竭、出血性肠炎和心肌麻痹，经过1～2 d死亡，死亡率高。

3. 鉴别诊断

牛口蹄疫应与牛瘟、牛恶性卡他热、传染性水疱性口炎、牛痘等类似疾病进行区别。

(1)牛瘟　严重的糜烂性口炎，唾液带有血液，眼睑痉挛，高热，严重下痢，多以死亡告终。白细胞明显减少，消化道黏膜坏死、溃烂，形成假膜。

(2)牛恶性卡他热　本病与口蹄疫相似，在黏膜上有糜烂，但恶性卡他热在鼻腔黏膜上以及鼻镜上有坏死，但不形成水疱，蹄部没有病变，常有结膜炎、角膜混浊，多呈散发。

(3)传染性水疱性口炎　除牛外，本病还能使马、驴感染。常在夏、秋发生。流行范围小，呈地方性流行。发病率低，死亡低。

(4)牛痘　牛痘病初发生丘疹，1～2 d后形成水疱，内含透明液体，随后成熟，中央下凹呈脐状，不久形成脓疱，然后结痂。口蹄疫不形成脓疱也不结痂。

4. 防治

本病无特异疗法，重在预防。

认真做好预防接种，免疫时应首先弄清当地或邻近地区流行的本病毒的毒型，根据毒型选择弱毒苗或灭活苗。发现口蹄疫病，立即向上级有关兽医卫生部门报告疫情，采集病料，迅速检查，以便确定病毒类型。将病畜隔离，封锁疫区，停止畜产品销售和家畜转移，立即用同型疫苗对封锁区内易感家畜进行紧急预防注射。对剩余的饲料、饮水、场地、患病牛污染的道路、圈舍、畜产品及其他物品进行全面严格消毒。当疫点内最后一头牛被扑杀后，14 d 不出现新病例时，经彻底消毒后，可以解除封锁。畜舍、地面、用具消毒剂有 2%烧碱、10%石灰乳溶液、2%甲醛。

发病初期体温升高者，可用复方氨基比林 30～40 mL，大青叶注射液 30～40 mL，地塞米松 30～50 mg 肌肉注射，溃烂处用 0.1%高锰酸钾水或 3%硼酸水冲洗，然后涂抹碘甘油。

(四)牛流行热

1. 病原

牛流行热又称三日热或暂时热，是由牛流行热病毒引起的牛的一种急性热性传染病。其特征是突然发热，流泪、流涎，鼻漏，呼吸促迫，后躯强拘或跛行。该病多呈良性经过，发病率高，病死率低，2～3 d 即可恢复。由于大批牛只发病，严重影响牛的产奶量、出肉率以及役用牛的使役能力，且流行后期部分牛因瘫痪常被淘汰，故对养牛业影响很大。

2. 症状

潜伏期为 2～11 d，一般为 3～7 d。病牛往往突然高热 40℃ 以上，可持续 2～3 d，同时眼睑、结膜充血、浮肿，流泪，鼻镜干燥，排出水样鼻液，口腔流出涎液，口角附有气泡。呼吸促迫，呼吸次数显著增加，肺泡音高亢，呈呼吸困难，病牛发出痛苦的声音。重病牛可窒息死亡。病牛食欲减少或废绝，反刍停止，瘤胃停止蠕动，肠臌气，肠蠕动停止或机能亢进，排出粪便呈山羊粪便状或水样。尿量减少，排出暗褐色的混浊尿液。有的四肢关节浮肿和疼痛。病牛站立不动，跛行，起立困难，有的牛轻瘫或瘫痪。腭凹部、胸下部皮下气肿，重病例呈全身气肿。触诊病牛皮温不整，特别是角根、耳、肢端有冷感。妊娠末期的牛多数发生流产、死亡。奶牛泌乳量减少或停止。多数病例呈良性经过，病程 3～4 d，很快恢复，致死率在 1%以下。

3. 防治

(1)预防　对该病应坚持早发现、早隔离和早治疗的原则。在流行初期，逐头测体温，发现病牛立即隔离。对病牛场进行封锁，并彻底对环境进行消毒，杀灭场内及周围环境中的蚊、蝇等吸血昆虫，搞好卫生，切断传播途径。加强牛群饲养管理，增强体质，提高抗病能力。定期对牛群进行免疫接种是控制该病的有效措施之一。日前中国农业科学院哈尔滨兽医研究所已经研制出该病疫苗，在该病流行之前，对易感牛群进行免疫接种，可以产生较好的保护作用。

(2)治疗　本病尚无特效治疗药物。发现病牛时，采取对症治疗及加强护理，可用退热药、强心药。停食时间较长时，可适当补充生理盐水及葡萄糖溶液。治疗过程中可适当用抗生素和磺胺类药物，防止并发症和继发感染，也可用中药辨证施治。

(五)牛传染性鼻气管炎

1.病原

牛传染性鼻气管炎病毒，又称牛疱疹病毒Ⅰ型，分类上属于疱疹病毒科、甲型疱疹病毒亚科，单纯疱疹病毒属。在世界上分布很广。牛传染性鼻气管炎是一种以侵害呼吸道为主的传染病。除牛外，人工感染还可使兔和其他一些动物感染这种疾病。另有报道指出，曾从猪的死胎、山羊和水貂身上分离出这种病毒。

2.症状

潜伏期一般4～6 d，人工感染潜伏期可缩短到18～72 h。根据临床表现不同，可以分为呼吸道型、生殖道型、脑膜脑炎型、结膜炎型和流产型。

(1)呼吸道型　临床上多见，多发生于较冷的季节。常伴有结膜炎、流产和脑膜炎。症状有轻有重，有些病牛在发病数小时内死亡，大多数病例病程在10 d以上。病毒首先侵害上呼吸道，引起急性卡他性炎症，也可侵害消化道。病牛体温升高达39.5～42℃，精神沉郁，食欲废绝，反刍停止。患牛常有大量的鼻分泌物，早期为浆液性，后期为黏液性。鼻甲骨和鼻镜因组织高度充血呈火红色，故被称为“红鼻子病”。随着病情发展，鼻腔黏膜发生浅表溃疡、坏死，呼出气体带有臭味，病牛表现不同程度的呼吸困难。个别病例出现拉稀，粪便中带有血液。患病奶牛初期产奶量明显减少，后期停止，7 d以后逐渐恢复。有些呼吸道型病牛还伴有结膜炎，病初可见眼睑水肿和眼结膜高度充血、流泪，角膜轻度混浊，病情进一步发展，结膜形成灰黄色针头大颗粒，致使眼睑粘连或结膜外翻，眼分泌物为脓性。妊娠中后期的母牛流产。犊牛常出现脑膜脑炎变化。牛群的发病率不一致，通常为20％～30％，严重流行的牛群发病率可达75％以上。

(2)生殖道型　又称传染性脓疱性外阴道炎。潜伏期很短，常为1～3 d。一般经配种传染，母牛及公牛均可感染发病。发病初期，轻度发热，可持续数天，精神沉郁，拒食。排尿频繁并有疼痛，严重时尾巴向上竖起，摆动不安。母牛乳产量明显下降，阴门水肿，阴门下联合处流出大量黏液，呈线条状，污染附近皮肤。阴道发炎、充血，其底面上有许多黏稠无臭的黏性分泌物。阴门黏膜上出现许多小的白色结节。以后形成脓疱，小脓疱越来越多，融合在一起，形成一个广泛的灰白色坏死膜，当擦掉或脱落后留下一个红色的创面，随后在阴道前和整个阴道壁均可发生此现象。急性期消退时开始愈合，经 10～14 d 痊愈，但阴道污物可持续排出数周，孕牛一般不发生流产。公牛感染时，潜伏期 2～3 d，精神沉郁，拒食，有时出现一过性发热，数天后可痊愈。严重病例，发热，包皮、阴茎上出现脓疱，随后包皮肿胀、水肿、疼痛，排尿困难。病程一般为 10～14 d。有细菌继发感染时，则出现严重全身症状。个别公牛感染后，不出现临床症状，呈带毒现象，可从精液中排出病毒。

(3)脑膜脑炎型　主要发生于犊牛，病初体温升高至 40℃ 以上，精神沉郁，食欲下降。鼻黏膜充血、发红，流出多量浆液性鼻液，流泪，偶尔出现呼吸困难。病牛出现神经症状，共济失调，随后兴奋、吼叫、乱跑乱撞，感觉和运动全部失常，口吐白沫，最终倒地，角弓反张，磨牙，四肢划动。病程很短，2～7 d 内死亡；发病率低，为 1%～2%，但死亡率高，可达 50%以上。

(4)结膜炎型　一般无明显全身症状，常引起角膜炎和结膜炎。表现为结膜充血、水肿，表面形成灰色颗粒状坏死膜。角膜轻度混浊，一般不形成溃疡。眼和鼻常流出浆液性或脓性分泌物。很少引起死亡。该型有时与呼吸道型混合出现。

(5)流产型　一般见于初产青年母牛怀孕期的任何阶段，多于怀孕后第 5～8 个月流产。流产前无前驱征兆，也无胎衣停滞现象，流产胎儿也没有特征性肉眼变化。

3. 防治

防治本病最重要的措施是检疫，防止传染源传入。严格实行检疫制度，加强冷冻精液检疫监督管理，不从有病地区引进牛只。从国外引进时，需经过隔离和血清学检查，证明未被感染方准入境。发生本病后应采取隔离、封锁、消毒等综合性防制措施。

本病目前无特异治疗方法。当暴发本病时，应立即隔离，同时对所有牛接种弱毒疫苗。疫苗目前有 3 种：鼻内注射苗、匈牙利热稳定苗和灭活疫苗(即为甲醛灭活的氢氧化铝胶菌苗)，可根据疫苗说明书选用。病后加强护理，给予适口性好、易消化的饲料，以增强牛的耐受性。抗生素虽对本病无治疗作用，但可防止继发感染，控制并发症。为此，可注射四环素 200～250 IU，或土霉素 2～2.5 g，每天两次。对脓疱性阴道炎及包皮炎，可用消毒药液，如 0.1%高锰酸钾液、1%来苏儿、0.1%新洁尔灭等进行局部冲洗，洗净后涂布四环素或土霉素软膏，每天 1～2 次。

二、营养代谢病与中毒性疾病

(一)酮病

本病主要发生于经产且营养良好的高产乳牛，其产犊牛发病率和死亡率提高，有些牛久治不愈和反复发病终致淘汰。

1.病因

饲喂含蛋白质和脂肪的饲料过多，而碳水化合物饲料不足，其次，运动不足，前胃机能减退，大量泌乳，乳糖消耗，容易促进本病的发生。

2.症状

常在产后几天至几周内出现，以消化紊乱和神经症状为主。患畜食欲减退，不愿吃精料，只采食少量粗饲料，或喜食垫草和污物，反刍停止，最终拒食。粪便初期干燥，呈球状，外附黏液，有时排软粪，臭味较大。后多转为腹泻，迅速消瘦。精神沉郁，凝视，步态不稳，伴有轻瘫。

有的病牛嗜睡，常处于半昏迷状态。但也有少数病牛狂躁和激动，无目的地吼叫，向前冲撞，空口虚嚼，眼球震颤，颈背部肌肉痉挛。呼出气体、乳汁、尿液有酮味(烂苹果味)，加热后更明显。泌乳量下降，乳脂含量升高，乳汁易形成气泡，类似初乳状。尿呈浅黄色，易形成泡沫。叩诊肝区浊音区扩大。

亚临床症状公牛表现为进行性消瘦，母牛泌乳量下降、发情迟缓等，尿酮检查阳性即可确诊。

3.防治

首先应加强对病牛的护理，调整饲料，减喂油饼类等富含脂肪类饲料，如豆饼、胡麻饼、葵花子饼等，增喂甜菜、胡萝卜、优质干草等富含糖和维生素的饲料，限制高能饲料的进食量，增加干草喂量。通常按干物质计，精粗料比例以 30：70 为宜；按混合料计，每天 3～4 kg 精料，青贮 15～20 kg，干草量不限。

适当运动，对妊娠后期和产犊以后的母牛，应适当减少精料喂量。

治疗的原则是提高血糖水平和防止酸中毒。

(二)乳房水肿

奶牛产后乳房水肿是妊娠牛分娩后出现的一种生理现象，轻度水肿可自行消退，严重水肿不经治疗很难自愈，并可诱发乳房炎，甚至造成血乳。第一胎及高产奶牛发病较为常见。奶牛乳房水肿的发生率在 10%左右。

1.病因

大多由于妊娠后期供应子宫的大量血液急剧地流入乳房，或初期乳静脉血压上升，静脉及淋巴系统不能做出相应的调节，从血管内渗出的液体成分，大量蓄积于皮下,就会发生乳房浮肿。

2. 症状

一般无全身症状,多发生于高产牛,从分娩前1个月到接近分娩期间突然出现乳房浮肿,特殊地增大,随着病情发展继发起立困难。由于乳房和乳头极易受损伤,所以,有时能引起乳房炎。从乳头基部和乳池的周围浮肿波及乳房全部,皮肤紧张,带有光泽,无痛,按压乳房出现凹陷的状态,浮肿的乳头变得粗而短,使挤奶发生困难。除此之外,还有发生乳房中隔浮肿的。多数病牛从分娩前就表现食欲不振,到分娩后7 d左右期间,乳房膨胀,急剧下垂,浆液集中积于乳房中隔时,致使后肢张开站立,母牛运动困难,易遭受外界损伤,并发乳房炎后,病状显著恶化。

乳房水肿病程长时,水肿部由于结缔组织增生而变硬实,逐渐蔓延到乳腺小叶间结缔组织间质中,使后者增厚,引起腺体萎缩,整个乳房肿大而硬结时,产奶量显著降低。

3. 防治

为了促使乳房血液循环,促进水肿消退,从分娩几天后就要开始让牛适当运动,同时适当减少精料及多汁饲料,控制饮水量,增加挤奶次数,每次挤奶时用温水(50～60℃)热敷,反复按摩乳房,奶要挤净。病程较长而严重的水肿,应停喂多汁饲料,每次挤奶按摩时间不少于20～30 min。

对治疗本病比较有效的方法,是给予利尿剂,对乳房水肿的消退有很大的影响。

(三)青草抽搐

青草抽搐又称为泌乳抽搐、青草蹒跚或麦类牧草中毒,是反刍动物的一种高度致死性疾病。泌乳牛的发病率最高。以血镁浓度下降,常伴有血钙浓度下降为特点。临床上以强直性和阵发性肌肉痉挛、惊厥、呼吸困难和急性死亡为特征。

1. 病因

饲料搭配不当,镁摄入不足或不能满足动物镁排出的需要。

2. 症状

依据病程,可分急性、亚急性和慢性三种临床类型。

(1)急性病例　突然停止采食,甩头、吼叫、奔跑、肌肉抽搐,行走时摇晃似醉,最终跌倒。四肢强直,接着呈阵发性惊厥,持续1 min左右。惊厥期间牙关紧闭,眼球震颤,口吐白沫,耳廓竖起,第三眼睑外露。略安静片刻后又重新发作,并剧烈挣扎,体温达40～40.5℃,呼吸、脉搏加快,心搏亢进,几步之外都可以听到。通常于 30～60 min 内来不及救治而死亡。

(2)亚急性病例 病程 3～4 d,病的发展渐进,开始时食欲略下降,四肢运动不自如,步态强拘,对触诊和声音过敏,频频排尿、排粪,瘤胃运动减弱,奶产量下降,肌肉震颤,后肢及尾轻度强直。强刺激或针扎时,可引起惊厥。患畜可能在几天内恢复,也可能转为急性型,躺卧在地上,四肢强直,对镁制剂治疗反应良好,但有可能复发。

(3)慢性病例 除血镁浓度下降外,不表现临床症状,有些也可能会出现反应迟钝、不愿活动,无选择地采食,可能转化为急性或亚急性。

水牛青草抽搐常呈亚急性经过,卧地不起,颈部呈一定程度的"S"形扭转。少数病例呈急性发作,表现兴奋、不安、发狂、前冲或奔跑,眼充血和凶猛状,倒地后抽搐,呼吸加深加快。流涎,脉搏加快,血镁浓度降至 0.78 mmol/L(1.9 mg%)以下。

3.防治

改善草场植被中的镁含量,可从根本上防止低镁血症。三叶草中镁含量较高,在草地上间种 10%～20%的三叶草,可使饲料中镁增加 20%～40%。逐渐调整牛从舍饲到放牧的过渡期限,减少应激作用,有利于防止低镁血症。草地上按每公顷喷洒 17 kg 菱镁矿石粉,或者在肥料中掺入氧化镁,都有预防低镁血症作用。

对亚急性病例及尚来得及救治的急性病例,用 25%葡萄糖酸钙和 5%次磷酸镁混合液 500 mL,20%硫酸镁 200～300 mL 作多点皮下注射,血镁浓度可很快升高,但常于 3～6 h 内又恢复到注射前的水平。给予钙、镁制剂的同时,进行对症治疗,如氯丙嗪、巴比妥等,可暂时控制疾病。

(四)非蛋白氮中毒

1.病因

由于非蛋白氮化合物(如尿素)喂量过大或饲喂方法不当,或被大量误食,致使瘤胃内氨释放量过多,血氨过高即可发生非蛋白氮中毒。

2.症状

牛过量采食尿素后 30～60 min 即可发病。病初表现不安,呻吟,流涎,肌肉震颤,体躯摇晃,步态不稳。继而反复痉挛,呼吸困难,脉搏增数,从鼻腔和口腔流出泡沫样液体。末期全身痉挛,眼球震颤,浑身出汗,流涎,四肢无力,卧地不起,四肢划动,肛门松弛,多于食入尿素后 4 h 窒息死亡。

3.防治

(1)预防 严格化肥保管使用制度,防止牛误食尿素。用尿素作饲料添加剂时，严格掌握用量，体重 500 kg 的成年牛，用量不超过 150 g/d。尿素以拌在饲料中喂给为宜，不得化水饮服或单喂，喂后 2 h 内不能饮水。如日粮蛋白质已足够，不宜加喂尿素。犊牛不宜使用尿素。

(2)治疗　发现牛中毒后，立即灌服食醋或醋酸等弱酸溶液，如 1%醋酸 1 L，糖 250～500 g，水 1 L 混合灌服。静脉注射 10%葡萄糖酸钙液 200～400 mL，或静脉注射 10%硫代硫酸钠液 100～200 mL，同时应用强心剂、利尿剂、高渗葡萄糖等疗法。

(五)酒糟中毒

1. 病因

由于日粮配合不均，长期过度增加酒糟喂量，或酒糟保存不好而发霉变质、堆积而不散开造成酸败而饲喂，均能引起中毒。

2. 症状

(1)急性中毒　病牛食欲废绝，腹痛，兴奋不安，共济失调，脱水、腹泻或排出恶臭粪便，心跳加快，步态不稳，四肢无力，卧地不起。

(2)慢性中毒　病牛表现出顽固性的前胃弛缓，食欲不振，瘤胃蠕动音弱。矿物质吸收紊乱，出现缺钙现象，母牛流产或屡配不孕。腹泻，消瘦，后肢系部皮肤潮红，形成疱疹。水疱破裂，形成溃疡面，易感染化脓、疼痛、跛行。严重病例，皮炎可涉及全身，机体衰弱。

3. 防治

(1)治疗　治疗原则是解除脱水、解毒、镇痛。

①碳酸氢钠 100～150 g，加水一次灌服。

②5%葡萄糖生理盐水 1 500～3 000 mL，25%葡萄糖液 500 mL，5%碳酸氢钠液 1 000 mL，一次静脉注射。

③山梨醇或甘露醇 300～500 mL，一次静脉注射。

(2)预防　酒糟应饲喂新鲜的，不要贮存时间过久。贮存时要摊开、遮盖，防止雨水浸泡和日光暴晒。饲喂时要进行品质检查，轻度酸败，可加入石灰水或碳酸氢钠中和后再喂，霉败酒糟禁止饲喂。同时控制给量，每天喂量以 5～10 kg 为宜，并充分保证干草进食量。为防止酸性产物对钙吸收的影响，日粮中应增加磷酸三钙、碳酸氢钠等缓冲物质。

三、内科病

(一)前胃弛缓

前胃弛缓又称脾胃虚弱，是由于各种原因导致前胃兴奋性降低，收缩力减弱，瘤胃内容物运转缓慢，菌群紊乱，产生大量腐败的有毒物质，引起消化障碍和全身机能紊乱的一种疾病，是一种奶牛特别是舍饲牛的多发病。

1. 病因

原发性前胃弛缓又称单纯性消化不良，其主要原因是饲养与管理不当。

(1)饲养不当　凡是能改变瘤胃内环境的食物性因素均能引起本病：①精饲料喂量过多或突然食入过量的适口性好的饲料，如玉米青贮料等；②食入过量不易消化的粗饲料，如麦秸、豆秸、山芋藤、紫云英等；③饲喂变质的饲料、青草、青贮饲料、酒糟、豆渣、山芋渣、冰冻饲料等；④突然改变饲料、日粮中突然加入不适量的尿素或使牛群转向茂盛的禾谷类草地等；⑤误食异物、塑料袋、化纤布、胎衣等；⑥在寒冬、早春，因水冷草枯被迫食入大量秸秆、垫草或灌木，日粮配合不当，微量元素缺乏，特别是钙缺乏。

(2)管理不当　常见有：①由放牧迅速转变为舍饲或由舍饲突然转为放牧；②过劳与休闲不均，受寒，圈舍阴暗、潮湿；③经常更换饲养员，调换圈舍或牛床，都会破坏前胃正常消化反射，造成前胃机能紊乱，而诱发本病；④由于严寒、酷暑、饥饿、疲劳、断奶、离群、恐惧、感染、中毒等因素，以及手术、创伤、剧烈疼痛的影响，引起应激反应而发生本病。

前胃弛缓常继发于口炎、齿病、创伤性网胃腹膜炎、迷走神经胸支损伤、腹腔脏器粘连、瓣胃阻塞、皱胃阻塞、骨软症、酮病、乳房炎、子宫内膜炎、牛流行热、结核、布氏杆菌病、前后盘吸虫病、血孢子虫病和锥虫病及中毒性疾病。

2. 症状

(1)急性型　病畜食欲减退或废绝，反刍减少、短促、无力，时而嗳气并带有酸臭味。奶牛泌乳量下降，体温、呼吸、脉搏一般无明显异常。听诊瘤胃蠕动音减弱，蠕动次数减少，个别病畜虽然次数不减少，但蠕动音减弱，每次蠕动的持续时间缩短，瓣胃蠕动音微弱。触诊瘤胃其内容物黏硬或呈粥状。病畜粪便变化不大，随后粪便变为干硬、色暗，被覆黏液。

(2)慢性型　通常由急性型转变而来。病畜食欲不定，有时减退或废绝，常常虚嚼、磨牙、异嗜，舔砖、吃土或采食被粪、尿污染的褥草、污物；反刍不规则、短促、无力或停止；嗳气减少，嗳出的气体带臭味。病情弛张，时而好转，时而恶化，日渐消瘦，被毛干枯、无光泽，皮肤干燥、弹性减退，精神不振，体质衰弱。瘤胃蠕动音减弱或消失，内容物黏硬或稀软，瘤胃轻度肿胀。多数病例网胃和瓣胃蠕动音微弱。粪便干硬，呈暗褐色，被覆黏液；有时腹泻呈粥状、腥臭，或腹泻与便秘交替出现。老牛病重时呈现贫血与衰竭，常有死亡。

3. 防治

总的原则是，改善饲养管理，消除病因，增强神经调节机能，防腐止酵，防止脱水和酸中毒。

为了促进瘤胃蠕动,可静脉注射10%氯化钠100~250 mL,还可用促反刍液,通常用5%氯化钠300 mL,5%氯化钙300 mL,10%安钠咖10 mL口服。

原发性瘤胃弛缓可用新斯的明10~20 mg,氨甲酰胆碱1~2 mg皮下注射,但对病情危急,心脏衰弱,妊娠母牛禁用。

晚期病例,瘤胃积液伴有脱水和自体中毒时,可用25%葡萄糖500~1 000 mL静脉注射,还可导胃洗胃,以排除瘤胃内有毒物质。

(二)瘤胃臌气

牛瘤胃臌气又称为气胀,是因为过量食入易于发酵的饲草而引起的疾病。本病按气体的性质分为泡沫性与非泡沫性,按发病的原因又分为原发性和继发性。

1. 病因

原发性瘤胃臌气多因牛食入了易发酵的鲜嫩多汁的豆科牧草或青草,如新鲜的苜蓿、草木樨、紫云英、豌豆藤等,雨后或霜露的饲草,腐败发酵的青贮饲料以及霉败的干草等。

继发性瘤胃臌气见于食道阻塞、前胃弛缓、创伤性网胃炎及腹膜炎等疾病。

2. 症状

急性瘤胃臌气,多于采食过程中或采食后不久突然发病,其主要特征是左腹部急剧臌大,左肷窝部突出。严重者可高于脊背,病牛表现腹痛不安,回头顾腹,后肢踢腹,呻吟。按压腹部紧张而有弹性,指压不留痕。叩诊瘤胃呈鼓音,偶尔金属音。听诊瘤胃蠕动音减弱,很快消失。病牛食欲、反刍、嗳气很快停止,精神沉郁。由于瘤胃臌气,压迫膈肌,造成呼吸困难,结膜发绀,心动亢进,脉搏细弱,但体温正常。严重时,张口流涎,伸舌吼叫,眼球突出,站立不稳,走路摇晃,全身出汗,最后倒地不起,痉挛、抽搐,常因窒息和心肌麻痹而死亡。

继发性瘤胃臌气,常以原发病症状为主,一般发展缓慢,多反复发作,常为间歇性臌气。

3. 防治

防止贪食过多幼嫩多汁的牧草,尤其是由舍饲转入放牧时,应先喂干草或粗饲料,适当限制在牧草幼嫩且茂盛的牧地和霜露浸湿的牧地上的放牧时间。发病后迅速排除瘤胃内气体和制止发酵,可采取以下疗法:

(1)排除牛瘤胃内气体　有两种方法。一是用胃导管插入瘤胃内,然后来回抽动导管,以诱导胃内气体排出;二是进行瘤胃穿刺术,方法是:于左腹突出部位剪毛,用5%碘酒消毒,用套管针或针头垂直刺入瘤胃内,入针深度以穿透胃、能放气为限。放气时应使气体徐徐排出,不能放气过急。放气后,可由导管向内注入来苏儿 15～20 mL，或福尔马林 10～15 mL，加水适量，以制止继续发酵产气。最后用一手紧压腹壁，另一手拔出针头，局部皮肤用 5%碘酒消毒。

（2）制止瘤胃内容物继续发酵产气　对轻度臌气的牛，可给其服用制酵剂，如内服鱼石脂 15～20 g 或松节油 30 mL。对泡沫性瘤胃臌气，可选川豆油、花生油、棉子油 250 mL 给病牛灌服，具有很好的消沫作用，也可给牛服消泡剂，如二甲基硅油或消胀片（30～60 片）。

（3）排除瘤胃发酵内容物　可给病牛灌服泻剂，如硫酸钠 400～500 g 和蓖麻油 800～1 000 mL。

（三）瘤胃积食

1. 病因

牛因过食导致瘤胃充满大量的食物，即瘤胃体积超过正常容积时，称为瘤胃积食，其临床特征为瘤胃体积增大，腹痛，脱水和酸中毒。

2. 症状

病初食欲、反刍减少或停止，鼻镜干燥，踢腹，磨牙，站立不安。听诊瘤胃音弱或消失，肠音微弱或沉寂，左肷部膨满、坚硬，拳压留痕，晚期病例肚腹膨胀，眼球下陷，黏膜发绀，身体中毒虚脱。

3. 防治

（1）治疗　治疗原则是恢复前胃运动机能，消食化积，防止脱水与自体中毒。

①首先禁食，然后内服石蜡油、硫酸镁等泻剂。

②补充体液，防止酸中毒。5%葡萄糖生理盐水 2 000～3 000 mL，20%安钠咖 10 mL，维生素 C 0.5～1 g，5%碳酸氢钠 300～500 mL，维生素 E 2～3 g 静脉注射。

③促反刍液：10%氯化钠 300 mL，10%氯化钾 200 mL，10%安钠咖 20 mL 一次静脉注射。

④严重瘤胃积食、药物治疗无效时，应果断进行瘤胃切开，取出内容物，并用 1%温食盐水冲洗，必要时，接种健康牛瘤胃液。

（2）预防　加强饲养管理，防止突然变更饲料或过食，奶牛、肉牛按日粮标准饲喂，耕牛不要劳役过度，避免外界各种不良因素的影响和刺激。

（四）创伤性网胃炎

1. 病因

饲养管理不当，饲料中混有金属异物铁钉、铁丝等，牛采食时不仔细咀嚼而咽下，进入网胃后刺穿网胃、膈肌而刺入心包，导致创伤性网胃心包炎。

2.症状

病的初期症状较轻，一般多呈前胃弛缓，食欲减退，常间歇性瘤胃臌胀，后期病情加剧，出现肚腹卷缩、弓背、炸毛、肘头外展、眼球凹陷等异常临床症状。扣诊网胃区声音异常，反刍吞咽困难，吞咽时伸头缩颈，对疼痛刺激敏感，上下坡试验阳性。

3.防治

饲喂时要尽量查看，筛除杂物，尤其是铁质异物。目前采用的治疗方法有保守疗法和手术疗法两种。

保守疗法：将牛拴于一个前高后低的牛床(前后差 15～20 cm)，肌肉注射青霉素 1 600 IU 及链霉素 800 IU，每天两次，连用 5～7 d，体温及症状稳定后停药，一些牛可转为慢性。

手术疗法：术前应注意病牛全身状况，患广泛性腹膜炎时手术可疑，最好先用金属探测器了解到异物所在位置，在手术结束后用取铁器作一次取铁探查，为阴性时可以缝合。

(五)皱胃移位

1.病因

(1)干奶期精料、玉米青贮喂量过高，加重了消化道的负担，导致了瘤胃、前胃弛缓的发生。

(2)妊娠到分娩后生理解剖特点的变化。妊娠后期膨大的子宫将瘤胃上抬，真胃逐渐向前及腹腔左侧推移到瘤胃左方。当分娩时，胎儿排出，重力突然消失，瘤胃突然下沉，将真胃挤到瘤胃的左方，瘤胃内含有大量的气体，进一步向上方移动，致使真胃挤于瘤胃与左腹壁之间。

(3)其他因素：双胎、胎衣不下、产后瘫痪和酮病可导致前胃弛缓，促使本病的发生；而母牛发情时的爬跨，使真胃位置由暂时的高抬随即下降而发生改变，也可成为发病的诱因。

2.症状

大多数发生在分娩之后。本病一开始就有食欲减少，个别牛伴发严重的腹痛和腹部膨胀。食欲呈间断性变化，可能拒食各类饲料或采食少量干草，产乳量随采食量的变化而周期性变动。大多数病例最终其产乳量明显下降，身体瘦弱，粪便量减少，呈糊状，浅绿色，往往呈现腹泻，腹泻时伴有正常肠蠕动。仔细检查病牛颈部皮肤、乳汁或呼吸气息可发现酮体气味。尿检可发现中度或轻度酮尿。另一些病例，左腹壁最后 3 个肋弓区与右侧相比较往往发现明显的膨大，但左侧腰旁窝下陷，瘤胃蠕动音受抑制或完全听不到，因此可在左侧中部第 11 肋间听诊，能发现与瘤胃蠕动时间不一致的皱胃音。

3. 防治

对病牛应尽早矫正，尽快使真胃复位。有滚转法和手术疗法。病程初期可采用滚转法，但疗效不确实。对于变位已久，特别是皱胃已和腹壁或瘤胃发生粘连时，必须采取手术疗法，由于将真胃固定，故疗效确实。

四、产科病

(一)乳房炎

1. 病因

乳房炎是奶牛乳腺发生的炎症。引起乳房炎的因素主要是：

(1)感染　病原微生物由乳头管口侵入是乳房炎发生的主要原因，并可通过厩舍、运动场、挤乳手指和用具引起感染和传播。

(2)饲养管理不当　以挤奶方法不当、过度挤奶使乳腺受伤为主。

(3)中毒　如饲料中毒，胃肠疾病、子宫疾病时的毒素吸收也可引起乳房炎症。

2. 症状

轻者乳汁稀薄，灰白色，有絮状物，乳房疼痛不明显，乳产量及全身变化不大；重者乳区肿胀，皮肤变红，质地硬，疼痛明显，乳产量骤减，乳汁淡灰色，体温升高，乳上淋巴结肿胀如核桃大；极重者，食欲废绝，体温升高到 41℃以上，稽留多日，心跳 100 次/min 以上，泌乳停止，乳房坚硬如石，皮肤发紫，龟裂疼痛，仅能从乳腺中挤出黄水。

3. 防治

(1)注意卫生和乳房保护　保持牛舍、牛体及用具的清洁卫生，产后排出的恶露尽量少污染牛体后身。对较大和下垂的乳房要注意保护，免受外伤。

(2)加强挤奶卫生　挤奶前用温水洗净乳房及乳头，洗后用干净毛巾擦干。挤奶后用 0.5%碘溶液或 0.1%新洁尔灭溶液浸浴乳头，以减少病原菌从乳头侵入的机会。

(3)在干奶期加强对隐性乳房炎的防治　在干奶前最后一次挤奶后，向乳房内注入适量抗菌药物，可预防乳房炎的发生。一般常将青霉素 80～100 IU、链霉素 0.5 g，溶于 20～30 mL 蒸馏水中，注入乳池内，并用金霉素或土霉素眼药膏一支，分别注入 4 个乳头管内，进行封闭。也可直接向每个乳头管内注入金霉素眼药膏一支，进行封闭。

(二)子宫内膜炎

1.病因

子宫内膜炎即子宫内膜的炎症,是导致母畜不孕的重要原因之一。配种、人工授精及阴道检查时消毒不严,难产、胎衣不下及产道损伤之后细菌侵入可引起子宫内膜炎;发生布氏杆菌病及副伤寒等传染病时,也常伴发子宫内膜炎。

2.症状

就其炎症而言,子宫内膜炎可分为黏液脓性和纤维蛋白性。

黏液脓性子宫内膜炎仅侵害子宫黏膜,表现体温略微升高,食欲不振,泌乳量降低,弓背努责,常做排尿姿势。从阴道排出黏液性或黏液脓性渗出物,卧地时排出量增大,阴门周围及尾根常黏附渗出物,并形成结痂。阴道检查,子宫颈稍微开张,有时可见脓性渗出物从子宫颈流出。

纤维蛋白性子宫内膜炎不仅侵害子宫黏膜而且侵害子宫肌层及其血管,因而导致纤维蛋白原的大量渗出,并引起黏膜甚至肌层的坏死,表现体温升高,精神不振,食欲减退或废绝,反刍、泌乳减少或停止,病牛常努责,从阴门流出棕黄色或污红色的黏膜组织碎片。

慢性子宫内膜炎,有时体温略微升高,食欲及泌乳稍减,阴道检查子宫颈略开张,从子宫流出混浊或脓性絮状渗出物。

3.防治

(1)子宫冲洗是治疗子宫内膜炎的有效方法。冲洗液一般用淡消毒液,如0.02%～0.05%高锰酸钾溶液,0.01%～0.05%新洁尔灭溶液,也可用高渗盐水。

(2)子宫灌注抗生素。

(3)应用子宫收缩剂,增强子宫收缩力,促进渗出物的排出。

对子宫内膜炎的治疗要根据实际情况而采取具体的措施。当发生败血症时,应在局部治疗的同时进行全身治疗。

(三)胎衣不下

1.病因

母畜分娩后胎衣在正常时限内不排出即称为胎衣不下。牛排出胎衣的正常时限为12 h。胎衣不下的主要原因是:

(1)产后子宫收缩无力:如怀孕后期饲料单纯,营养不良。

(2)难产、胎儿过大、子宫扭转、流产、早产都可造成子宫收缩力减弱,致使胎衣不下。

(3)怀孕期间子宫受到感染,引起胎盘炎症。

(4)与胎盘结构有关,牛的胎盘是结缔组织绒毛膜胎盘,胎儿胎盘与母体胎盘结合紧密，容易发生胎衣不下。

(5)其他因素：高温季节可使怀孕期缩短，从而增加胎衣不下的发病率。

2. 症状

胎衣不下分为部分不下和全部不下两种。

全部胎衣不下即整个胎衣排不出来，滞留胎衣腐败分解，从阴道内排出污红色恶臭液体，内含腐败的胎衣碎片，并发急性子宫内膜炎，腐败产生的分解物被吸收后，出现全身症状。

胎衣部分不下，即胎衣大部分已经排出，只有一部分或个别胎儿胎盘残留在子宫内。

经1～2 d，胎衣开始腐败分解（部分胎衣不下胎衣腐败分解延迟至4～5 d），有红褐色的恶臭黏液和胎衣碎块从子宫排出，牛表现弓背、举尾及努责。腐败产物吸收后，可见体温升高，脉搏增数，反刍及食欲减退，前胃弛缓，腹泻及泌乳减少。

3. 防治

(1)治疗 应刺激子宫平滑肌收缩，促进胎衣自行排出，并预防病原菌感染。用催产素或垂体后叶素20～30 IU，肌肉或皮下注射；也可用麦角新碱10～20 mg，加入10%葡萄糖液静脉注射；或用己烯雌酚20～30 mg，或者苯甲酸雌二醇注射液15～20 mg，肌肉注射。用5%奴夫卡因注射液100 mL，催产素50 IU在母牛尾根两侧小窝上角部位作封闭注射治疗，也可取得较好效果。

用上述各种方法治疗1～2 d后，胎衣仍然不能排出者，应采取手术剥离法。术者应先将指甲剪净磨光，洗净手和胳膊并用0.1%新洁尔灭溶液消毒，涂抹石蜡油。同时把阴道外部洗净消毒，再向子宫内注入0.1%高锰酸钾溶液2 000～3 000 mL，或者用5%～10%生理盐水1 000～2 000 mL刺激子宫收缩，促进胎儿胎衣缩小，以利胎盘与子宫脱离。然后术者用左手拉住脱出阴门外的胎衣，右手顺着胎衣伸入产道和子宫内，用手指缓慢分离子叶胎盘，同时左手逐渐向一个方向扭转并向外轻拉胎衣，一个子叶一个子叶地对胎盘进行分离。在取出全部胎衣后，为防止感染，可将青霉素400万IU，链霉素200万IU溶解于50 mL蒸馏水后注入子宫。每天注入一次，连用数天，或者肌肉注射乳酸环丙沙星，每千克体重3～5 mL，每天1次，连用3～5 d。

(2)预防 主要是对怀孕母牛加强护理，饲喂含钙、磷及维生素丰富的饲料。适当增加运动，增强体质。产前20～30 d注射亚硒酸钠维生素E注射液10 mL，每隔7 d再注射一次；或在产前7 d肌肉注射维生素AD注射液10 mL，每天1次，直至分娩为止；也可在产后2 h静脉注射10%葡萄糖酸钙200～300 mL或5%氯化钙100～200 mL，加入10%葡萄糖液500 mL；也可在产前9 d，每天肌肉注射孕酮 50～100 IU；或产后立即内服红糖益母汤（红糖 300～500 g、益母草 500～100 g，煎汁），每天 2 次，对预防胎衣不下有较好的效果。

(四)产后瘫痪

1. 病因

产后瘫痪又称乳热症或产后低血钙症，是母畜分娩前后发生的一种严重的代谢疾病，其特征是由于缺钙而知觉丧失及四肢瘫痪。产后瘫痪主要发生于分娩3 d内饲养良好的高产奶牛，尤其是 3～6 胎次牛，初产牛较少发病，治愈母牛下次分娩时还可能再次发病。

2. 症状

本病的特征是体温下降，四肢瘫痪，卧地不起，知觉丧失，伴有咽、舌及肠道麻痹。产后瘫痪常发生在 3～6 胎次的高产牛。临床上以产后 2 h 发病的为最多，且病情发展快而严重，不及时抢救常引起死亡。

（1）典型病例　多发生在产后 12～72 h。病初食欲减退或废绝，反刍、排粪、排尿停止，继而精神沉郁，也有的病例一开始就出现精神高度沉郁。肌肉颤抖，站立不稳，口流清涎，头颈下垂，运动失调，皮温降低，耳、角、四肢下端稍凉。多数病牛于 1～2 h 内就伏卧而不能站立，头颈弯向胸壁的一侧，强行拉直，松手后又弯向原侧；有的不能侧卧于地，四肢伸直，呈现抽搐现象。不久，病牛昏迷，意识和知觉丧失，体温降低，最低可达 35～36℃或更低。

（2）非典型病例　病势轻微，占全部病例的多数，体温正常或下降，一般不低于 37℃。病牛精神沉郁但不昏睡，食欲不振或废食，有时虽勉强站立，但四肢无力，步态不稳。病牛伏卧时，颈部呈现一种不自然的姿势，由头部至鬐甲呈一轻度“S”状弯曲。

3. 防治

（1）治疗　静脉注射钙制剂和乳房送风疗法是治疗产后瘫痪的最有效惯用法。

静脉注射钙制剂：20％～25％葡萄糖酸钙 500 mL 或 10％葡萄糖酸钙 500～1 500 mL 缓慢注射。注射～12 h 无效果时，可重复注射。

乳房送风疗法：本法简单有效，尤其适用于对补钙疗法反应不佳或复发的病例。送风方法需应用乳房送风器和乳导管。送风前可使病牛横卧成便于送风姿势，对乳房严格消毒、拭干，将乳房内乳汁挤尽，再用酒精消毒乳头孔。先在乳房送风器的金属筒内放入消毒纱布或脱脂棉，以备滤过空气。之后将消毒乳导管通过乳头管插入乳池内，连接送风器，手握橡皮球徐徐打气。打入空气量以乳房皮肤紧张，基部边缘轮廓清楚为准，此时用手指弹敲乳房呈鼓音。必须注意，送风过量会发生乳腺腺泡破裂，过少又不起作用。送风结束后，用纱布条轻轻扎住乳头，不使空气逸出，1～2 h 后可解掉。送风后应取青霉素 40 万 IU，溶于生理盐水 200 mL 内，分别注入 4 个乳区内，防止发生炎症。无乳房送风器可用打气筒代替，或用大容量玻璃注射器代替。

(2)预防　分娩后补钙是预防本病的重要措施。

(五)持久黄体

1.病因

妊娠黄体或周期黄体超过其时限而继续保持其功能，称为持久黄体。持久黄体同妊娠黄体及周期黄体有相同的作用，即分泌孕酮，抑制促性腺激素的分泌，导致卵巢不产生新的卵泡，致使母畜长期不发情。运动不足，饲料单纯，缺乏矿物质、雌激素，泌乳过多等造成母牛体质下降，性机能减退是引起本病的主要原因。本病多为子宫疾病继发病，因为子宫疾病会影响前列腺素的合成和分泌，因此黄体持久存在。

2.症状

母畜不发情，直肠检查可发现卵巢一侧或两侧增大，其表面有或大或小的突出黄体，呈蘑菇状，质地较卵巢硬。时隔 10～14 d，做两次直检，均在同一部位触及黄体，即可诊断为持久黄体。

3.防治

持久黄体是在健康状态不佳的情况下，防止母畜怀孕的自然保护现象。

(1)属饲养管理不当的要改善管理，促进机体体质恢复。

(2)继发于子宫疾病的要先治疗子宫疾病，消除子宫炎症。

(3)为使黄体迅速消退，可用前列腺素及其合成类似物治疗，如氯前列烯醇 0.2～0.4 mg 肌肉注射，90%的牛 3～5 d 内出现新的卵泡发育。

(六)子宫脱

子宫角或子宫体脱垂于阴门外，称为子宫脱出。一般多在产后数小时发生。

1.病因

(1)孕牛营养不良，缺钙引起神经兴奋性降低；孕牛衰老、经产、子宫阔韧带松弛；胎儿过大、胎水过多和双胎等因素，使子宫过度扩张而发生弛缓，产后若有努责，即可引起子宫脱出。

(2)在难产或助产时，产道干燥，子宫紧包胎儿，若强拉胎儿，胎儿拉出过快，子宫内压力降低，相对腹压增高，易引起脱出。

(3)剥离胎衣时，牵拉胎衣过猛，在部分胎衣不下时，体外胎衣上坠以重物，母牛外生殖器受到刺激，强烈努责而引起子宫脱出。

(4)母畜产后虚弱或产后瘫痪,卧地不起,使腹压增高,导致子宫脱出。

2. 症状

产后母牛表现不安,举尾努责,并时有腹痛起卧,经产道内检查可发现子宫角套叠于子宫或阴道内,触摸患畜有疼痛加剧表现。

子宫完全脱出阴门外,在阴门外垂露,呈椭圆形袋状物,上面布满红色、暗红色蘑菇状凸起的子宫阜,常带有未脱落的胎衣片。一般是孕角脱出较多,有时一大一小两角脱出。子宫易受外部摩擦出血、水肿,进而呈黑色、冻肉样并有干裂。脱出时间较长者,胎盘坏死,受损伤严重感染时可引起大出血和败血症。体温升高,呼吸急促,心跳加快,卧地不起,黏膜充血,归于死亡。

3. 防治

整复子宫越早越好,防止子宫水肿、污染、炎症,体积增大,不易整复。

为了整复安全,最好使患牛横卧保定,垫高后躯,以减轻腹压和便于整复。如果站立保定,必须用大块纱布将脱出的子宫托至阴门同高或稍高,以减轻子宫的重力牵拉作用,防止牵断子宫系膜上的血管。然后0.1%高锰酸钾溶液或2%明矾水洗净脱出的子宫和阴门。有胎衣附着时,应除净胎衣。子宫有伤口时应加以缝合。有水泡时用注射针头穿刺放水,而后涂抹碘甘油。整复时,患畜努责过强,可行硬膜外麻醉或在阴门周围用1%普鲁卡因作环状封闭。助手尽量将脱出的子宫托起抬高,保持在阴门口,术者用纱布包住拳头,顶着子宫角的末端,趁母畜不努责时,小心地向阴道内推送,使之复位。也可从子宫体部即靠近阴门的脱出子宫进行还纳,即由助手拨开阴门,术者用手从阴门两侧一部分一部分地向内压送,大部分子宫进入阴门后,可用手顶住子宫角末端的凹陷部,全部推入阴道,再将子宫向腹腔推进,用手在腹腔内把子宫左右上下摆动,使之完全复位。之后向子宫内注入青霉素400万IU,链霉素200万IU,蒸馏水50 mL,以防感染。然后左手捂住阴门周围,右手缓缓抽出。为了防止子宫再脱出,一方面使患牛保持前低后高的位置,一方面在阴门上做两个双内翻缝合,或做阴门环状缝合,但都要留住阴门下1/3处不缝合,以免影响排尿。母畜子宫复位后慢慢牵遛行走。局部应定期消毒,以免感染。拆线不宜过早,母畜不再努责,子宫不会再脱出时方可拆线,最好先拆除下方一个结,无再脱出时,第二天再拆余下线结。

病畜体质瘦弱、精神委顿、食欲下降、口色淡白,脉搏虚弱者,属气虚下陷,治疗可用补中益气汤加减:党参60 g,黄芪60 g,升麻30 g,柴胡30 g,当归、川芎、陈皮各30 g,益母草100 g,水煎服。

病畜阴部肿胀,有恶露,小便短,疼痛,口色红燥,脉相滑散者,属湿热症,可用益母生化汤:桃仁30 g,当归30 g,川芎30 g,二花、连翘各40 g,漏芦50 g,益母草

100 g，水煎服。

五、犊牛疾病

(一)新生犊牛窒息

1. 病因

因呼吸障碍和吸入羊水而发病。

2. 症状

轻者，呼吸微弱、急促，且间隔时间长，可视黏膜发绀，舌垂于口外，口鼻内充满羊水和黏液。脉跳快而弱，在肺部进行听诊，有湿啰音。

重者，犊牛停止呼吸，呈死亡状态。可视黏膜苍白，全身松软，反射消失，仅有很微弱的心跳，手触摸不到脉跳。

3. 防治

应正确助产，以防本病的发生。当犊牛发生窒息时，可进行人工呼吸。将犊牛腹部向上平放地面，头部放低，由一人紧握两前肢，前后来回拉动，交替扩展和压迫胸腔，同时，另一人将口腔、鼻孔中的黏液擦净，耐心、持续地进行人工呼吸，直至出现正常呼吸。也可将犊牛倒提起来，拍打背部和甩动，以排出羊水刺激呼吸。在采取上述措施的基础上，可肌肉注射人用咖啡因 1～2 支、樟脑制剂 2～4 mL 等。同时，应适当注射复方氯化钠 500 mL、右旋糖酐 200～500 mL、葡萄糖 200～500 mL 等，必要时，注射碳酸氢钠溶液 100～300 mL。

(二)犊牛脐带炎

1. 病因

脐带炎，是生产中对犊牛危害最大的疾病之一。脐带炎是犊牛出生后，由于脐带断端遭受到细菌感染而引起的一种化脓性坏疽性炎症。

2. 症状

脐带炎初期常不引起注意，仅见犊牛消化不良、下痢，随病程的延长，精神沉郁，体温升高至 40～41℃，常不愿行走。脐带与组织肿胀，触诊质地坚硬，患畜有疼痛反应。脐带断端湿润，用手压可挤出污秽脓汁，具有恶臭味，也有的则因断端封闭而挤不出脓汁，但见脐孔周围形成脓肿。患犊常表现为消化不良，拉稀或臌胀，弓腰，瘦弱，发育受阻。

3. 防治

(1)预防

①做好脐带的处理和严格消毒工作，剪脐带时应在离腹部约 5 cm 处剪断，再用 10％碘酊将断端浸泡 1 min。

②保持良好的卫生环境，运动场应消毒，褥草应及时更换，定期消毒。

③新生犊牛应单圈饲养，避免犊牛相互吮吸，防止疾病发生。

(2)治疗　治疗犊牛脐带炎，首要条件是消除炎症，防止炎症的蔓延和自体中毒。

①局部治疗。病初可用1%～2%高锰酸钾清洗局部，并用5%碘酊涂擦。若患部周围肿胀，可用青霉素60万～80万IU分点注射。如已形成脓肿，应切开排脓，再用3%过氧化氢冲洗，内撒布磺胺粉。严重时可用外科手术清除坏死组织，并涂以碘仿醚(碘仿1份，乙醚10份)，也可用硝酸银、硫酸铜、高锰酸钾粉涂擦。

②全身治疗。可用磺胺、抗生素治疗，一般常用青霉素80万～160万IU，一次肌肉注射，每天2次，连用3～5次。如有消化不良症状，可内服磺胺脒、苏打粉各6 g，酵母片或健胃片5～10片，每天2次，连服3 d。

(三)犊牛肺炎

1. 病因

多发于初乳期的犊牛，气候多变的春、秋季多发。妊娠期母牛体质弱、营养不良，主要营养物质缺乏，如蛋白质、维生素A等，导致犊牛体质差，对外界环境抵抗力弱，细菌易于感染。

2. 症状

表现咳嗽、呼吸困难、体温升高，肺部可听到干性与湿性啰音，多死亡于肺气肿、心力衰竭和败血症。转为慢性者长期咳嗽、消瘦、下痢、生长发育受阻。

3. 防治

(1)预防　加强对初生犊牛的饲养管理，增强其抵抗力。

(2)西医疗法

①用青霉素50～100 IU进行肌肉注射，每天2次。

②内服氯化铵0.3～2 g。

③按每千克体重10 mg的四环素，溶进葡萄糖溶液中进行静脉注射，每天2次。

④肌肉注射链霉素80～100 IU，每天注射2次。

⑤将7～12 mL鱼肝油混入牛乳或稀粥中饮喂。

⑥用10%磺胺嘧啶钠溶注射液30～50 mL，注入100 mL葡萄糖盐水中，静脉注射，每天2次。

(四)犊牛病毒性腹泻

1. 症状

(1)犊牛以新生牛犊多见。

①早产型:犊牛提前1～1.5个月产出,有生后即死的,有生后1～2 d死亡的,能存活者,发育不良。

②畸形:犊牛前肢腕关节、后肢跗关节屈曲,不能站立,卧地不起;站立者,四肢弯曲呈佝偻样,行走时,步态蹒跚,共济失调。

③眼型:失明,多为一侧性,患犊眼外观无异常,仅在步行时见颈向一侧弯曲,眼部检查时,患眼对外界刺激无反应。

(2)青年牛发病突然,反刍停止,食欲废绝;粪便干、黑,外附黏液和血液;精神沉郁,颈直伸,头抬高,颤栗,抽搐。体温升高达41.8℃,呼吸增加至50次/min以上,心跳增数,心音微弱,第一、二心音模糊。目光无神,眼凹陷,消瘦明显。病后期体温下降至35.4～37℃,全身无力,卧地不起,眼球突出,结膜外翻,呼吸微弱,头弯向背侧,呈角弓反张样,四肢直伸,划动,反应微弱至消失。

2.防治

无特效疗法。对体温升高的病牛,可用抗生素,补糖、补水、补碱等治疗,但多以死亡结束。因此,预防是关键。目前应用弱毒疫苗和灭活疫苗来预防和控制本病。

六、外科病

(一)腐蹄病

1.病因

(1)牛只营养不良,体质虚弱,日粮中钙、磷不平衡等造成蹄角质疏松。

(2)牛蹄长时间浸泡于粪、尿泥水中,牛蹄软化。

(3)运动场内的碎石、炉渣等异物刺伤蹄软组织而发炎。

2.症状

病初病牛频频提举病肢,站立不安,行走有痛感,跛行;局部检查见趾间皮肤红肿、敏感,蹄冠红色或暗紫色,肿胀疼痛;病牛体温升高至40～41℃,食欲减退,喜卧而不愿站立;当深层组织、趾间韧带、蹄关节受到感染时,形成脓肿,流出微黄、灰白色恶臭脓汁,此时全身症状明显,食欲减退或废绝,产奶量骤减,蹄壳脱落或腐烂变形。

3.治疗

治疗原则是消炎止痛,防止败血。

将病牛保定,用蹄刀彻底除去坏死腐烂组织,然后用2%煤酚皂溶液或4%硫酸铜液清洗患部,创内可撒布硫酸铜粉、高锰酸钾粉或用松节油棉球填塞,创外再包扎蹄绷带。肿胀疼痛处可用30 mL注射用水溶解强效克炎晶一支涂抹同时封闭注射，每天一次，3～5 d 为一个疗程。当病牛有全身症状时可肌肉注射克炎晶一支，能起到很好的抗感染作用。

(二)创伤

1. 病因

由于各种外力的作用，使机体某部位的皮肤、黏膜及其深部组织发生开放性的损伤，称为创伤。根据受伤时间及有无感染，分为新鲜创和感染创。两种创伤的处理方法有所差异。

2. 治疗

新鲜创：剪去创伤周围的被毛，用 0.1%新洁尔灭液或 0.1%洗必泰液冲洗及清洁创面，然后将肾上腺素滴入创面，使毛细血管收缩止血。如有喷射状出血，可结扎止血，在创面上撒布消炎粉，用消毒纱布包扎即可。对创口较深的创伤必须缝合。

感染创：用 0.1%高锰酸钾清洗创面及周围，除去坏死组织，再用 3%双氧水冲洗，碘酊消毒后，包扎消毒纱布条。对创口较深者，可用消毒纱布引流。若体温升高或食欲出现异常，证明已有全身感染，必须连续肌肉注射抗生素数天。

(三)疝(赫尔尼亚)

腹腔内脏经天然孔道由腹腔脱到皮下的病理现象称疝。此种不正常的孔道，多源于解剖上的弱点或缺陷，有的是由于先天性就过大，有的由于后天的损伤。常见的疝有脐疝、腹壁疝、腹胁部疝、阴囊疝、会阴疝、膈疝等。疝由疝孔、疝轮、疝囊及疝内容物组成。

1. 病因

根据疝的来源可分为先天性疝及后天性疝两种。先天性疝多由于脐孔过大、腹股沟管超过正常范围，或腔膜、筋膜发育不良等引起；后天性疝多由于腹壁外伤(蹄及角的冲击、跌倒、碰撞障碍物)引起。内腔手术，如肠结石摘除术和隐睾去势术等能引起疝。腹内压增高，如家畜跳跃、难产等也能引起后天性疝。

2. 防治

(1)治疗　凡可复性疝而又突出不大者，可试用保守疗法。在确诊内容物已回复至腹腔时，可在疝孔周围注射刺激性药物，如 95%酒精，每点注射 3～5 mL，促使疝孔周围发炎和增生，并装以压迫绷带。凡属突出较大而又不能回复甚至嵌闭者，必须采取手术疗法。在疝囊的基底部周围进行剃毛、消毒。用 0.5%普鲁卡因 10 mL 左右作局部浸润麻醉，必要时进行全身麻醉。麻醉后切开皮肤，钝性分离直达疝囊，仔细将疝内容物还纳至腹腔(严重粘连且分辨不清时，也可切开疝囊后仔细分离)，用肠线或丝线做纽扣缝合，闭合疝孔。修整腹壁、疝孔周围等松弛多余的皮肤,然后做结节缝合。12～14 d 拆除皮肤缝线。

(2)预防　对于外伤性疝,防止外伤性损伤,如角斗、摔倒等;产犊时注意脐部护理,防止感染。

七、常见寄生虫病

(一)肝片吸虫病

1. 病原

牛肝片吸虫病是由寄生在牛的肝脏和胆管的吸虫引起的急性或慢性肝炎和胆管炎,并伴发全身中毒和营养障碍,使产奶量下降的一种疾病。一般呈地方性流行。

2. 症状

感染严重时才出现明显的临床症状,表现为体温升高,精神沉郁,呼吸困难,黏膜苍白,食欲下降,消化不良,被毛粗乱,消瘦或贫血,腹泻或便秘,妊娠牛流产或产后瘫痪。个别牛出现黄疸症状。

3. 防治

预防要点是严格粪便管理。牛的粪便最好堆肥发酵,使虫卵死亡再用以肥田。在流行地区要定期给牛驱虫。

牛的肝片吸虫病可用丙硫苯咪唑治疗,每千克体重用量为 15～20 mg,也可用硫双二氯酚,每千克体重 40～60 mg,均一次内服。

(二)牛螨病

1. 病原

牛螨病又叫疥癣、癞病,是由螨类寄生虫寄生在牛体表、表皮下引起的慢性寄生虫性皮肤病,以剧痒、脱毛、湿疹性皮炎和接触感染为特征。本病常发生于冬春。

2. 症状

牛螨病开始于面部、背部、颈部、尾根等被毛较短部位。病重时,遍及全身,特别是幼牛感染后,往往引起死亡。发病部位呈不规则小秃斑,表面为灰白色,奇痒,后期有痂块,皮肤变厚。取患部皮屑镜检,可见到虫体。患病后期,精神不振,食欲不佳,日渐消瘦,奶牛产奶量下降,孕牛流产。

3. 防治

患畜应隔离治疗,防止互相接触感染。彻底清扫圈舍及消毒污染用具,然后喷洒双甲脒,保持圈舍通风、透光干燥。

(1)治疗前详细检查所有病畜,查出所有病变,便于全面治疗,以免遗漏。

(2)将患部及周围 3～4 cm 处被毛剪去，用湿肥皂水彻底刷洗，去硬痂与污物，然后用 2%来苏儿液刷洗一次。

(3)涂药：治疗螨病的药物很多，仅介绍两个敌百虫配方：一是配制成 5%的敌百虫水溶液，也可用敌百虫 1 份加液体石蜡 4 份加温溶解备用。二是配制敌百虫软膏。取强发泡膏 100 g 加温溶解后，加入菜子油 700 mL，克辽林 100 mL，再加入敌百虫 100 g，混匀凉至 40℃，供患部涂擦用。涂擦治疗螨病药物，必须涂擦 2～3 次，每次间隔 5 d，以便杀死新幼虫，达到彻底根治目的。

(三)牛皮蝇蚴病

1. 病原

牛皮蝇蚴病是由牛皮蝇和纹皮蝇的幼虫寄生在牛的背部皮下组织而引起的一种慢性寄生虫病。

2. 症状

当夏季成蝇飞向牛群在牛体产卵时，引起牛恐惧，精神不安，乱跑，影响休息与采食，也易造成外伤或流产。当幼虫寄生在牛背部皮下于春天脱出时，背部出现脓包、脓肿。用手挤皮下脓包可挤出虫体。寄生的虫体多时，使牛消瘦、贫血。

3. 防治

防治牛皮蝇蚴病要抓住关键性环节，对成蝇、卵、幼虫、蛹的各阶段采取措施。从实际出发，消灭第三期幼虫。

(1)机械灭虫　在幼虫成熟末期，当牛背部皮肤穿孔增大时，可见到第三期幼虫末端，用手或厚玻璃瓶、圆木棒等把幼虫挤出，就地消灭。由于牛皮蝇蚴不是同一时期成熟，所以机械灭虫要反复进行多次，每 10 d 一次，效果较好。

(2)药物灭虫　用 2%敌百虫水溶液 300 mL，在牛背部皮肤涂擦，用药后 24 h 大部分虫体死亡，一次用药疗效达 90%左右。每年 3 月中旬到 5 月底，每隔 30 d 涂药 1 次，用药 2～3 次，效果很好。

(3)消灭移行期间幼虫　蝇毒磷，每千克体重 10 mg，臀部注射；倍硫磷，成牛量 15 mL，青壮年牛 11.5 mL，犊牛 0.51 mL，臀部肌肉注射，每年 11 月份用药，对第一、二期幼虫杀虫率达 95%以上；乐果，用酒精把乐果稀释成 5%浓度，成牛 4～5 mL，青壮年牛 2～3 mL，犊牛 1～2 mL，肌肉注射，对第二、三期幼虫有较好杀灭作用，每年 2 月下旬到 3 月上旬用药。

(4)杀灭第一期幼虫　本病流行地区，成蝇飞翔季节，向牛体喷洒药物，可杀死由虫卵孵出的第一期幼虫。

本章小结

- 牛群保健与疾病控制技术
  - 保健
    - 牛群保健
      - 牛群保健目标
      - 牛群保健内容
    - 健康管理
      - 瘤胃健康管理
      - 奶牛乳房健康管理
      - 繁殖障碍预防
      - 肢蹄保健
      - 营养代谢病的监控
  - 防疫和检疫
    - 消毒
    - 免疫接种
    - 检疫
  - 常见疾病防治技术
    - 传染病
    - 营养代谢病与中毒病
    - 内科病
    - 产科病
    - 犊牛疾病
    - 外科病
    - 寄生虫病

复习思考题

1. 牛群保健的目标和健康管理包括哪些?

2. 营养代谢病的监控包括哪些内容?

3. 简述牛场消毒措施及常用的消毒药。

4. 什么是免疫接种、免疫程序?根据所学知识给一牛场制定一个简单的免疫程序。

5. 简述牛结核病的临床症状和防治措施。

6. 简述口蹄疫的临床特征及防治办法。

7. 简述牛常见的营养代谢病防治措施。

8. 简述瘤胃臌胀的病因、症状及防治办法。

9. 简述奶牛乳房炎的病因、症状及防治办法。

10. 简述牛腐蹄病、创伤、疝的治疗措施。

第十章　养牛生产实训指导

实训一　牛品种识别

(一)实训目的

掌握主要奶牛、肉牛和兼用牛品种的一般外貌特征、生产性能及优缺点，能识别主要牛品种。

(二)实训条件

奶牛、肉牛和兼用牛品种图片、幻灯片或者视频资料。

(三)实训内容

1.参观牛场，认识品种。

2.看幻灯、录像、图片，认识品种。

(四)操作要点

1.由教师讲解乳用牛(以荷斯坦牛为代表)、肉用牛(以安格斯牛或夏洛来牛为代表)、乳肉兼用牛(以西门塔尔牛和三河牛为代表)及中国黄牛(以南阳牛、秦川牛等为代表)的一般外貌特征、生产性能及优缺点等，结合讲解品种产地与分布状况。

2.结合讲解内容，展示有关牛品种的视频片段、幻灯片或图片等。

3.反复观看不同经济类型牛的视频片段、幻灯片或图片，以比较品种外貌特征间的差异，从而形成深刻印象。

(五)实训作业

每人随机抽取牛图片 20 张，识别品种，考核如下：

——回答完全正确者为优秀；

——回答正确 16 个以上者为良好；

——回答正确 14 个以上者为中等；

——回答正确 12 个以上者为及格；

——回答正确 11 个以下者为不及格。

实训二 牛的体型外貌鉴定

(一)实训目的

牛的体型外貌鉴定是评定牛只优劣的主要方法之一，通常包括评分鉴定、测量鉴定和线性评定及奶牛的体况评定。通过实习，初步掌握乳用牛和肉牛的外貌鉴定标准和具体鉴定方法，培养学生通过体型外貌来评定牛只优劣的能力。

(二)实训条件

1. 测杖、皮卷尺、圆形触测器(也称骨盆测定器)、测角计和牛鼻钳等。

2. 奶牛和肉牛若干头。

(三)实训内容

1. 外貌评分鉴定

2. 测量鉴定

3. 线性外貌评定

4. 奶牛的体况评定

(四)操作要点

具体操作方法和要点可参考本书第二章内容。

(五)实训作业

将牛的体型外貌鉴定结果写成实训报告。

实训三 挤奶技术

(一)实训目的

了解奶牛机械挤奶的基本原理，熟悉挤奶机的结构，掌握机械挤奶和手工挤奶的操作方法。

(二)实训条件

泌乳母牛若干头、机械挤奶机、奶桶、毛巾、水盆、温水、药浴液、小板凳、台秤等。

(三)实训内容

1. 机械挤奶

2. 手工挤奶

(四)操作要点

1. 机械挤奶操作要点

保持环境舒适、安静、卫生，调整挤奶设备，检查奶牛乳房健康状况，擦洗及按摩乳房,检查头两把奶有无异常,套奶杯,挤奶,及时卸杯,药浴乳头和清洗器具等。

2.手工挤奶操作要点

具体操作方法和要点可参考本书第六章第三节相关内容。

(五)实训作业

写出手工挤奶及机械挤奶操作程序和体会。

实训四　原料乳质量检测

(一)实训目的

了解原料乳质量检测的重要性,掌握牛奶样品的感官鉴定和密度测定方法、牛奶新鲜度及乳脂率测定方法的技术要点。

(二)实训条件

鲜牛乳、玻璃器皿(玻璃试管、平皿、烧杯、量筒)、乳脂测定仪(全乳成分测定仪)、酒精灯、试剂盒等。

(三)实训内容

1.乳的感官与密度测定

2.乳新鲜度及乳脂率的测定

(四)操作要点

1.乳的感官鉴定

2.乳的密度测定

3.乳的新鲜度测定

4.乳脂率测定

具体操作方法和要点可参考本书第二章第二节相关内容。

(五)实训作业

取不同奶样进行测定,写出实训报告,并对牛奶质量进行评价。

实训五　肉牛屠宰试验

一、肉牛屠宰与肉用性能测定

(一)实训目的

肉牛屠宰试验是测定、评价肉牛产肉性能高低的重要基础。通过本实验,应掌握正确的肉牛屠宰试验程序与方法。

(二)实训条件

实验牛及有关器具,所需器具包括:

1. 刀具:刮刀、剥皮刀若干把。

2. 衡器:1 000 kg 磅秤 1 台,200 kg 磅秤 1 台,20 kg 盘秤 1 杆。

3. 皮卷尺 1 条(5 m),体尺测杖 1 根,游标卡尺 1 把,求积仪 1 套。

4. 粗、细麻绳若干根(10 m),细线绳若干。

5. 塑料大盆 6 个,水桶 2 个,钢锯 1 把(锯条若干)。

6. 记录本、笔若干。

7. 工作服若干套。

(三)实训内容

1. 肉牛屠宰

2. 肉用性能测定

(四)操作要点

1. 宰前准备

2. 屠宰前评膘

3. 屠宰规格和要求

4. 肉用性能测定

具体内容可参考第二章第二节。

二、牛肉的质量评定

(一)实训目的

通过测定牛肉样的嫩度、系水力、大理石纹评分等牛肉质量指标,掌握牛的胴体分级、肉质评定的基本方法和相关仪器设备的使用方法。

(二)实训条件

新鲜牛肉若干,直径为 2.52 cm 和 1.27 cm 的圆形取样器,匀浆机,离心机,pH 仪(或直插式酸度仪),扭力天平,切刀,膨胀压缩仪,嫩度测定仪,大理石纹评分图版,比色板,100 mL 烧杯,铅笔。

(三)实训内容

牛肉系水力、嫩度和 pH 值测定;大理石纹评分。

(四)操作要点

1. 系水力的测定步骤

使用 343 N(35 kgf)压力测定肌肉失水率,失水率越高,系水力越低。取第1~

2腰椎背最长肌，切成1.0 cm厚的薄片，再用直径为2.52 cm的圆形取样器（面积5 cm^2）取样，称重并记录，上下各垫18层滤纸，然后用膨胀压缩仪加压343 N（35 kgf），持续3 min，撤除压力后称取肉样重并记录。计算肌肉失水率，再根据肌肉含水量的实测值计算系水力，公式为

系水力＝（肌肉含水量－肉样被压出水量）/肌肉含水量×100％

或　　系水力＝（压前肉样重－压后肉样重）/压前肉样重×100％

2.嫩度的测定步骤

将测试样品按与肌纤维平行的方向用直径1.27 cm的圆形取样器顺肌纤维方向横切肉样块，做10个重复。按嫩度测定仪使用说明书操作。测定时切刀与肉样垂直，打开电源开关，切断肉块，直接从表盘读取最大用力值即剪切值。记录10个肉块的剪切力值，计算算术平均数，单位取牛顿（N）或kgf。

3.大理石纹评分测定

使用国际标准的大理石纹评分图版，对照眼肌横截面的肌肉间脂肪的含量及分布情况进行主观打分。

4.pH值测定

取牛肉5～10 g，放入100 mL烧杯中，加入蒸馏水5～10 mL，在匀浆机中打碎，放离心机中离心后取上清液用pH仪测定（或用直插式酸度仪直接插入肌肉间测定）。

三、实训作业

将屠宰、肉用性能和肉质测定结果写成实训报告，并进行简要的分析。

实训六　奶牛的日粮配合技术

（一）实训目的

掌握奶牛日粮配合的技术要点和方法。

（二）实训条件

计算器、电脑、奶牛饲养标准、常规饲料营养成分表。

（三）实训内容

泌乳奶牛的日粮配合和评价。

（四）操作要点

具体内容可参考第五章第四节。

(五)实训作业

通过本次实训,为体重 600 kg、日产奶量 30 kg、乳脂率 3.4%的泌乳奶牛设计精料补充料配方与泌乳期为 30～50 d 的 TMR 日粮配方。

实训七 牛病检疫和防疫技术

(一)实训目的

掌握牛布氏杆菌病、牛结核病的检疫技术;熟悉养牛场防疫制度和防疫计划的编制内容,能根据实际情况编制牛场防疫制度和防疫计划;了解牛场的免疫接种程序。

(二)实训条件

试验牛、布氏杆菌试管凝集抗原及平板凝集抗原、平板凝集试验箱、牛型提纯结核菌素(PPD)、5%碘酊、润滑油、橡胶瓶、橡皮管、采血针头、5%碘酊棉球、70%酒精棉球、来苏儿、毛巾、脸盆、工作服、灭菌小试管、鼻钳、注射器、针头、镊子、检疫记录表、预防接种计划表、牛免疫程序表等。

(三)实训内容

牛布氏杆菌病、牛结核病的检疫技术;牛场防疫制度和免疫程序的制定。

(四)操作要点

具体可参考第九章第二节相关内容。

(五)实训作业

1. 以实训报告的形式写出检疫两种传染病的操作方法和对试验牛的检测结果。

2. 根据本地区情况有针对性地制定奶牛场或肉牛场防疫计划。

实训八 奶牛场常规繁殖技术

一、母牛的发情鉴定

(一)实训目的

通过实际观察与操作,掌握母牛发情鉴定的基本方法和要领。加强练习,提高熟练程度。

(二)实训条件

事先将经过同期发情处理的少数母牛混在牛群中,牛用阴道开膣器,手电筒或其他光源，润滑剂(液体石蜡等)，肥皂水，70%酒精棉球，pH 试纸，长臂乳胶或薄塑料手套，牛保定架，牛鼻钳等。

(三)实训内容

母牛的发情鉴定。

(四)操作要点

具体内容可参考第四章第二节。

(五)实训作业

写出观察或检测结果，给出结论：耳号为 XX 的母牛，发情与否，如若发情，写出处在发情的哪个阶段，是否已经排卵，并建议何时输精。

二、牛的人工输精技术

(一)实训目的

通过本次实训，熟悉牛人工输精的各项技术环节，更好地掌握牛的人工输精方法，为在生产实践中提高人工输精受胎率奠定基础。

(二)实训条件

待配母牛若干头，液氮罐及冷冻精液，灭菌试管，恒温水浴箱，显微镜，2.9%柠檬酸钠溶液，烧杯，血细胞计算板，红细胞吸管，载玻片，盖玻片，输精枪，消毒液，乳胶手套，开膣器，反光镜或手电筒等。

(三)实训内容

牛的人工输精技术。

(四)实训方法与步骤

具体内容可参考第四章第二节。

(五)实训作业

以实训报告的形式写出输精的具体操作过程，并找出差距，提出改进意见。

三、牛的妊娠诊断

(一)实训目的

通过本次实训，熟悉牛的妊娠诊断的各种方法，以减少牛的空怀率，从而保证胎儿的正常发育，防止胚胎早期死亡或流产。

(二)实训条件

配种后 30～90 d 的母牛若干头，妊娠母牛外部触诊法挂图，保定器械，开膣器，石蜡油，手电筒，5%碘酒等。

(三)实训内容

牛的早期妊娠诊断。

(四)实训方法与步骤

具体内容可参考第四章第二节。

(五)实训作业

将检查结果写出实训报告,并诊断是否怀孕或怀孕时间长短。

实训九　奶牛场的规划与牛舍建筑设计

(一)实训目的

通过参观及实际设计,掌握奶牛场的总体规划及牛舍建筑设计。

(二)实训条件

幻灯设备、牛场实例图片、绘画纸、碳素笔、2B 铅笔、圆规及三角板等。

(三)实训内容

奶牛场的规划设计与牛舍建筑设计。

(四)实训方法及步骤

具体内容可参考第八章第一、二节。

(五)实训作业

设计一个 500 头规模的奶牛场。要求设计科学合理,经济耐用,具有实际应用的价值。

实训十　奶牛场生产计划编制

(一)实训目的

通过实训初步掌握奶牛场配种产犊计划、牛群周转计划、饲料供应计划、产奶计划的编制。

(二)实训条件

1. 配种产犊计划

牛场上年度母牛分娩、配种记录;牛场前年和上年度所生的育成母牛的出生日期记录;牛场配种产犊类型及历年的牛群配种繁殖成绩。

2. 牛群周转计划

牛场上年度末各类奶牛的实有数量、年龄、胎次、生产性能及健康状况;计划年度内牛群配种产犊计划；计划年度要淘汰、出售或购进的牛只数量及计划年度末各类牛要达到的数量和生产水平。

3. 饲料供应计划

奶牛场牛群的基本情况以及本地可提供饲料的品种；不同时期奶牛的饲养标准和营养需要量。

4. 产奶计划

计划年初泌乳母牛的数量和去年母牛产犊时间；计划年成母牛和育成牛分娩的数量和时间；每头母牛的泌乳曲线；奶牛胎次产奶规律。

(三)实训内容

学习奶牛场配种产犊计划、牛群周转计划、饲料供应计划、产奶计划的编制。

(四)实训方法与步骤

具体内容可参见第六章第五节。

(五)实训作业

根据实训案例基础资料，自己课下独立编制奶牛场配种产犊计划、牛群周转计划、饲料供应计划、产奶计划。

附　　录

附录一　无公害食品　生鲜牛乳(NY 5045—2001)

1　范围

本标准规定了无公害食品生鲜牛乳的术语、技术要求、试验方法、检验规则、贮存、运输。

本标准适用于饲养环境无污染，使用无公害饲料饲养的健康母牛产出的天然乳汁。

2　规范性引用文件

下列文件中的条款通过本标准的引用而成为本标准的条款。凡是注日期的引用文件，其随后所有的修改单(不包括勘误的内容)或修订版均不适用于本标准，然而，鼓励根据本标准达成协议的各方研究是否可使用这些文件的最新版本。凡是不注日期的引用文件，其最新版本适用于本标准。

GB 4789.2　食品卫生微生物学检验　菌落总数测定

GB 4789.18　食品卫生微生物学检验　乳与乳制品检验

GB/T 5009.11　食品中总砷的测定方法

GB/T 5009.12　食品中铅的测定方法

GB/T 5009.17　食品中总汞的测定方法

GB/T 5009.19　食品中六六六、滴滴涕残留量的测定方法

GB/T 5009.20　食品中有机磷农药残留量的测定方法

GB/T 5009.24　食品中黄曲霉毒素 M_1 和 B_1 的测定方法

GB/T 5009.36　粮食卫生标准的分析方法

GB/T 5409—1985　牛乳检验方法

GB/T 5413.1　婴幼儿配方食品和乳粉　蛋白质的测定

GB/T 5413.30　乳与乳粉　杂质度的测定

GB/T 5413.32　乳粉　硝酸盐、亚硝酸盐的测定

GB/T 14876　食品中甲胺磷和乙酰甲胺磷农药残留量的测定方法

GB/T 14962　食品中铬的测定方法

NY/T 5049　奶牛饲养管理准则

3 基本要求

生产无公害生鲜牛乳的奶牛饲养管理方式应符合 NY/T 5049 要求。

4 技术要求

4.1 生鲜牛乳产地环境要求

应符合无公害食品产地的环境标准。

4.2 感官要求

应符合表 1 规定。

表 1　感官要求

项　目	指　标
色泽	呈乳白色或稍带微黄色
组织状态	呈均匀的胶态流体,无沉淀,无凝块,无肉眼可见杂质和其他异物
滋味与气味	具有新鲜牛乳固有的香味,无其他异味

4.3 理化要求

应符合表 2 规定。

表 2　理化要求

项　目	指　标
相对密度 d_4^{20}	1.028～1.032
脂肪,%	≥3.2
蛋白质,%	≥3.0
非脂乳固体,%	≥8.3
酸度,°T	≤18.0
杂质度,mg/kg	≤4

4.4 卫生要求

应符合表 3 规定。

表 3　卫生要求

项　目	指　标
汞(以 Hg 计),mg/kg	≤0.01
砷(以 As 计),mg/kg	≤0.2

续表 3

项目	指标
铅(以 Pb 计),mg/kg	≤0.05
铬(以 Cr^{6+} 计),mg/kg	≤0.3
硝酸盐(以 $NaNO_3$ 计),mg/kg	≤8.0
亚硝酸盐(以 $NaNO_2$ 计),mg/kg	≤0.2
六六六,mg/kg	≤0.05
滴滴涕,mg/kg	≤0.02
黄曲霉毒素 M_1,μg/kg	≤0.2
抗生素	不得检出
马拉硫磷,mg/kg	≤0.1
倍硫磷,mg/kg	≤0.01
甲胺磷,mg/kg	≤0.2

4.5 微生物要求

应符合表 4 规定。

表 4 微生物要求

项目	指标
菌落总数,cfu/mL	≤500 000

4.6 掺假项目

不得在生鲜牛乳中掺入碱性物质、淀粉、食盐、蔗糖等非乳物质。

5 检验方法

5.1 感官检验

5.1.1 色泽和组织状态:取适量试样于 50 mL 烧杯中,在自然光下观察色泽和组织状态。

5.1.2 滋味和气味:取适量试样于 50 mL 烧杯中,先闻气味,然后用温开水漱口,再品尝样品的滋味。

5.2 理化检验

5.2.1 密度:按 GB/T 5409 检验。

5.2.2 脂肪:按 GB/T 5409 检验。

5.2.3 蛋白质:按 GB/T 5413.1 检验。

5.2.4 非脂乳固体:按 GB/T 5409 检验。

5.2.5 酸度:按 GB/T 5409 检验。

5.2.6 杂质度:按 GB/T 5413.30 检验。

5.3 卫生检验

5.3.1 汞:按 GB/T 5009.17 检验。

5.3.2 砷:按 GB/T 5009.11 检验。

5.3.3 铅:按 GB/T 5009.12 检验。

5.3.4 铬:按 GB/T 14962 检验。

5.3.5 硝酸盐、亚硝酸盐:按 GB/T 5413.32 检验。

5.3.6 六六六、滴滴涕:按 GB/T 5009.19 检验。

5.3.7 黄曲霉毒素 M_1:按 GB/T 5009.24 检验。

5.3.8 抗生素:按 GB/T 5409 检验。

5.3.9 马拉硫磷:按 GB/T 5009.36 检验。

5.3.10 倍硫磷:按 GB/T 5009.20 检验。

5.3.11 甲胺磷:按 GB/T 14876 检验。

5.4 微生物检验

菌落总数:按 GB 4789.2 和 GB 4789.18 检验。

5.5 掺假检验

5.5.1 碱性物质:按 GB/T 5409—1985 中 2.8 检验。

5.5.2 淀粉:按 GB/T 5409—1985 中 2.11 检验。

5.5.3 食盐:按 GB/T 5409—1985 中 2.6.1.2 检验。

5.5.4 蔗糖:按 GB/T 5409—1985 中 2.10 检验。

6 检验规则

6.1 组批规则

以同一天,装载在同一贮存或运输器具中的产品为一组批。

6.2 抽样方法

在贮存容器内搅拌均匀后或在运输器具内搅拌均匀后从顶部、中部、底部等量随机抽取,或在运输器具出料时连续等量抽取,混合成 4 L 样品供交收检验,或 8 L 样品供型式检验。

6.3 型式检验

型式检验是对产品进行全面考核,即检验技术要求中全部项目。在下列情况之一时应进行型式检验:

a)新建牧场首次投产运行时；

b)正式生产后，牛乳发生质量问题时；

c)乳牛饲料的组成发生变更或用量调整时；

d)牧场长期停产后，恢复生产时；

e)交收检验与上次例行检验有较大差异时；

f)国家质量监督机构提出进行例行检验的要求时。

6.4 交收检验

交收检验的项目包括感官、理化要求、微生物要求、掺假的全部项目，为交收双方的结算依据。

6.5 判定规则

6.5.1 在型式检验中卫生要求有一项指标检验不合格，则该牧场应进行整改，经整改复查合格，则判为合格产品，否则判为不合格产品。

6.5.2 在交收检验项目中，有一项掺假项目指标被检出，则该批产品判为不合格产品。

7 盛装、贮存和运输

7.1 生鲜牛乳的盛装应采用表面光滑的不锈钢制成的桶和贮奶罐或由食品级塑料制成的存乳容器。

7.2 应采取机械化挤奶、管道输送，用奶槽车运往加工厂，从挤奶产出至用于加工前不超过 24 h，乳温应保持 6℃以下。

7.3 生鲜牛乳的运输应使用奶槽车。

7.4 所有的存乳和储存容器使用后应及时清洗和消毒。

附录二　无公害食品　奶牛饲养兽药使用准则(NY 5046—2001)

1　范围

本标准规定了生产无公害食品的奶牛饲养过程中允许使用的兽药种类及其使用准则。

本标准适用于无公害食品的奶牛饲养过程的生产、管理和认证。

2　规范性引用文件

下列文件中的条款通过本标准的引用而成为本标准的条款。凡是注日期的引用文件,其随后所有的修改单(不包括勘误的内容)或修订版均不适用于本标准,然而,鼓励根据本标准达成协议的各方研究是否可使用这些文件的最新版本。凡是不注日期的引用文件,其最新版本适用于本标准。

NY/T 388　畜禽场环境质量标准

NY 5027　无公害食品　畜禽饮用水水质

NY 5047　无公害食品　奶牛饲养兽医防疫准则

NY 5048　无公害食品　奶牛饲养饲料使用准则

NY/T 5049　无公害食品　奶牛饲养管理准则

中华人民共和国兽药典

中华人民共和国兽药规范

中华人民共和国兽用生物制品质量标准

兽药管理条例

中华人民共和国动物防疫法

进口兽药质量标准

兽药质量标准

饲料药物添加剂使用规范

3　术语和定义

下列术语和定义适用于本标准。

3.1　奶牛 dairy cattle

以产乳性能为主要选择目的,经过系统选育,达到一定水平的专门化牛种的统称。

3.2 兽药 veterinary drug

用于预防、治疗和诊断畜禽等动物疾病，有目的地调节其生理机能并规定作用、用途、用法、用量的物质（含饲料药物添加剂）。包括：血清、疫苗、诊断液等生物制品；兽用的中药材、中成药、化学原料及其制剂；抗生素、生化药品、放射性药品。

3.2.1 抗菌药 antibacterial drug

能够抑制或杀灭病原菌的药物，其中包括中药材、中成药、化学药品、抗生素及其制剂。

3.2.2 抗寄生虫药 antiparasitic drug

能够杀灭或驱除动物体内、体外寄生虫的药物，其中包括中药材、中成药、化学药品、抗生素及其制剂。

3.2.3 生殖激素类药 reproductive hormonic drug

直接影响或间接影响动物生殖机能的激素类药物。

3.2.4 疫苗 vaccine

由特定细菌、病毒、立克次氏体、螺旋体、支原体等微生物以及寄生虫制成的主动免疫制品。

3.2.5 消毒防腐剂 disinfectant and preservative

用于杀灭环境中的有害微生物、防止疾病发生和传染的药物。

3.2.6 饲料药物添加剂 medicated feed additive

为预防、治疗动物疾病而掺入载体或者稀释剂的兽药的预混物，包括抗球虫药类、驱虫剂类、抑菌促生长类等。

3.3 休药期 withdrawal period

食品动物从停止给药到许可屠宰或它们的产品（乳、蛋）许可上市的间隔时间。

3.4 奶废弃期 withdrawal period for milk

奶牛从停止给药到它们所产的奶许可上市的间隔时间。

4 使用准则

奶牛养殖场的饲养环境应符合 NY/T 388 的规定。奶牛饲养者应供给奶牛充足的营养，所用饲料、饲料添加剂和饮水应符合《饲料和饲料添加剂管理条例》、NY 5048 和 NY 5027 的规定，按照 NY/T 5049 加强饲养管理，采取各种措施以减少应激，增强动物自身的免疫力。应严格按照《中华人民共和国动物防疫法》和

NY 5047 的规定进行预防，建立严格的生物安全体系，防止奶牛发病和死亡，最大限度地减少化学药品和抗生素的使用。确需使用治疗用药的，经实验室诊断确诊后再对症下药，兽药的使用应有兽医处方并在兽医的指导下进行。用于预防、治疗和诊断疾病的兽药应符合《中华人民共和国兽药典》、《中华人民共和国兽药规范》、《中华人民共和国兽用生物制品质量标准》、《兽药质量标准》、《进口兽药质量标准》和《饲料药物添加剂使用规范》的相关规定。所用兽药应来自具有《兽药生产许可证》和产品批准文号的生产企业或者具有《进口兽药许可证》的供应商。所用兽药的标签应符合《兽药管理条例》的规定。使用兽药时，还应遵循以下原则。

4.1 应使用符合《中华人民共和国兽用生物制品质量标准》规定的疫苗预防奶牛疾病。

4.2 允许使用消毒防腐剂对饲养环境、厩舍和器具进行消毒。但不能使用酚类消毒剂。

4.3 允许使用符合《中华人民共和国兽药典》二部和《中华人民共和国兽药规范》二部规定的用于奶牛疾病预防和治疗的中药材和中成药。

4.4 允许使用符合《中华人民共和国兽药典》、《中华人民共和国兽药规范》、《兽药质量标准》和《进口兽药质量标准》规定的钙、磷、硒、钾等补充药，酸碱平衡药，体液补充药，电解质补充药，血容量补充药，抗贫血药，维生素类药，吸附药，泻药，润滑剂，酸化剂，局部止血药，收敛药和助消化药。

4.5 允许使用国家兽药管理部门批准的微生态制剂。

4.6 允许使用附录 A 中的抗菌药、抗寄生虫药和生殖激素类药，使用中应注意以下几点：

a)严格遵守规定的给药途径、使用剂量、疗程和注意事项；

b)休药期应严格遵守附录 A 中规定的时间；

c)附录 A 中未规定休药期的品种，应遵守肉不少于 28 天、奶废弃期不少于 7 天的规定；

d)抗寄生虫药外用时注意避免污染鲜奶。

4.7 慎用作用于神经系统、循环系统、呼吸系统、泌尿系统的兽药及其他兽药。

4.8 建立并保存奶牛的免疫程序记录；建立并保存患病奶牛的治疗记录，包括患病奶牛的畜号或其他标志、发病时间及症状、治疗用药的经过、治疗时间、疗程、所用药物商品名称及有效成分。

4.9 禁止使用有致畸、致癌和致突变作用的兽药。

4.10 禁止在饲料及饲料产品中添加未经国家畜牧兽医行政管理部门批准

的《饲料药物添加剂使用规范》以外的兽药品种，特别是影响奶牛生殖的激素类药、具有雌激素样作用的物质、催眠镇静药和肾上腺素能药等兽药。

4.11 禁止使用未经国家畜牧兽医行政管理部门批准作为兽药使用的药物。

4.12 禁止使用未经国家畜牧兽医行政管理部门批准的用基因工程方法生产的兽药。

附录三　无公害食品　奶牛饲养兽医防疫准则(NY 5047—2001)

1　范围

本标准规定了生产无公害食品的奶牛场在疫病的预防、监测、控制和扑灭方面的兽医防疫准则。

本标准适用于生产无公害食品奶牛场的卫生防疫。

2　规范性引用文件

下列文件中的条款通过本标准的引用而成为本标准的条款。凡是注日期的引用文件,其随后所有的修改单(不包括勘误的内容)或修订版均不适用于本标准,然而,鼓励根据本标准达成协议的各方研究是否可使用这些文件的最新版本。凡是不注日期的引用文件,其最新版本适用于本标准。

GB 16568　奶牛场卫生及检疫规范

GB/T 16569　畜禽产品消毒规范

NY/T 388　畜禽场环境质量标准

NY 5027　无公害食品　畜禽饮用水水质

NY 5046　无公害食品　奶牛饲养兽药使用准则

NY 5048　无公害食品　奶牛饲养饲料使用准则

NY/T 5049　无公害食品　奶牛饲养管理准则

中华人民共和国动物防疫法

3　术语和定义

下列术语和定义适用于本标准。

3.1　动物疫病 animal epidemic disease

动物的传染病和寄生虫病。

3.2　病原体 pathogen

能引起疾病的生物体,包括寄生虫和致病微生物。

3.3　动物防疫 animal epidemic prevention

动物疫病的预防、控制、扑灭和动物、动物产品的检疫。

4 疫病预防

4.1 环境卫生条件

奶牛场的环境卫生质量应符合 NY/T 388 规定的要求。

4.2 奶牛场的卫生条件

4.2.1 具有清洁、无污染的水源，应符合 NY 5027 规定的要求。

4.2.2 奶牛场应设管理和生活区、生产和饲养区、生产辅助区、畜粪堆贮区和病牛隔离区，各区应相互隔离。运送饲料和生奶的道路与装运牛粪的道路应分设，并尽可能减少交叉点。

4.2.3 非生产人员一般不允许进入生产区。特殊情况下，非生产人员需经淋浴消毒后方可入场，并遵守场内的一切防疫制度。

4.2.4 应按照 NY/T 5049 规定的要求建立规范的消毒方法。

4.2.5 奶牛场内不准屠宰和解剖牛只。

4.2.6 不从有牛海绵状脑病的国家引进牛只；外来或购入的奶牛需有兽医检疫部门的检疫合格证，并经隔离观察和检疫后，确认无传染病时方可并群饲养。

4.2.7 挤奶人员须经奶牛泌乳生理和挤奶操作工艺的培训合格后才能上岗操作。

除上述规定外，奶牛场的选址、布局、设施及其卫生要求、工作人员健康卫生要求、生奶存放及运输卫生要求、防疫卫生等应符合 GB 16568 及 NY/T 5049 规定的要求。

4.3 饲料、饲料添加剂和兽药的要求

4.3.1 饲料和饲料添加剂的使用应符合 NY 5048 规定的要求，禁止饲喂反刍动物源性肉骨粉。

4.3.2 兽药的使用应符合 NY 5046 规定的要求。

4.4 饲养管理要求

奶牛场的饲养管理应符合 NY/T 5049 规定的要求。

4.5 免疫接种

奶牛场应根据《中华人民共和国动物防疫法》及其配套法规的要求，结合当地实际情况，有选择地进行疫病的预防接种工作，并注意选择适宜的疫苗、免疫程序和免疫方法。

5 疫病监测

5.1 奶牛场应依照《中华人民共和国动物防疫法》及其配套法规的要求，结

合当地实际情况，制定疫病监测方案。

5.2 奶牛场常规监测的疾病至少应包括：口蹄疫、蓝舌病、炭疽、牛白血病、结核病、布鲁氏菌病。同时需注意监测我国已扑灭的疫病和外来病的传入，如牛瘟、牛传染性胸膜肺炎、牛海绵状脑病等。

除上述疫病外，还应根据当地实际情况，选择其他一些必要的疫病进行监测。

5.3 母牛在干乳前 15 天作隐性乳腺炎检验，在干乳时用有效的抗菌制剂封闭治疗。

5.4 根据当地实际情况由动物疫病监测机构定期或不定期进行必要的疫病监督抽查，并将抽查结果报告当地畜牧兽医行政管理部门。

6 疫病控制和扑灭

奶牛场发生疫病或怀疑发生疫病时，应依据《中华人民共和国动物防疫法》及时采取以下措施：

6.1 驻场兽医应及时进行诊断，并尽快向当地畜牧兽医行政管理部门报告疫情。

6.2 确诊发生口蹄疫、牛瘟、牛传染性胸膜肺炎时，奶牛场应配合当地畜牧兽医管理部门，对牛群实施严格的隔离、扑杀措施；发生牛海绵状脑病时，除了对牛群实施严格的隔离、扑杀措施外，还需追踪调查病牛的亲代和子代；发生炭疽时，只扑杀病牛；发生蓝舌病、牛白血病、结核病、布鲁氏菌病等疫病时，应对牛群实施清群和净化措施；全场进行彻底的清洗消毒，病死或淘汰牛的尸体按 GB 16548 进行无害化处理，消毒按 GB/T 16569 进行。

7 纪录

每群奶牛都应有相关的资料记录，其内容包括：奶牛来源，饲料消耗情况，发病率、死亡率及发病死亡原因，无害化处理情况，实验室检查及其结果，用药及免疫接种情况。所有记录应在清群后保存两年以上。

附录四　无公害食品　奶牛饲养管理准则(NY 5049—2001)

1　范围

本标准规定了无公害牛奶生产过程中引种、环境、饲养、消毒、用药、防疫、牛奶收集和废弃物处理各环节应遵循的准则。

本标准适用于所有奶牛养殖场无公害牛奶生产的饲养与管理。

2　规范性引用文件

下列文件中的条款通过本标准的引用而成为本标准的条款。凡是注日期的引用文件,其随后所有的修改单(不包括勘误的内容)或修订版均不适用于本标准,然而,鼓励根据本标准达成协议的各方研究是否可使用这些文件的最新版本。凡是不注日期的引用文件,其最新版本适用于本标准。

GB 16548　畜禽病害肉尸及其产品无害化处理规程

GB 16567　种畜禽调运检疫技术规范

NY/T 388　畜禽场环境质量标准

NY 5027　无公害食品　畜禽饮用水水质

NY 5045　无公害食品　生鲜牛乳

NY 5046　无公害食品　奶牛饲养兽药使用准则

NY 5047　无公害食品　奶牛饲养兽医防疫准则

NY 5048　无公害食品　奶牛饲养饲料使用准则

奶牛营养需要和饲养标准(第二版)

3　术语和定义

下列术语和定义适用于本标准。

3.1　净道 non-pollution road

牛群周转、饲养员行走、场内运送饲料、奶车出入的专用道路。

3.2　污道 pollution road

粪便等废弃物、淘汰牛出场的道路。

3.3　牛场废弃物 cattle farm waste

主要包括牛粪、尿、死牛、褥草、过期兽药、残余疫苗、疫苗瓶和污水。

4 引种

4.1 引进种牛，应按照 GB 16567 进行检疫。

4.2 引进的种牛，隔离观察至少 30～45 天，经兽医检疫部门检查确定为健康合格后，方可供繁殖使用。

4.3 不应从疫区引进种牛。

5 牛场环境与工艺

5.1 奶牛场应建在地势平坦干燥、背风向阳，排水良好，场地水源充足、未被污染和没有发生过任何传染病的地方。

5.2 牛舍应具备良好的清粪排尿系统。

5.3 牛舍内的温度、湿度、气流（风速）和光照应满足奶牛不同饲养阶段的需求，以降低牛群发生疾病的机会。

5.4 牛舍内空气质量应符合 NY/T 388 的规定。

5.5 牛舍地面和墙壁应选用适宜材料，以便于进行彻底清洗消毒。

5.6 牛场内应分设管理区、生产区及粪污处理区，管理区和生产区应处上风向，粪污处理区应处下风向。

5.7 牛场净道和污道应分开，污道在下风向，雨水和污水应分开。

5.8 牛场周围应设绿化隔离带。

5.9 牛场排污应遵循减量化、无害化和资源化的原则。

6 饲养条件

6.1 饲料和饲料添加剂

6.1.1 饲料及添加剂的使用应符合 NY 5048 的规定。

6.1.2 奶牛的不同生长时期和生理阶段至少应达到《奶牛营养需要和饲养标准》（第二版）要求，可参考使用地方奶牛饲养规范（规程）。

6.1.3 不应在饲料中额外添加未经国家有关部门批准使用的各种化学、生物制剂及保护剂（如抗氧化剂、防霉剂）等添加剂。

6.1.4 应清除饲料中的金属异物和泥沙。

6.2 兽药使用

6.2.1 对于治疗患疾病奶牛及必须使用药物处理时，应按照 NY 5046 执行。

6.2.2 泌乳牛在正常情况下禁止使用任何药物，必须用药时，在药物残留期间的牛乳不应作为商品牛乳出售，牛乳在上市前应按规定停药，应准确计算停药时间和弃乳期。

6.2.3 不应使用未经有关部门批准使用的激素类药物(如促卵泡发育、排卵和催产等药剂)及抗生素。

6.3 防疫

牛群的免疫应符合 NY 5047 的规定。

6.4 饮水

6.4.1 场区应有足够的生产和饮用水,饮水质量应达到 NY 5027 的规定。

6.4.2 经常清洗和消毒饮水设备,避免细菌滋生。

6.4.3 若有水塔或其他贮水设施,则应有防止污染的措施,并予以定期清洗和消毒。

7 卫生消毒

7.1 消毒剂

消毒剂应选择对人、奶牛和环境比较安全、没有残留毒性,对设备没有破坏和在牛体内不应产生有害积累的消毒剂。可选用的消毒剂有:石炭酸(酚)、煤酚、双酚类、次氯酸盐、有机碘混合物(碘伏)、过氧乙酸、生石灰、氢氧化钠(火碱)、高锰酸钾、硫酸铜、新洁尔灭、松油、酒精和来苏儿等。

7.2 消毒方法

7.2.1 喷雾消毒

用一定浓度的次氯酸盐、有机碘混合物、过氧乙酸、新洁尔灭、煤酚等,用喷雾装置进行喷雾消毒,主要用于牛舍清洗完毕后的喷洒消毒、带牛环境消毒、牛场道路和周围和进入场区的车辆。

7.2.2 浸液消毒

用一定浓度的新洁尔灭、有机碘混合物或煤酚的水溶液,洗手、洗工作服或胶靴。

7.2.3 紫外线消毒

对人员入口处常设紫外线灯照射,以起到杀菌效果。

7.2.4 喷撒消毒

在牛舍周围、入口、产床和牛床下面撒生石灰或火碱杀死细菌或病毒。

7.2.5 热水消毒

用 35～46℃温水及 70～75℃的热碱水清洗挤奶机器管道,以除去管道内的残留矿物质。

7.3 消毒制度

7.3.1 环境消毒

牛舍周围环境(包括运动场)每周用2%火碱消毒或撒生石灰1次;场周围及场内污水池、排粪坑和下水道出口,每月用漂白粉消毒1次。在大门口和牛舍入口设消毒池,使用2%火碱或煤酚溶液。

7.3.2 人员消毒

7.3.2.1 工作人员进入生产区应更衣和紫外线消毒,工作服不应穿出场外。

7.3.2.2 外来参观者进入场区参观应彻底消毒,更换场区工作服和工作鞋,并遵守场内防疫制度。

7.3.3 牛舍消毒

牛舍在每班牛只下槽后应彻底清扫干净,定期用高压水枪冲洗,并进行喷雾消毒或熏蒸消毒。

7.3.4 用具消毒

定期对饲喂用具、料槽和饲料车等进行消毒,可用0.1%新洁尔灭或0.2%~0.5%过氧乙酸消毒。

日常用具(如兽医用具、助产用具、配种用具、挤奶设备和奶罐车等)在使用前后应进行彻底消毒和清洗。

7.3.5 带牛环境消毒

定期进行带牛环境消毒,有利于减少环境中的病原微生物。可用于带牛环境消毒的消毒药有:0.1%新洁尔灭,0.3%过氧乙酸,0.1%次氯酸钠,以减少传染病和蹄病等发生。带牛环境消毒应避免消毒剂污染到牛奶中。

7.3.6 牛体消毒

挤奶、助产、配种、注射治疗及任何对奶牛进行接触操作前,应先将牛有关部位如乳房、乳头、阴道口和后躯等进行消毒擦拭,以降低牛乳的细菌数,保证牛体健康。

8 管理

8.1 总的管理

8.1.1 奶牛场不应饲养任何其他家畜家禽,并应防止周围其他畜禽进入场区。

8.1.2 保持各生产环节的环境及用具的清洁,保证牛奶卫生。坚持刷拭牛体,防止污染乳汁。

8.1.3 成乳牛坚持定期护蹄、修蹄和浴蹄。

8.2 人员管理

牛场工作人员应定期进行健康检查,发现有传染病患者应及时调出。

8.3 饲喂管理

8.3.1 按饲养规范饲喂,不堆槽,不空槽,不喂发霉变质和冰冻的饲料。应捡出饲料中的异物,保持饲槽清洁卫生。

8.3.2 保证足够的新鲜、清洁饮水,运动场设食盐、矿物质(如矿物质舔砖等)补饲槽和饮水槽,定期清洗消毒饮水设备。

8.4 挤奶管理

8.4.1 贮奶罐、挤奶机使用前后都应清洗干净,按操作规程要求放置。

8.4.2 乳房炎病牛不应上机挤奶,上机时临时发现的乳房炎病牛不应套杯挤奶,应转入病牛群手工挤净后治疗。

8.4.3 牛奶出场前先自检,不合格者不应出场。

8.4.4 机械设备应定期检查、维修和保养。

8.5 灭蚊蝇、灭鼠

8.5.1 搞好牛舍内外环境卫生,消灭杂草和水坑等蚊蝇滋生地,定期喷洒消毒药物,或在牛场外围设诱杀点,消灭蚊蝇。

8.5.2 定期投放灭鼠药,控制啮齿类动物。投放灭鼠药应定时、定点,及时收集死鼠和残余鼠药,做无害化处理。

9 病死牛及产品处理

9.1 对于非传染病及机械创伤引起的病牛只,应及时进行治疗,死牛应及时定点进行无害化处理,应符合 GB 16548 的规定。

9.2 使用药物的病牛生产的牛奶(抗生素奶)不应作为商品牛奶出售。

9.3 牛场内发生传染病后,应及时隔离病牛,病牛所产乳及死牛应作无害处理,应符合 GB 16548 的规定。

10 牛奶盛装、贮藏和运输

应符合 NY 5045 的规定。

11 废弃物处理

11.1 场区内应于生产区的下风处设贮粪场,粪便及其他污物应有序管理。每天应及时除去牛舍内及运动场褥草、污物和粪便,并将粪便及污物运送到贮粪场。

11.2　场内应设牛粪尿、褥草和污物等处理设施，废弃物应遵循减量化、无害化和资源化的原则。

12　资料记录

12.1　繁殖记录：包括发情、配种、妊检、流产、产犊和产后监护记录。

12.2　兽医记录：包括疾病档案和防疫记录。

12.3　育种记录：包括牛只标记和谱系及有关报表记录。

12.4　生产记录：包括产奶量、乳脂率、生长发育和饲料消耗等记录。

12.5　病死牛应做好淘汰记录，出售牛只应将抄写复本随牛带走，保存好原始记录。

12.6　牛只个体记录应长期保存，以利于育种工作的进行。

附录五　高产奶牛饲养管理规范(ZB B 43002—85)

(现已编入中华人民共和国农业行业标准 NY/T 1985)

本《规范》适用于全国国营、集体和个体专业户奶牛场高产奶牛群(或个体)的饲养与管理。

1　总则

1.1　制定本《规范》的目的,在于维护高产奶牛的健康,延长利用年限,充分发挥其产奶性能,降低饲养成本,增加经济效益。

1.2　本《规范》主要是针对一个泌乳期 305 d 产奶量 6 000 kg 以上,含脂率 3.4%(或与此相当的乳脂量)的牛群和个体奶牛。中等产奶水平的牛群或 305 d 产奶万千克以上的高产奶牛,也可参考使用。

1.3　本《规范》的各条内容必须认真执行。各地也可根据这些条款,因地制宜地制订适合本地区情况的"饲养管理技术操作规程"。

2　饲料

2.1　充分利用现有饲料资源,划拨饲料基地,保证饲料供给。一头高产奶牛全年应贮备、供应的饲草、饲料量如下:

青干草:1 100～1 850 kg(应有一定比例的豆科干草)。

玉米青贮:10 000～12 500 kg(或青草青贮 7 500 kg 和青草 10 000～15 000 kg)。

块根、块茎及瓜果类:1 500～2 000 kg。

糟渣类:2 000～3 000 kg。

精饲料:2 300～4 000 kg(其中高能量饲料占 50%,蛋白质饲料占 25%～30%),精饲料的各个品种应做到常年均衡供应。尽可能研制供给适合本地区的经济、高效的平衡日粮,其中矿物质饲料应占精料量的 2%～3%。

2.2　每年应对所喂奶牛的各种饲料进行一次常规营养成分测定,并反复做出饲用及经济价值的鉴定。

2.3　大力提倡种植豆科及其他牧草。调制禾本科干草,应于抽穗期刈割;豆科或其他干草,在开花期刈割。青干草的含水量在 15%以下,绿色、芳香、茎枝柔软,叶片多,杂质少,并应打捆设棚贮藏,防止营养损失,其切铡长度,应在 3 cm 以上。

2.4　建议不喂青刈玉米，应喂带穗玉米青贮。青贮原料应富含糖分（例如甜高粱等），干物质在25%以上。青贮玉米在蜡熟期收贮。禾本科牧草在结籽前收割，各种含水分较多的根茎类应经风干，或掺入10%～20%的糠麸类饲料青贮，也可将豆科和禾本科草混贮，建议用塑料薄膜或青贮塔（窖）贮藏。制成的青贮料应呈黄绿色或棕黄色，气味微酸带酒香味，南方应推广青草青贮。

2.5　块根、块茎及瓜果类应尽量用含干物质和糖多的品种，并妥善贮藏，防霉防冻。喂前洗净切成小块。糟渣类饲料除单喂外，也可与切碎的秸秆混贮。

2.6　库存精饲料的含水量不得超过14%，谷实类饲料喂前应粉碎成1～2 mm粗粒和压扁，一次加工不应过多，夏季以10 d内喂完为宜。

2.7　应重视矿物质饲料的来源和组成。在矿物质饲料中，应有食盐和一定比例的常量和微量矿物盐。例如骨粉、白垩（非晶质碳酸钙）、碳酸钙、磷酸二钙、脱氟磷酸盐类及微量元素，并应定期检查饲喂效果。

2.8　配合饲料应根据本地区的饲料资源、各种饲料的营养成分，结合高产奶牛的营养需要，因地制宜地选用饲料，进行加工配制。

2.9　应用定型商品配（混）合饲料时，必须了解其营养价值。

2.10　应用化学、生物活性等添加剂时，必须了解其作用与安全性。

2.11　严禁饲喂霉烂变质饲料、冰冻饲料、农药残毒污染严重的饲料、被病菌或黄曲霉污染的饲料、黑斑病甘薯和未经处理的发芽的马铃薯等有毒饲料，严格清除饲料中的金属异物。

3　营养需要

3.1　干奶期，日粮干物质应占体重2.0%～2.5%，每千克饲料干物质含奶牛能量单位1.75，粗蛋白11%～12%，钙0.6%，磷0.3%，精料和粗饲料比为25∶75，粗纤维含量不少于20%。

3.2　围产期，分娩前两周，日粮干物质应占体重2.5%～3%，每千克饲料干物质含奶牛能量单位2.00，粗蛋白占13%，含钙0.2%，磷0.3%；分娩后立即改为钙0.6%，磷0.3%，精料和粗饲料比为40∶60，粗纤维含量不少于23%。

3.3　泌乳盛期，日粮干物质应由占体重2.5%～3%，逐渐增加到3.5%以上。每千克干物质应含奶牛能量单位2.4个，粗蛋白占16%～18%，钙0.7%，磷0.45%。精料和粗饲料比由40∶60逐渐改为60∶40，粗纤维含量不少于15%。

3.4　泌乳中期，日粮干物质应占体重3.0%～3.2%，每千克含奶牛能量单位2.13个，粗蛋白占13%，钙0.45%，磷0.4%。精料和粗饲料比为40∶60，粗纤维含量不少于17%。

3.5 泌乳后期，日粮干物质应占体重3.0%～3.2%，每千克含奶牛能量单位2.00，粗蛋白占12%，钙0.45%，磷0.35%，精料和粗饲料比为30∶70，粗纤维含量不少于20%。

4 饲养

4.1 干奶期应控制精料喂量，日粮以粗饲料为主，但不应饲喂过量的苜蓿干草和玉米青贮。同时应补喂矿物质、食盐，保证喂给一定数量的长干草。

4.2 围产期必须精心饲养，分娩前两周可逐渐增加精料，但最大喂量不得超过体重的1%。干奶期禁止喂甜菜渣，适当减少其他糟渣类饲料。分娩后第1～2天应喂容易消化的饲料，补喂40～60 g硫酸钠，自由采食优质饲草，适当控制食盐喂量，不得以凉水饮牛。分娩后第3～4天起，可逐渐增喂精料，每天增喂量0.5～0.8 kg，青贮、块根喂量必须控制。分娩2周以后，在奶牛食欲良好、消化正常、恶露排净、乳房生理肿胀消失的情况下，日粮可按标准喂给，并可逐渐加喂青贮、块根类饲料，但应防止糟渣块根过食和消化机能紊乱。

4.3 泌乳盛期必须饲喂高能量的饲料，并使高产奶牛保持良好食欲，尽量采食较多的干物质和精料，但不宜过量。适当增加饲喂次数，多喂品质好、适口性强的饲料。在泌乳高峰期，青干草、青贮应自由采食。

4.4 泌乳中、后期，应逐渐减少日粮中的能量和蛋白质。泌乳后期，可适当增加精料，但应防止牛体过肥。

4.5 初孕牛在分娩前2～3个月应转入成母牛群，并按成母牛干奶期的营养水平进行饲喂。分娩后，应增加20%的维持营养需要，第二胎增加10%。

4.6 全年饲料供给应均衡稳定，冬夏季日粮不得过于悬殊，饲料必须合理搭配。配合日粮时，各种饲料的最大喂量建议为：

青干草：10 kg(不少于3 kg)

青贮：25 kg

青草：50 kg(幼嫩优质青草喂量可适当增加)

糟渣类：10 kg(白酒糟不超过5 kg)

块根、块茎及瓜果类：10 kg

玉米、大麦、燕麦、豆饼：各4 kg

小麦麸：3 kg

豆类：1 kg

4.7 泌乳盛期、日产奶量较高或有特殊情况（干奶期，妊娠后期）的奶牛，应有明显标志，以便区别对待饲养。饲养必须定时定量，每天喂3～4次，每次饲喂的饲料建议精、粗交替多次喂给，并在运动场内设补饲槽，供奶牛自由采食饲草。在饲喂过程中，应少喂勤添，防止精料和糟渣饲料过食。

4.8 夏季日粮应适当提高营养浓度，保证供给充足的饮水，降低饲料粗纤维含量，增加精料和蛋白质的比例，并补喂块根、块茎和瓜类饲料，冬季日粮营养丰富，增加能量饲料，饮水温度应保持在12～16℃，不饮冷水。

5 管理

5.1 奶牛场应建造在地势高燥、采光充足、排水良好、环境幽静、交通方便、没有传染病威胁和三废污染、易于组织防疫的地方，严禁在低洼潮湿、排水不良和人口密集的地方建场。

5.2 牛舍建筑应符合卫生标准，坚固耐用、冬暖夏凉、宽敞明亮，具备良好的清粪排尿系统，舍外设粪尿池。有条件的地方可利用粪尿制作沼气。

5.3 在牛舍外的向阳面，应设运动场，并和牛舍相通。每头牛占用面积20 m^2 左右。运动场地应平坦，为沙土地，有一定坡度，四周建有排水沟，场内有荫棚和饮水槽、矿物质补饲槽，四周围栏应坚实、美观，运动场应有专人管理，清扫粪便、垫平坑洼、排除污泥积水。

5.4 牛舍和运动场周围应有计划地种树、种草、种花，美化环境，改善奶牛场小气候。

5.5 奶牛场各饲养阶段的奶牛应分群（槽）管理，合理安排挤奶、饲喂、饮水、刷拭、打扫卫生、运动、休息等项工作日程，一切生产作业必须在规定时间完成，作息时间不应轻易变动。

5.6 严格执行防疫、检疫和其他兽医卫生制度，定期进行消毒，建立系统的奶牛病历档案；每年定期进行1～2次健康检查，其中包括酮病、骨营养不良等病的检查；春秋季各进行一次检蹄修蹄，建议在犊牛阶段进行去角。

5.7 高产奶牛每天必须铺换褥草，坚持刷拭，清洗乳房和牛体上的粪便污垢，夏季最好每周进行一次水浴或淋浴（气温过高时应每天一至数次），并应采取排风和其他防暑降温措施；冬季防寒保温。

5.8 高产奶牛每天应保持一定时间和距离的缓慢运动。对乳房容积大、行动不便的高产奶牛，可作牵行运动。酷热天气，中午牛舍外温度过高，应改变放牛和运动时间。

5.9 高产奶牛每胎必须有60～70 d干奶期，建议采用快速干奶法，干奶前用CMT法进行隐性乳房炎检查，对强阳性（＋＋以上）应治疗后干奶，在最末一次挤奶后向每个乳头内注入干奶药剂，干奶后应加强乳房检查与护理。

5.10 高产奶牛产前两周进入产房，对出入产房的奶牛应进行健康检查，建立产房档案。产房必须干燥卫生，无贼风。建立产房值班和交接班制度，加强围产期的护理，母牛分娩前，应对其后躯、外阴进行消毒。对于分娩正常的母牛，不得人工助产，如遇难产，兽医应及时处理。

5.11 高产奶牛分娩后，应及早驱使站起，饮以温水，喂以优质青干草，同时用温水或消毒液清洗乳房、后躯和牛尾。然后清除粪便，更换清洁柔软褥草。分娩后1～1.5 h，进行第一次挤奶，但不要挤净，同时观察母牛食欲、粪便及胎衣的排出情况，如发现异常，应及时诊治。分娩两周后，应作酮尿病等检查，如无疾病，食欲正常，可转大群管理。

6 挤奶

6.1 每年应编制每头奶牛的产奶计划，建议以高产奶牛泌乳曲线作参考，按照每头奶牛的年龄、分娩时间、产奶量、含脂率以及饲料供应等情况，进行综合估算。

6.2 高产奶牛的挤奶次数，应根据各泌乳阶段、产奶水平而定。每天可挤奶3次，也可根据挤奶量高低，酌情增减。

6.3 挤奶员必须经常修剪指甲，挤奶前穿好工作服，洗净双手，每挤完一头牛应洗手臂，洗手水中应加0.1%漂白粉。

6.4 奶具使用前后必须彻底清洗、消毒，奶桶及胶垫处必须清洗干净，洗涤时应用冷水冲洗，后用温水冲洗，再用0.5%烧碱温水(45℃)刷洗干净，并用清水冲洗，然后进行蒸汽消毒。橡胶制品清洗后用消毒液消毒。

6.5 挤奶环境应保持安静，对牛态度和蔼，挤奶前先拴牛尾，并将牛体后躯、腹部及牛尾清洗干净。然后用45～50℃的温水，按先后顺序擦洗乳房、乳头、乳房底部中沟、左右乳区与乳镜，开始时可用带水多的湿毛巾，然后将毛巾扭干自下而上擦干乳房。

6.6 乳房洗净后应进行按摩，待乳房膨胀，乳静脉怒张，出现排乳反射时，即应开始挤奶。第一把挤出的奶含细菌多，可弃去。挤奶时严禁用牛奶或凡士林擦抹乳头，挤奶后还应再次按摩乳房，然后一手托住各乳区底部另一只手把牛奶挤净。初孕牛在妊娠5个月每分钟压挤80～120次，每分钟挤奶量不少于1.5 kg。

6.7 每次挤奶必须挤净，先挤健康牛，后挤病牛，牛奶挤净后，擦干乳房，用消毒液浸泡乳头。

6.8 机器挤奶真空压力应控制在350～380 mmHg，搏动器搏动次数每分钟应控制在60～70次，在奶少时应对乳房进行自上而下的按摩，并应防止空挤；挤奶结束后，应将挤奶机清洗消毒，然后放在干燥柜内备用。分娩10 d以内的母牛，或患乳房炎的母牛，应改为手挤，病愈后再恢复机器挤奶。

6.9　认真做好产奶记录，刚挤下的奶必须用过滤器或多层纱布进行过滤，过滤后的牛奶，应在 2 h 内冷却到 4℃以下，入冷库保藏。过滤用的纱布每次用后应该洗涤消毒，并应定期更换，保持清洁卫生。

6.10　重视培训挤奶人员，并应保持相对稳定，不应轻易更换。

7　配种

7.1　建立发情预报制度，观察到母牛发情，不论配种与否，均应及时记录。配种前，除作表观、行为观察和精液鉴定外，还应进行直肠检查，以便根据卵泡发育状况，适时输精。

7.2　高产奶牛分娩后 20 d，应进行生殖器检查，如有病变，应及时治疗。对超过 70 d 不发情的母牛或发情不正常者，应及时检查，并应从营养和管理方面寻找原因，改善饲养管理。

7.3　高产奶牛产后 70 d 左右开始配种，配种天数不超过 90 天。初配年龄以 15～16 月龄、体重为成年母牛 60%以上为宜。

7.4　合理安排全年产犊计划，尽量做到均衡产犊，在炎热地区的酷暑季节，可适当控制产犊头数。

7.5　高产奶牛应严格按照选配计划，用优良公牛精液进行配种，必须保证种公牛精液的质量。

8　统计记录

8.1　奶牛场应按全国统一制定的记录表格，逐项准确地填写各项生产记录，包括产奶量、含脂率、配种产犊、生长发育、外貌鉴定、饲料消耗、谱系以及疾病档案（包括防疫、检疫）等。

8.2　根据原始记录，定期进行统计、分析和总结，用于指导生产。

附件 A（补充件）

名词解释

A1　高产奶牛：305 d 产奶（不足 305 d 者，以实际天数统计）6 000 kg 以上，含脂率 3.4%的奶牛。

A2　初产牛：指第一次分娩后的母牛。

A3　初孕牛：指第一次怀孕后的母牛。

A4　围产期：指母牛分娩前、后各 15 d 以内的时间。

A5 泌乳盛期:母牛分娩 15 d 以后,到泌乳高峰期结束,一般指产后第 16～100 天以内。

A6 泌乳中期:泌乳盛期以后,泌乳后期之前一段时间,一般指产后第 101～200 天。

A7 泌乳后期:泌乳中期之后,干奶期以前的一段时间,一般指产后第 201 天至干奶前。

A8 干奶期:指停止挤奶到分娩前 15 d 的一段时间。

A9 粗饲料:指各种牧草、秸秆、野草、甘薯藤、蔬菜以及用其制作的青贮、干草等。

A10 块根、块茎及瓜果类:指甘薯、甜菜、马铃薯、南瓜、胡萝卜、芜菁等。

A11 青干草:指以各种野草或播种的牧草为原料调制而成的干草,不包括各种作物秸秆。

A12 糟渣类:也称副料,主要有酒糟、粉渣、啤酒糟、豆腐渣、饴糖渣、甜菜渣、玉米淀粉渣等。

A13 精饲料:指谷实类、糠麸类和饼粕类饲料。

A14 矿物质饲料:主要包括食盐、骨粉、白垩、脱氟磷酸盐以及微量元素等。

A15 日粮:一昼夜内,一头奶牛采食的各种饲料之总和。

A16 饲养标准:指我国制定的奶牛饲养标准(试行)。

A17 奶牛能量单位:我国奶牛饲养标准中,以 3 138 kJ 产奶净能作为一个奶牛能量单位。

A18 CMT 隐性乳房炎检查法:为用美国加州乳房炎试验检查隐性乳房炎的一种方法。

附件 B(参考件)

泌乳期各月日奶产量统计 (单位:kg)

305 d 产奶量 \ 泌乳月	1	2	3	4	5	6	7	8	9	10
6 500	24	28	27	26	24	21	20	18	16	13
7 500	28	31	30	29	27	25	23	21	20	18
8 500	29	35	34	33	31	29	27	25	21	20
9 500	31	39	38	37	35	33	31	28	23	21
10 500	33	43	43	41	39	38	34	30	26	21

注:这个材料系根据 19 个奶牛场 742 头奶牛各月产奶量的统计结果,由于地区、气候、饲养管理等条件不同,且数据尚少,本表仅供参考。

附件 C(参考件)

高产奶牛饲养管理规范使用说明

C1　高产奶牛各胎产奶性能与良种登记母牛生产性能(305 d)规定标准相同,即一胎 5 000 kg,二胎 5 400 kg,三胎 5 700 kg,四胎 5 900 kg,五胎 6 000 kg,含脂率 3.4%。

C2　本《规范》系在调查、总结我国各地奶牛场先进经验,并吸取国内外近代科学研究成果基础上编制而成的,所以它对我国奶牛场的饲养管理具有普遍指导意义,各地奶牛场应认真推广应用。

C3　本《规范》结合高产奶牛饲养管理,较全面地提出预防乳房炎、骨营养不良、酮病、蹄病等一系列措施,各地奶牛场在生产实践中应加以应用。

C4　本《规范》在应用过程中有赖于生产单位通过实践加以检验,并不断总结经验,加以补充、修订,使其更加完善。

附加说明

本《规范》由中华人民共和国农牧渔业部提出。

本《规范》由西安市农业科学研究所、中国奶牛协会饲料饲养组起草。

本《规范》起草人王福兆等 17 人。

参考文献

[1] 阎慎飞.动物繁殖学.重庆:重庆大学出版社,2007.

[2] 张卫宪.当代养牛与牛病防治技术大全.北京:中国农业科学技术出版社,2006.

[3] 艾地云.实用牛病诊疗新技术.北京:中国农业出版社,2006.

[4] 刘太宇.奶牛精养技术指南.北京:中国农业出版社,2004.

[5] 刘太宇.畜禽生产技术:基础篇.北京:中国农业大学出版社,2004.

[6] 刘太宇.高档牛肉加工技术.北京:中国农业出版社,2005.

[7] 昝林森.牛生产学.2版.北京:中国农业出版社,2007.

[8] 刘太宇.肉牛饲养技术指南.北京:中国农业出版社,2005.

[9] 张曹民.牛病防治诀窍.上海:上海科学技术文献出版社,2003.

[10] 刘太宇,朱宽佑.畜禽生产技术:专业篇.北京:中国农业大学出版社,2004.

[11] 杨和平.牛羊生产.北京:中国农业出版社,2001.

[12] 薛增迪,任建存.牛羊生产与疾病防治.杨陵:西北农林科技大学出版社,2005.

[13] 王根林.养牛学.北京:中国农业出版社,2006.

[14] 邱怀.牛生产学.北京:中国农业出版社,1998.

[15] 王福兆.乳牛学.3版.北京:科学技术文献出版社,2004.

[16] 岳文斌.奶牛养殖.北京:中国农业出版社,2003.

[17] 冀一伦.实用养牛科学.北京:中国农业出版社,2005.

[18] 昝林森.肉牛高效饲养技术.杨陵:西北农林科技大学出版社,中国农影音像出版社,2005.

[19] 张周.奶牛高效饲养与疾病防治手册.杨陵:西北农林科技大学出版社,2005.

[20] 莫放.养牛生产学.北京:中国农业大学出版社,2003.

[21] 梁学武.现代奶牛生产.北京:中国农业出版社,2002.

[22] 王加启.现代奶牛养殖科学.北京:中国农业出版社,2006.

[23] 高云航.实用奶牛高效产奶技术.延吉:延边人民出版社,2003.

[24] 魏国生.动物生产概论.北京:中央电大出版社,1999.

[25] 李建国,安永福.奶牛标准化生产技术.北京:中国农业大学出版社,2003.

[26] 王庆镐.家畜环境卫生学.2版.北京:中国农业出版社,2001.

[27] 杨和平.牛生产.北京:中国农业出版社,2006.

[28] 王占彬,许宗运.畜牧业企业经营管理.北京:气象出版社,1999.
[29] 杨秋林.农业项目投资评估.北京:中国农业出版社,2002.
[30] 黄昌澍.家畜气候学.南京:江苏科学技术出版社,1989.
[31] 陈学庸,李文峰.企业经济活动分析.北京:中国商业出版社,2002.
[32] 上官飞,周建国,常永翔.现代企业经济分析.北京:气象出版社,1999.
[33] 任建存,沈文正.奶牛养殖小区建设的技术要求.黄牛杂志,2003,29(3):42-44.
[34] 周广生.牛场兽医.北京:中国农业出版社,2004.
[35] 蔡宝祥.家畜传染病学.4版.北京:中国农业出版社,2006.
[36] 林继煌,蒋兆春.牛病防治.2版.北京:中国科学技术文献出版社,2004.
[37] 陈羔献,余明齐,陈曙光,等.牛病门诊实用技术.郑州:河南科学技术出版社,2004.
[38] 宋连喜.牛生产.北京:中国农业大学出版社,2007.

图书在版编目(CIP)数据

养牛生产/刘太宇主编．—北京：中国农业大学出版社，2008.3
ISBN 978-7-81117-331-4
普通高等教育“十一五”国家级规划教材
Ⅰ.养…　Ⅱ.①刘…　Ⅲ.养牛学-高等学校-教材　Ⅳ.S823

中国版本图书馆 CIP 数据核字(2008)第 009731 号

书　　名　养牛生产
作　　者　刘太宇　主编

策划编辑　陈巧莲　姚慧敏　丛晓红　　　　责任编辑　洪重光　韩元凤　王艳欣
封面设计　郑　川　　　　　　　　　　　　责任校对　陈　莹　王晓凤
出版发行　中国农业大学出版社
社　　址　北京市海淀区圆明园西路 2 号　　邮政编码　100193
电　　话　发行部 010-62731190，2620　　读者服务部 010-62732336
　　　　　编辑部 010-62732617，2618　　出　版　部 010-62733440
网　　址　http://www.cau.edu.cn/caup　　e-mail　cbsszs@cau.edu.cn
经　　销　新华书店
印　　刷　北京时代华都印刷有限公司
版　　次　2008 年 3 月第 1 版　　2009 年 5 月第 2 次印刷
规　　格　787×980　　16 开本　　18.5 印张　　339 千字　　彩插 2
定　　价　28.00 元